普通高等教育"十二五"规划教材

机 械 制 图

主　编　张绍群　王泽河
副主编　刘冬梅　孟俊焕
参　编　苏文海　桑永英　姚俊红　史振萍
主　审　董国耀

机械工业出版社

本书根据教育部工程图学教学指导委员会 2010 年 5 月制订的"普通高等院校工程图学课程教学基本要求",以科学、先进、系统和实用为主导思想,充分吸收同类教材的优秀之处,在编写老师总结多年教学、实践经验的基础上编写而成。本书采用最新国家标准,适当渗透"创新"思想,适合于"应用型"人才的培养。全书主要内容有:绪论,投影的基本知识,点、直线和平面的投影,立体及其表面上点和线的投影,机械制图的基本知识和技能,组合体,轴测图,机件的图样画法,常用的标准件、齿轮与弹簧,零件图,装配图,表面展开图,焊接图等。为方便教师授课,本书配有课件和习题集《机械制图实践教程》(含电子答案)。

本书及与之配套的《机械制图实践教程》可作为高等院校机械类、近机械类各专业制图课程的教材,也可作为高职高专等院校相应专业的教学用书,还可作为工程技术人员的参考书。

图书在版编目(CIP)数据

机械制图/张绍群,王泽河主编 . —北京:机械工业出版社,2013.8
(2017.6 重印)

普通高等教育"十二五"规划教材

ISBN 978-7-111-42762-9

Ⅰ.①机… Ⅱ.①张… ②王… Ⅲ.①机械制图 – 高等学校 – 教材
Ⅳ.①TH126

中国版本图书馆 CIP 数据核字(2013)第 158419 号

机械工业出版社(北京市百万庄大街 22 号 邮政编码 100037)
策划编辑:刘小慧 责任编辑:刘小慧 章承林 舒 恬
版式设计:霍永明 责任校对:张玉琴
封面设计:张 静 责任印制:李 飞
北京机工印刷厂印刷(三河市南杨庄国丰装订厂装订)
2017 年 6 月第 1 版第 5 次印刷
184mm × 260mm · 18.25 印张 · 448 千字
标准书号:ISBN 978-7-111-42762-9
定价:37.00 元

凡购本书,如有缺页、倒页、脱页,由本社发行部调换

电话服务   网络服务
服务咨询热线:010-88379833   机工官网:www.cmpbook.com
读者购书热线:010-88379649   机工官博:weibo.com/cmp1952
                              教育服务网:www.cmpedu.com
封面无防伪标均为盗版   金书网:www.golden-book.com

前　言

　　机械制图是高等院校工科各专业的一门重要的技术基础课。其理论严谨，实践性较强，与工程实践有密切的联系。在生产实践中机械图样充当着工程与产品信息的载体，是机械工程师表达、交流技术思想的语言。最近20年，我国高等教育不断发展，改革和调整教育理念，使教育更加合理是当前高等教育的核心问题；因材施教，增强工程和创新意识，培养具有工程素质的各类人才，得到普遍认同。因此，高校的课程体系、教学内容与手段都有较大的改变。本书是根据普通高等教育"十二五"规划，依照国家教育部工程图学教学指导委员会制订的"普通高等院校工程图学课程基本要求"，以科学、先进、系统和实用为主导思想，充分吸收同类教材的优秀之处而编写的。本书编写特点如下：

　　1. 基础理论严谨全面

　　本书以点、线、面的投影为基础理论，在此基础上适当扩展了直角定理、换面法等内容，全面、系统、准确地讲述基本投影理论，并给不同专业的学习者留有知识选择的空间。本书注重基本内容的精选、优化与整合，力求使学生熟练掌握基本知识、基本理论和基本技能；立足于培养学生空间形体的形象思维能力和工程意识；内容条理清晰，结构合理，使学习者易于提高绘制和阅读机械图样的基本能力。

　　2. 内容实用、简明

　　本书结合"应用型"人才培养的特点，注重实用性，内容力求简明。本书以加注释的分解图来说明作图和读图过程，既直观又清晰，起到了比文字叙述更好的效果，有利于学生自学；书中的例子、例图多数来自于生产实践；采用的表达方法简洁、实用，在设计、生产中普遍使用。

　　3. 有利于三维绘图的学习和生产实践

　　本书为机械类和近机械类的"机械制图"课程教材，尽量安排了较全面的内容，以供不同专业的学生选用。书中轴测图和构型设计的内容可作为后续学习三维绘图的预备知识，零件测绘的内容则让学生更多地接触生产实践。

　　4. 采用最新的国家标准

　　本书除绪论、附录外，共12章，并有《机械制图实践教程》与之配套。

　　本书由张绍群、王泽河担任主编，刘冬梅、孟俊焕担任副主编，参加编写的有苏文海、桑永英、姚俊红和史振萍。各章节的编写分工为：东北林业大学张绍群编写绪论、第1、2章；东北农业大学刘冬梅编写第3、6章；山东德州学院姚俊红编写第4、8章及附录A、B；东北农业大学苏文海编写第5章；河北农业大学桑永英编写第7章；河北农业大学王泽河编写第9章及附录D、E、F；山东德州学院史振萍编写第10章；山东德州学院孟俊焕编写第11、12章及附录C。张绍群负责全书的统稿。

　　本书承蒙北京理工大学董国耀教授审阅，他对全书的编写提出了宝贵的意见和建议；在编写过程中还参考了一些同行所编写的教材、书籍和文献等，在此一并表示衷心的感谢！

　　由于编者水平有限，书中难免存在不妥之处，恳请读者批评指正。

编　者

目　录

绪　　论

1. 本课程的重要意义

在人类社会和科学技术的发展历程中，人们用语言或文字来表达自己的思想，但是使用语言或文字来精确表达物体的形状和大小是很困难的。此时，图或图样发挥了语言文字所不能替代的巨大作用，因此，图样是人类文化知识的重要载体，是信息传播的重要工具。在工程技术中为了正确地表示机器、设备及建筑物的形状、大小、规格和材料等内容，通常将物体按一定的投影方法和技术规定表达在图样上，这称之为工程图样。

在工程设计中，工程图样作为构型、设计与制造中工程与产品信息的定义、表达和传递的主要媒介，在机械、土木、建筑、水利等领域的技术工作和管理工作中有着广泛的应用，例如：设计者通过图样来表达设计对象；制造者通过图样来了解设计要求，并依据图样来制造、装配和安装机器、设备等；产品的使用者也通过图样来了解机器的结构和使用性能。在科学研究中，图形可直观表达实验数据和反映科学规律，对于人们把握事物的内在联系，掌握问题的变化趋势，具有重要的意义；在表达、交流信息和形象思维的过程中，图形因具有形象性、直观性和简洁性，成为人们认识规律、探索未知的重要工具。因此，在各种技术交流活动中，图样是不可缺少的，图样被工程技术人员称为工程技术交流的无声语言。

不同的设计、生产部门对图样有不同的要求，机械制造业中所使用的图样称为机械图样。"机械制图"就是研究机械图样的绘制和阅读的一门课程。在生产实践中，由研发部门所设计的产品都是依据"机械图样"由生产部门制造出来的，如果没有掌握机械制图的知识，就无法迅速、正确地制造产品。这就从一个侧面反映了机械图样在工业生产中有着极其重要的地位和作用。作为一个工程技术人员，如果不懂得画图、看图，就无法从事技术工作。

作为理工科院校的大学生，"机械制图"课程与之后要学的设计课、设备课、专业课的课程设计、毕业设计等都有着密切的联系，学好"机械制图"这门课程能为今后学好专业技术课程打下良好的基础。

2. 本课程的性质、任务和内容

本课程理论严谨、实践性强、与工程实践有密切联系，是一门对培养学生掌握科学思维方法，增强工程和创新意识有重要作用的技术基础课；它研究的是绘制和阅读工程图样的原理和方法，同时，也培养学生的形象思维能力；是普通高等院校本、专科理工类专业重要的专业基础课程。

本课程的主要任务为：

1）培养使用投影原理用二维平面图形表达三维空间形状的能力。

2）培养对空间形体的形象思维能力。

3）培养创造性构型设计能力。

4）培养使用绘图仪器和徒手画图的基本能力。

5）培养使用绘图软件进行二维绘图及三维造型的能力。

6）培养绘制和阅读专业工程图样的基本能力。

7）培养工程意识、标准化意识和严谨认真的工作态度。

本课程的内容分为工程图学基础和专业绘图两大部分。其中，本书的第 1～7 章属于工程图学基础部分，第 8～12 章属于专业绘图部分。

3. 本课程的学习方法

学好本课程一般应做到：

1）熟练掌握基本概念和基本原理，并理解透彻，做到融会贯通。

2）在掌握基本概念和基本原理的基础上，不断进行绘图、读图实践。学习时多想、多画、多看，不断地由物画图，由图想物（从空间到平面，再从平面到空间，熟悉空间问题与其在平面上表示方法之间的对应关系），逐步提高对三维空间形状及其相关位置的空间逻辑思维能力和形象思维能力。

3）做习题或大作业时，应按照正确方法和步骤作图，养成正确使用绘图工具和仪器的习惯，通过作业培养绘图和读图能力。

4）加强树立标准化意识，并严格遵守国家标准的相关规定。

4. 我国工程图学的发展概况

在我国，工程图学有着悠久的历史，制图源于绘画，两者都是生产力发展到一定阶段的产物。在工程制图尚未形成一门专门的学科之前，在表现方法上无疑采用了绘画的技法和形式。制图从远古粗略的绘画到形成技术体系，历经了漫长的历史岁月。它是社会生产力发展到一定阶段，人们为了满足设计制造器具、机械、建筑等方面的需要而产生的。综观我国工程图学的发展大致分为三个阶段：

1）古代积累了许多经验，留下了丰富的图学遗产。大约在六七千年以前的母系氏族社会，西安半坡遗址出土的陶盆表面上就绘有各种简单的几何线条组成的图形和装饰图案，反映了二维空间的构图形式。这些图形和装饰图案采用了最能显示对象特征的主要形象的画法，如主视、俯视、侧视等手法，绘制出不同视向所得到的物体图形。

3000 多年前的春秋时代，我国劳动人民就创造了"规、矩、绳、墨、悬、水"等绘图工具。我国古代早期的机械制图，随着简单运输机械的生产，在夏商时代就已经萌芽了。《礼记·王制》说："用器不中度，不粥于市，兵车不中度，不粥于市。……"由此可见，春秋战国以前不仅有了各种器具、兵车的买卖市场，而且对上市的用器和车辆也规定了一定的标准。这就为机械和机械制图的发展起到了促进作用。

在 2000 多年前的数学名著《周髀算经》中，就讲述用边长为 3、4、5 定直角三角形的绘图方法，以及固定直角三角形的弦，直角顶点的轨迹便是圆的绘图原理。在其卷上之三曾记载了"七衡图、青图"的情况，书中写到："凡为此图，以丈为尺，以尺为寸，以寸为分。"这是我国制图使用作图比例的最早文字记载，是当时测量和数学发展的结果，并为后人用于工程制图之中。

宋代是我国古代工程图学发展的全盛时期，建筑制图以李诫的《营造法式》（公元 1100 年成书，公元 1103 年刊行）为代表，机械制图以曾公亮（公元 998—1078 年）的《武经总要》为代表。《营造法式》共 36 卷，其中建造房屋的图样达 6 卷之多，对建筑制图的规格、营造技术、工料等阐述详尽，有很高的水平。英国科学史家李约瑟（Joseph Needham，1900—1995）对宋代《营造法式》中所取得的图学成就予以了较高的评价。他指出："为什么 1103 年的《营造法式》是历史的一个里程碑呢？书中所出现的完美的构造图样颇见重要，实在已经和我们今日所称的'施工图'相去不远"。从《营造法式》所取得的图学技术水平来看，宋代的图学家们已经正确地应用图示法表现出建筑工程的形状、大小、规格和材料等内容，并按一定的比例和投影方法表达在图样上。各种技术要求一应俱全，使工程图样完全脱离了绘画和直观示意图的形式，明确地反映了制图的规范化和标准化情况。明代宋应星所著《天工开物》中的大量图例正确运用了轴测图表示工程结构，清代程大位所著《算法统筹》中有丈量步车的装配图和零件图，从而使工程图学形成为一门独立的，具有学术体系和理论基础的学科。

2）新中国成立以后制图技术重新得到了快速发展。由于我国长期处于封建制度统治下，工农业生产发展迟缓，近代又经历了鸦片战争、抗日战争等，使我国制图技术的发展也受到阻碍。1911—1963 年是我国现代工程图学形成的初期阶段。工程制图是以一门技术基础课的形式而存在的，主要包括投影几何和工程制图两部分。20 世纪 20—30 年代，至新中国成立前，工程制图教学应用的教材主要采用英、德、美等国原版教材，也有少量的翻译本。由于工业基础薄弱，制图规则未能统一，图样的绘制上，第一角画法和第三角画法并用，工程制图尚无全国统一的标准。新中国成立以后，党和政府及时把工作中心调整到经济建设上来，开创了社会主义建设的新局面。在这期间，我国的各行各业得到了较快发展。《机械制图》教科书建立在投影理论的基础上，很大程度上是依附于国家机械制图标准。我国于 1956 年由原第一机械工业部发布了第一个部颁标准《机械制图》，共 21 项；1959 年由原国家科委发布了第一套《机械制图》国家标准，共 20 项，从而结束了我国没有统一的工程制图标准的局面。之后，在 1970 年、1974 年，我国又分别对《机械制图》标准做了修订，但上述标准均属前苏联 ГОСТ 标准体系。进入 20 世纪 80 年代，为适应改革开放的需要，1983—1984 年，由原国家标准局批准发布了跟踪国际标准（ISO）的 17 项《机械制图》国家标准，并于 1985 年开始实施，这套标准当时达到国际先进水平。到 2012 年底为止，1985 年实施的 17 项制图标准中已有 14 项被先后修订，并发布一些新制定的机械制图标准。1980 年，中国工程图学学会在湖北省武汉市成立。随着图学工作的不断推进，北京、天津、上海、江苏、广东等省市也相继成立了工程制图学会。从此，图学工作者有了自己的学术团体和学术交流阵地，开始了我国工程图学的新时代。学科发展成多个分支，有理论与应用、计算机图学、制图技术、制图标准化、图学教育等，并日益繁荣。

3）电子技术时代，使制图技术产生革命性的飞跃。随着科学技术的突飞猛进，制图理论与技术等得到很大的发展。工程图学学会的分支机构进一步设有：理论与应用图学、计算机图学、计算机辅助设计、计算机模拟与辅助几何设计、计算机艺术与工业设计、产品信息建模、工程与制造集成、分形几何图形学、制图技术与装备、标准化等专业委员会。尤其是随着电子技术的迅速发展，人们把数控技术应用于制图领域，在 20 世纪中叶产生了第一台绘图机；CG、CAD/CAM 大量引入工程图学领域，计算机绘图在工业生产的各个领域已经得到了广泛的应用；制图技术产生了革命性的飞跃。人们从此由原来的手工绘图开始逐步走向半自动化乃至实现了制图技术自动化。现在的一些企业、设计院中已基本很少见到过去使用的图板，取而代之的是一台台计算机、打印机、绘图机等。人们在进行产品设计时，也将越来越多地使用三维图形。在得到直观形象的同时，还可将计算机内部自动生成的数据文件传输给数控机床，从而加工出合格的零件。由此可见，随着各种先进的绘图软件的推出，工程制图技术必将在我国现代化建设中发挥出越来越重要的作用。

当前，我国工程图学正逐渐形成以图学理论、计算机图形学、工程设计制图三者为主干的新型学科，并向交叉学科的方向发展。在科学技术全球化的时代，不同文化的对流、融汇和碰撞加快，我国工程图学正以全新的姿态，把握学科的前沿，融入世界图学的主流之中。

第1章 投影的基本知识

1.1 投影的基本概念

1.1.1 投影法的概念

人们在日常生活中知道物体在某一光源的照射下，会在某一个面上产生影子，例如：图1-1所示为手影、皮影戏中的影像，这种现象就是投影。在长期的社会实践中，人们从这种现象中得到启发，经过科学的抽象和归纳总结，找出了影子、物体及光源间的几何关系，从而获得投影方法。如图1-2所示，在空间有一平面H(通常用一平行四边形表示)，在H之外有一点（光源）S，S和平面H之间有一空间点A，连接SA并延长，与平面H交于点a，点a称为空间点A在平面H上的投影。

其中，SA称为投射线；平面H称为投影面；点S称为投射中心。

上述这样通过物体向选定的面投射，并在该面上得到图形的方法，称为投影法。由图1-2不难看出，投影有如下特点：当投射线方向和投影面确定以后，点在该投影面上的投影是唯一的；反之，已知空间点的一个投影，并不能确定空间点的位置。如图1-3所示，已知投影a，可由其投射线上的点A、A_1、A_2、$\cdots$、A_n的投影产生。

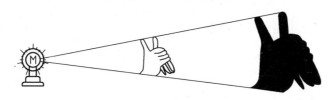

图1-1　手影的投影原理

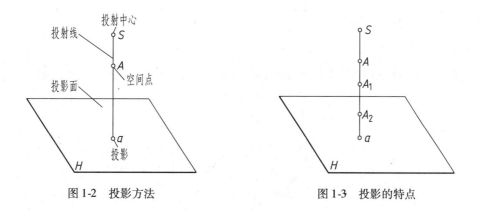

图1-2　投影方法　　　　　　　　图1-3　投影的特点

1.1.2 投影法的种类

投影法分为中心投影法和平行投影法两类。

1. 中心投影法

如图1-4所示，投射中心 S 位于投影平面 H 有限远处，△ABC 位于 S 和平面 H 之间。连线 SA、SB、SC 分别与投影面 H 交于点 a、b、c，则 a、b、c 分别是点 A、B、C 在投影面 H 上的投影。连接 ab、bc、ca，则 ab、bc、ca 分别为线段 AB、BC、CA 的投影，△abc 就是△ABC 的投影。这种投射中心位于有限远处，投射线汇交于一点的投影法，称为中心投影法。用中心投影法所得的投影称为中心投影。中心投影立体感强，通常用来绘制建筑物或富有逼真感的立体图，也称为透视图。

2. 平行投影法

如果点光源 S 和平面 H 的距离为无限远时，可以认为投射线是相互平行的，如图1-5所示，投射线 Aa、Bb、Cc 分别与投影面 H 交于点 a、b、c，△abc 是△ABC 在投影面 H 上的投影。投射线相互平行的投影法，称为平行投影法。用平行投影法所得的投影称为平行投影。在平行投影法中，其投射方向垂直于投影面 H 时，称为正投影法（图1-5a）。用正投影法所得的投影称为正投影或正投影图，简称投影。工程图样通常使用正投影，所以今后在不特殊声明时本书所说的"投影"都是指"正投影"。而图1-5b所示的投影，其投射方向倾斜于投影面 H，这种平行投影法，称为斜投影法。

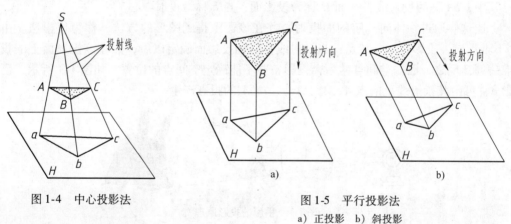

图1-4　中心投影法

图1-5　平行投影法
a）正投影　b）斜投影

1.1.3　正投影的基本性质

1. 实形性

当直线段或平面图形平行于投影面时，其投影反映直线的实长或平面的实形，如图1-6所示。

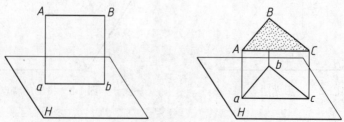

图1-6　直线、平面图形平行于投影面时的投影

2. 积聚性

当直线或平面图形垂直于投影面时，直线的投影积聚成点，平面图形的投影积聚成直线，如图1-7所示。

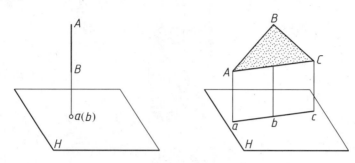

图1-7 直线、平面图形垂直于投影面时的投影

3. 类似性

当直线或平面图形既不平行也不垂直于投影面时，直线的投影仍然是直线，平面图形的投影是原图形的类似形，但直线或平面图形的投影小于实长或实形，如图1-8所示。

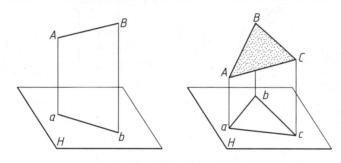

图1-8 直线、平面图形倾斜于投影面时的投影

此外，正投影的性质还包括：平行性，即空间相互平行线段的投影仍然相互平行；定比性，即空间两平行线段的长度比在投影中保持不变；从属性，即几何元素的从属关系在投影中不会发生改变，如属于直线的点的投影必属于该直线的投影，属于平面的点和线的投影必属于该平面的投影等。

1.2 工程中常用的投影图

1.2.1 多面正投影图

前面讲过投影的特点：当投射线方向和投射面确定以后，点在该投影面上的投影是唯一的，如图1-2所示。反之，若已知点 A 的投影 a，则不能唯一确定点 A 的空间位置，如图1-3所示。其原因是只有一个投影面，一个投影面不能准确表达空间物体的形状，如图1-9所示。在实际绘图工作中，常将几何形体放置在相互垂直的两个或多个投影面间，向这些投影面作投影，形成多面正投影。如图1-10所示，把物体在相互垂直的两个或多个投影面上得到正投影后，将这些投影面旋转展开到同一图面上，使该物体的各正投影图有规则地配置，并相互形成对应关系，这样的图形称为多面正投影或多面正投影图。多面正投影图有良好的度量性，作图简便，由这些投影能确定几何形体的空间位置和物体的形状，但直观性差。

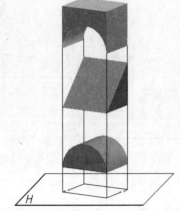

图 1-9　一个投影面不能准确表达空间物体的形状

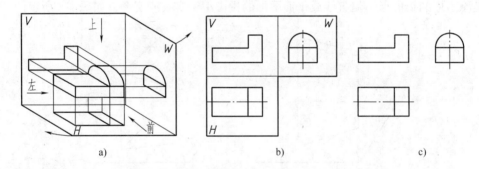

图 1-10　多面正投影投影图

a）物体向三个投影面投射　b）展开投影面　c）三个投影按规律摆放

1.2.2　轴测图

轴测图是将物体连同其参考直角坐标系，沿不平行于任一坐标面的方向，用平行投影法将其投射在单一投影面上所得的具有立体感的图形，如图 1-11 所示，习惯上称之为立体图。这种图形有一定的立体感，容易读懂，它能反映长、宽、高的形状，但作图较麻烦。由于轴测图是在单一投影面上绘制具有立体感的图形，有时不易确切地表达物体各部分尺寸，所以在工程上只作辅助性的图样。

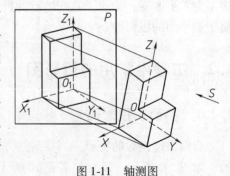

图 1-11　轴测图

1.2.3　透视图

透视图是根据中心投影法，将物体投射在单一投影面上所得的图形，如图 1-12 所示。这种图与用眼睛看见的一样，所以看起来很自然，尤其是表示庞大的物体时更为优越。但是由于不能很明显地把真实形状和度量关系表示出来，且作图很复杂，所以目前多在建筑工程上作辅助性的图样使用。

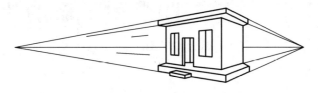

图 1-12　透视图

1.2.4　标高投影图

标高投影图是利用平行正投影法，在物体的水平面投影上加注某些特征面、线以及控制点的高程数值的单面投影，如图 1-13 所示。为了解决高度的度量问题，在投影图上画上一系列相等高度的线，称为等高线。在等高线上标出高度尺寸（标高），这种图在地图以及土建工程图中表示土木结构或地形。

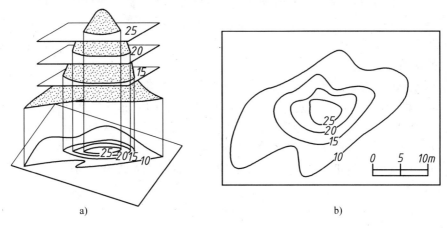

图 1-13　标高投影图
a）标高投影　b）地形图

第2章 点、直线和平面的投影

2.1 点的投影

2.1.1 点的两面投影

1. 两面投影体系的组成（图2-1）

（1）两个相互垂直的投影面

1）正立投影面（正投影面）V：处于正面直立的投影面。

2）水平投影面（水平面）H：处于水平位置的投影面。

（2）投影轴 OX 轴　V 面与 H 面的交线。

（3）分角　在图2-1中，V 面和 H 面把空间分成四个部分，依次用 I、II、III、IV 表示，分别称它们为第一、二、三、四分角。

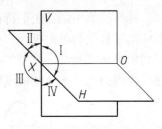

图2-1　两面投影体系

2. 点的两面投影图

如图2-2a 所示，在两面投影体系的第一分角中，有一空间点 A，过点 A 分别作垂直于 V 面、H 面的投射线 Aa'、Aa，分别与 V、H 面相交得点 A 的正面（V 面）投影 a' 和水平（H 面）投影 a。图2-2a 所示为点的投影立体图，也可称为直观图。按照下列方法展开投影面：

使 V 面不动，将 H 面绕 OX 轴向下旋转90°，使其与 V 面位于同一平面，如图2-2b 所示，即为点 A 的投影面展开图。实际画图时，不必画出投影面的边框和点 a_x，于是得到点 A 的投影图如图2-2c 所示。

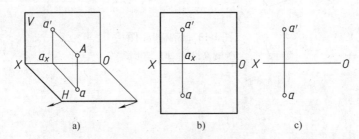

图2-2　点的两面投影图

a）立体图　b）投影面展开图　c）投影图

3. 点的两面投影特性

点 A 在互相垂直的两个投影面上的投影 a'、a 的连线 $a'a$ 称为投影连线。在图2-2a 中，由于 $Aa \perp H$ 面，$Aa' \perp V$ 面，因而 Aa 和 Aa' 决定的平面同时垂直于 H 面和 V 面，也必定垂直于 V 面、H 面的交线 OX。a_x 就是 OX 与平面 Aaa_xa' 的交点。因为 $a'a_x$ 和 aa_x 都是过 a_x 而位于平面 Aaa_xa' 上的直线，所以 $a'a_x \perp OX$，$aa_x \perp OX$。当投影面展开时，aa_x 在平面 Aaa_xa' 内旋转，展开后 $a'a_x$ 和 aa_x 必垂直于 OX，所以 $a'a \perp OX$。即：点的投影连线垂直于投影轴。

又因为 Aaa_xa' 是矩形，所以 $a_xa' = Aa$，$aa_x = Aa'$。即：点的投影与投影轴的距离，等于该点与相邻投影面的距离。

由此可见，点的两面投影特性为：

1）点的投影连线垂直于投影轴，即 $a'a \perp OX$。

2）点的投影与投影轴的距离，等于该点与相邻投影面的距离，即 $a_xa' = aA$，$a_xa = a'A$。

在点的两面投影中，点的投影与点的空间位置有一一对应的关系。

2.1.2　点的三面投影

1. 三面投影体系的组成

在绘图实践中，用两投影面表示某些几何形体，还不够清晰。例如：对于上课用的讲台，如用两面投影表达，只能看清讲台的上面和前面的形状，对于其侧面的形状不能表达清楚。为了反映物体的完整形状，在两投影面体系的基础上，再加上一个与 V 面、H 面都垂直的侧立投影面，于是就形成了一个三面投影体系，如图 2-3 所示。

（1）三个相互垂直的投影面　包括正立投影面 V；水平投影面 H；侧立投影面，简称为侧面或 W 面。

（2）三个相互垂直，且交于一点的投影轴　每两个投影面相交产生的交线 OX、OY、OZ，称为投影轴，分别简称为 X 轴、Y 轴、Z 轴，其交点 "O" 称为原点。

（3）分角　由于平面是可以向四周无限延伸的，所以三面投影体系实际应该是图 2-4 所示的，H 面、V 面、W 面把空间分为 Ⅰ、Ⅱ、…、Ⅷ共八个区域，分别称为第一、二、…、八分角。GB/T 14692—2008《技术制图　投影法》规定，我国采用第一角画法。所以不特殊说明时，都是把物体放在第一分角内进行投影的。

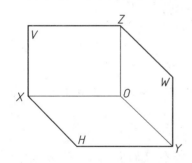

图 2-3　三面投影体系

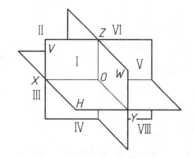

图 2-4　三面投影体系把空间分成八个分角

2. 点的三面投影及其特性

如图 2-5a 所示，在三面投影体系中，由空间点 A 分别作垂直于 V 面、H 面、W 面的投射线，分别与各投影面交得点 A 的正面投影 a'、水平投影 a 和侧面投影 a''。关于空间点及其投影的标记规定为：空间点用大写字母 A、B、C…表示，水平投影用相应小写字母 a、b、c…表示，正面投影用相应小写字母右上角加一撇 a'、b'、c'…表示，侧面投影用相应小写字母右上角加两撇 a''、b''、c''…表示。

三面投影体系展开方法为：使 V 面保持正立位置，沿 OY 轴分开 H 面和 W 面，将 H 面向下转 $90°$，W 面向右转 $90°$，使 H 面、W 面旋转成与 V 面位于一个平面，如图 2-5b 所示。与两面投影一样，去掉投影面的边框和点 a_x、a_y、a_z，就可得点的三面投影图，如图 2-5c 所示。

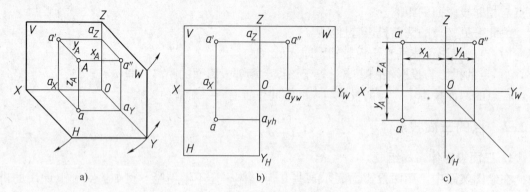

图 2-5 点的三面投影图

a）立体图 b）投影面展开图 c）投影图

由图 2-5 不难看出：点 A 的 V 面投影和 H 面投影的连线垂直于 OX 轴，即 $a'a \perp OX$；点 A 的 V 面投影和 W 面投影的连线垂直于 OZ 轴，即 $a'a'' \perp OZ$。另外，三面投影体系很像直角坐标系，其中投影轴、投影面、点 O 分别是坐标轴、坐标面、原点。则空间点 A 可用坐标表示为 $A(x_A, y_A, z_A)$，如图 2-5a、c 所示。在立体图（图 2-5a）中空间点 A 的每两条投射线分别确定一个平面，与三个投影面分别相交，构成一个长方体 $Aaa_x a' a_z a'' a_y O$。在长方体 $Aaa_x a' a_z a'' a_y O$ 中，由于其每组平行边分别相等，所以点 $A(x_A, y_A, z_A)$ 的投影与坐标的关系为：

1）x 坐标 $x_A(Oa_x) = a_z a' = aa_{yh} =$ 点与 W 面的距离 $a''A$。

2）y 坐标 $y_A(Oa_{yh} = Oa_{yw}) = a_x a = a_z a'' =$ 点与 V 面的距离 $a'A$。

3）z 坐标 $z_A(Oa_z) = a_x a' = a_{yw} a'' =$ 点与 H 面的距离 aA。

由此可见，点的三面投影的特性为：

1）点的投影连线垂直于投影轴。

2）点的投影到投影轴的距离，等于点的坐标，也就是该点与对应的相邻投影面的距离。

需要注意的是：

1）点的 H 面投影与 W 面投影的连线分为两段，一段在 H 面上，垂直于 H 面上的 OY_H 轴，另一段在 W 面上，垂直于 W 面上 OY_W 轴，两者交汇于过 O 点的 45°辅助线上。所以在投影图中，为了作图方便，可用过点 O 的 45°辅助线帮助作图。

2）在三面投影图中，只要已知一点的两面投影，就可确定它的坐标及第三个投影。

3）在表达点的位置时通常用 V、H 投影体系，需要时可扩展成 V、H、W 三投影面体系。

例 2-1 已知点的正面投影和水平投影，如图 2-6a 所示，试求其侧面投影。

作图：

1）由 b' 作 Z 轴的垂线，并延长之，如图 2-6b 所示；

2）由 b 作 Y_H 轴的垂线，得 b_{yh}，用 45°辅助线或圆弧将 b_{yh} 移至 b_{yw}（使 $Ob_{yh} = Ob_{yw}$），然后从 b_{yw} 作 Y_W 轴的垂线，同过 b' 作与 Z 轴的垂线相交，得到交点即为 b''，如图 2-6c 所示。

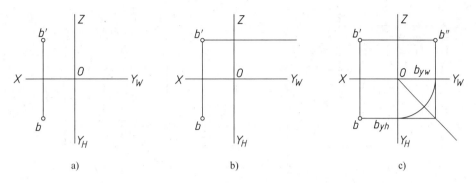

图 2-6　由点的两面投影求第三个投影

2.1.3　特殊位置点的投影

1. 投影面上的点的投影

如图 2-7a 所示，点 B 是 V 面上的点，点 C 是 H 面上的点。由图 2-7 可以得出投影面上的点的投影特性为：投影面上的点有一个坐标为零；在该投影面上的投影与该点重合，在相邻投影面上的投影分别在相应的投影轴上。值得注意的是：H 面上的点 C 的 W 面投影 c'' 在 OY_W 轴上，而不能画在 OY_H 轴上，如图 2-7b 所示。

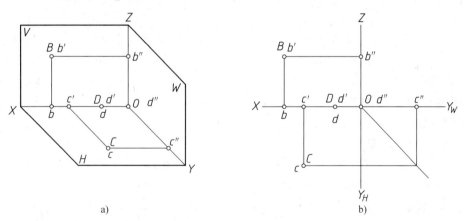

图 2-7　投影面和投影轴上点的投影

2. 投影轴上的点的投影

图 2-7a 中的点 D 是 OX 轴上的点，由图 2-7 可以得出投影轴上的点的投影特性是：投影轴上的点有两个坐标为零；在包含这条轴的两投影面上的投影都与该点重合，在另一投影面上的投影则与点 O 重合。

2.1.4　两点的相对位置和重影点

1. 两点的相对位置

如图 2-8 所示，空间两个点之间的相对位置包括左右、前后、上下等，在投影图上可由两点投影的 x、y、z 坐标的关系来判断。

两点的左、右相对位置由 x 坐标来确定，坐标大者在左方。

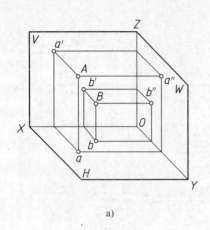 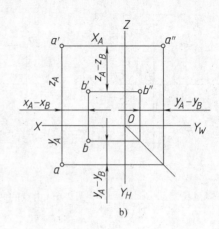

a)　　　　　　　　　　　b)

图 2-8　两点的相对位置

两点的前、后相对位置由 y 坐标来确定，坐标大者在前方。

两点的上、下相对位置由 z 坐标来确定，坐标大者在上方。

如图 2-8 所示，空间两点 A、B 在投影图中，由于点 A 的 x 坐标大于点 B 的 x 坐标，故点 A 在点 B 的左方；点 A 的 y 坐标大于点 B 的 y 坐标，故点 A 在点 B 的前方；A 点的 z 坐标大于点 B 的 z 坐标，故点 A 在点 B 的上方。所以可以判断点 A 在点 B 的左、前、上方。

需要注意的是：

1）由于投影图是 H 面绕 OX 轴向下旋转，W 面绕 OZ 轴向右旋而成的，所以对水平投影而言，由 OX 轴向下就代表向前；对侧面投影而言，由 OZ 轴向右也代表向前。

2）已知两点的相对位置，只要知道其中一点的位置，另一点的位置随之就能确定。

如图 2-8b 所示，已知 $A(x_A, y_A, z_A)$ 和两个点 A、B 在 X、Y、Z 方向的坐标差，点 B 的位置就可以确定。

2. 重影点及其可见性

当两点的某两个坐标相同时，该两点将处于同一投射线上，因而对某一投影面具有重合的投影，则这两点称为对该投影面的重影点。例如，图 2-9 中的空间点 A、C 由于它们的 x、z 坐标相等，这两点就是一对关于 V 面的重影点。重影点中有一个点是可见的，另一个点被

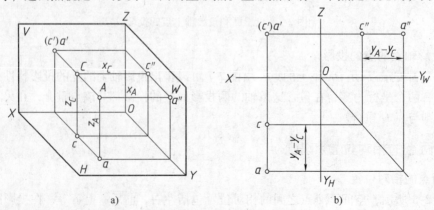

a)　　　　　　　　　　　b)

图 2-9　重影点及其可见性

遮挡住，是不可见的。在需要表明点的可见性的时候，可将不可见点的投影符号上加括号，如图 2-9 中的点 C 的 V 面投影（c'）。当空间两点为重影点时，在投影图上，其可见性由重影点的一对同名不等的坐标值来判断，坐标值大者为可见，小者为不可见。如图 2-9b 中的点 A、C 的 x、z 坐标相等，y 坐标不等，点 A 的 y 坐标大于点 C 的 y 坐标，所以，a' 可见，c' 不可见，需加括号表示。

例 2-2 点 A 的三面投影如图 2-10a 所示，已知点 B 在点 A 之左 10mm、之上 5mm、之后 7mm，点 C 在点 A 的正后方且距点 A 为 7mm，求作点 B、C 的三面投影，并判别可见性。

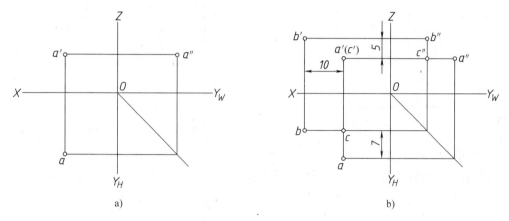

图 2-10 求点的三面投影

分析：水平投影距 OX 轴越近表明点越靠后，其 y 坐标值越小。据题意可知 B、C 两点的 y 坐标值都比点 A 小 7mm，点 B 在点 A 的左边。由于点 C 在点 A 的正后方，A、C 两点为 V 面的重影点，故 a' 可见，c' 不可见。

作图：

1）如图 2-10b 所示，自 a' 向左量取 10mm，作 OX 轴垂线，与自 a' 向上量取 5mm，作坐标轴 OX 平行线交于 b' 得点 B 的正面投影。

2）自 a 向后量取 7mm，作 OX 轴平行线，与过 b' 作坐标轴 OX 垂线交于 b，得点 B 的水平投影；利用点的投影特点可求出其侧面投影 b''。

3）自 a 沿 aa' 向后量取 7mm，即得点 C 的水平投影 c，点 C 的正面投影与 a' 重合，由 c、c' 利用点的投影特点可求出其侧面投影 c''，如图 2-10b 所示。

4）判断可见性。

2.2 直线的投影

2.2.1 直线及直线上点的投影特性

1. 直线的投影

直线的投影可看做是直线上所有点投影的集合。从几何角度看，直线的投影是过直线上各点向投影面作投射线，各投射线所形成的平面与投影面的交线。如图 2-11 所示，要作空间直线 AB 的投影，只要作出其上面的任意两个点 A、B 在投影面 H 的投影 a、b，然后，连

接 *ab* 即为 *AB* 在 *H* 面的投影。直线是可以向两端无限延长的，为了研究问题方便，通常用直线上的一段线段，例如 *AB* 来表示直线，用 *AB* 的投影 *ab* 表示该直线的投影。在三面投影中，如图 2-12 所示，只需分别连接直线 *AB* 上两点的同面投影 *ab*、*a′b′*、*a″b″*，即得直线 *AB* 的三面投影。

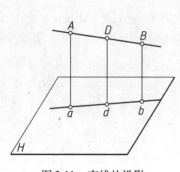

图 2-11   直线的投影

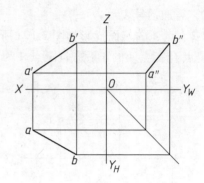

图 2-12   直线的三面投影图

2. 直线的投影特性

直线的投影特性取决于直线与投影面的相对位置，通常还是一直线，如图 2-13 所示。

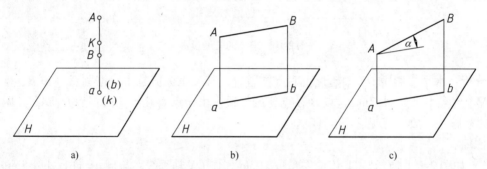

图 2-13   直线的投影特性

a) 垂直于投影面有积聚性   b) 平行于投影面有实形性   c) 倾斜于投影面有同素性

3. 直线上点的投影特性

由于直线的投影可看做是直线上所有点投影的集合，因此，如图 2-14 所示，直线上点

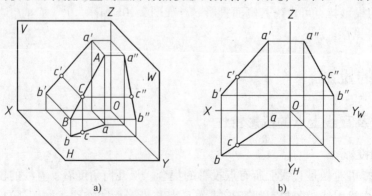

图 2-14   直线上点的投影特性

的投影有下列特性：

1）从属性，即点在直线上，则点的投影必在直线的同面投影上。

2）定比性，即点在直线上，则点分割直线段之比，等于点的投影分割直线投影之比。即 $AC : CB = ac : cd = a'c' : c'd' = a''c'' : c''d''$。

上述特性反之也成立。

例 2-3　如图 2-15a、b 所示，作出分线段 AB 为 1∶4 的点的两面投影。

分析：由直线上的点的投影特性，可将 AB 的一个投影分为 1∶4，得到其一个投影；然后，作出点 C 的另一投影。

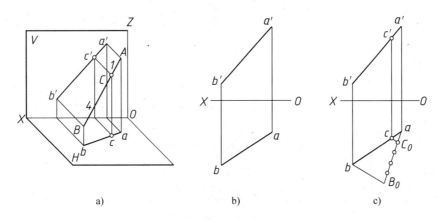

图 2-15　求分线段 AB 为 1∶4 的点

作图：

1）如图 2-15c 所示，由 a 作任意直线，在其上量取 5 个相等的单位长度，得 B_0。

2）在 aB_0 上取 C_0 使 $aC_0 : C_0B_0 = 1 : 4$，连接 B_0 和 b，作 $C_0c /\!/ B_0b$ 与 ab 相交得点 C 的水平投影 c。

3）由 c 作垂直于 OX 轴的投影线，与 $a'b'$ 相交得点 C 的正面投影 c'。

2. 2. 2　各种位置直线的投影特性

直线按与投影面相对位置可分为三类：投影面平行线、投影面垂直线和一般位置直线，前两类又统称为特殊位置直线。直线和投影面的夹角称为直线对投影面的倾角，通常用 α、β、γ 分别表示直线对 H、V、W 面的倾角。

1. 投影面平行线

只平行于一个投影面的直线称为投影面平行线。投影面平行线分为三种：

1）正平线：$/\!/ V$ 面的直线。

2）水平线：$/\!/ H$ 面的直线。

3）侧平线：$/\!/ W$ 面的直线。

在表 2-1 中，列出了三种投影面平行线的立体图、投影图及投影特性。下面，以表 2-1 中水平线 BC 为例说明其投影特性。

表 2-1 投影面平行线及其投影特性

名 称	水 平 线	正 平 线	侧 平 线
实例图	 水平线 BC	 正平线 AB	 侧平线 AC
立体图	 水平线 BC	 正平线 AB	 侧平线 AC
投影图	 水平线 BC	 正平线 AB	 侧平线 AC
投影特性	1）其水平面投影反映实长，与 OX、OY_H 的夹角分别是对 V、W 面的真实倾角 β、γ 2）正面投影 $c'b'$∥OX 轴，侧面投影 $c''b''$∥OY_W 轴，且小于实长	1）其正面投影反映实长，与 OX、OZ 的夹角分别是对 H、W 面的真实倾角 α、γ 2）水平面投影 ab∥OX 轴，侧面投影 $a''b''$∥OZ 轴，且小于实长	1）其侧面投影反映实长，与 OZ、OY_W 的夹角分别是对 V、H 面的真实倾角 β、α 2）正面投影 $a'c'$∥OZ 轴，水平面投影 ac∥OY_H 轴，且小于实长

由水平线的立体图可知：由于 BC 平行于 H 面，在 H 面投影有实形性，所以 bc∥BC，$bc = BC$，即水平投影反映实长。又因为 BC∥H 面时，BC 上各点到 H 面的距离相等，即其各点 y 坐标相等，所以 $b'c'$∥OX，$b''c''$∥OY。

而 $b'c' = BC\cos\beta < BC$，$b''c'' = BC\cos\gamma < BC$。即 BC 的正面投影 $b'c'$∥OX 轴，侧面投影 $b''c''$∥OY 轴，且小于实长。

由于 bc∥BC，$b'c'$∥OX，$b''c''$∥OY，因此，bc 与 OX 轴的夹角是 BC 对 V 面的真实倾角 β；$b''c''$ 与 OY 轴的夹角是 BC 对 W 面的真实倾角 γ。

因此，水平线的投影特性是：① 其水平面投影反映实长，与 *OX*、*OY* 的夹角分别是对 *V*、*W* 面的真实倾角 β、γ；② 正面投影 *b'c' // OX* 轴，侧面投影 *b"c" // OY* 轴，且小于实长。

同理可得正平线、侧平线的投影特性，见表 2-1。

综上所述，对于投影面的平行线其投影特性可归纳如下：

1）在它所平行的投影面上的投影反映实长，与相应投影轴的夹角反映与相应的投影面的夹角。

2）其他两个投影分别平行相应的投影轴，且小于实长。

2. 投影面垂直线

垂直于一个投影面的直线，称为投影面垂直线。投影面垂直线分为三种：

1）铅垂线：⊥*H* 面。

2）正垂线：⊥*V* 面。

3）侧垂线：⊥*W* 面。

在表 2-2 中，列出了三种投影面垂直线的立体图、投影图及投影特性。下面，以表 2-2 中铅垂线 *FG* 为例说明其投影特性。

表 2-2　投影面垂直线及其投影特性

名　称	铅　垂　线	正　垂　线	侧　垂　线
实例图	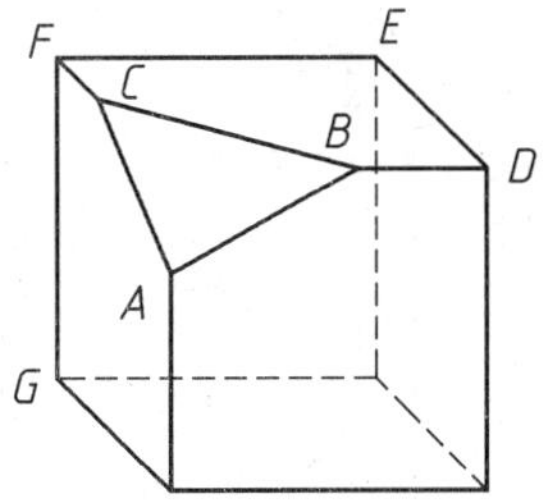 铅垂线 *FG*	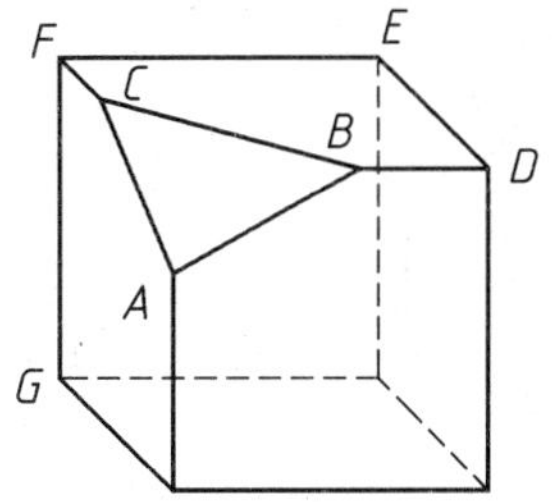 正垂线 *DE*	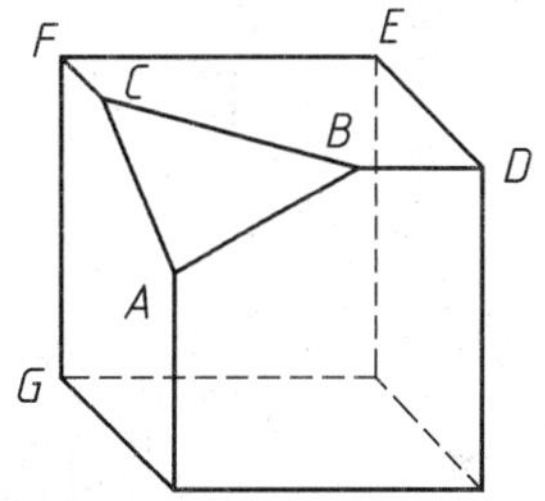 侧垂线 *EF*
立体图	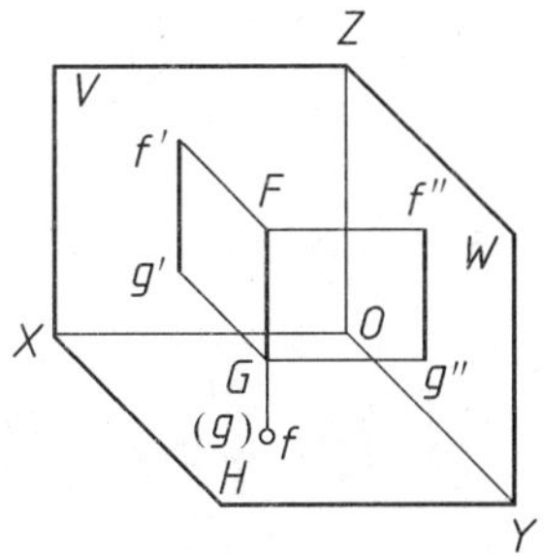 铅垂线 *FG*	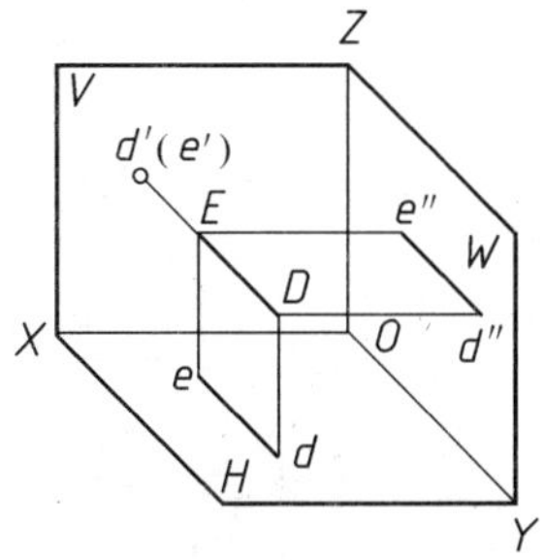 正垂线 *DE*	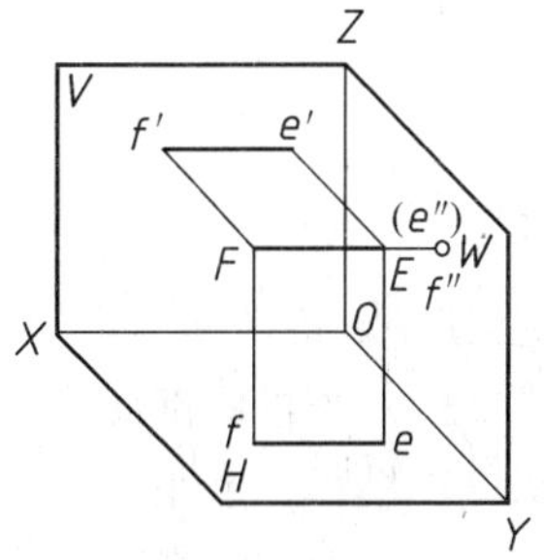 侧垂线 *EF*
投影图	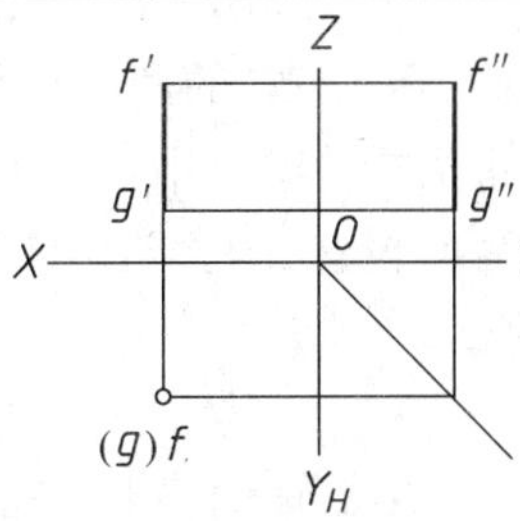 铅垂线 *FG*	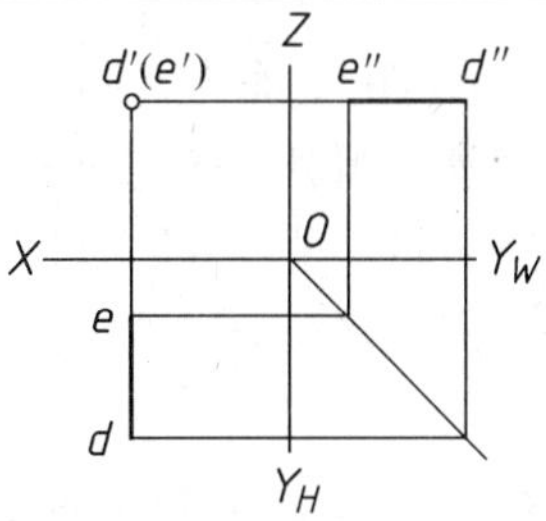 正垂线 *DE*	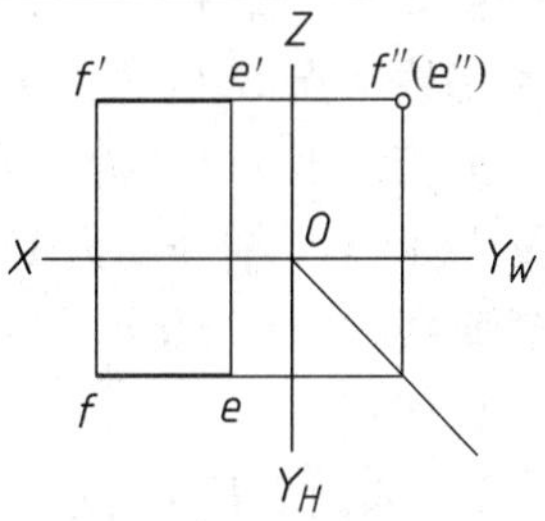 侧垂线 *EF*

（续）

名　称	铅 垂 线	正 垂 线	侧 垂 线
投影特性	1）其水平面投影积聚成一个点 2）FG 的正平面投影 $f'g' \perp OX$ 轴，侧面投影 $f''g'' \perp OY_W$ 轴，且 $f'g' = f''g'' = FG$	1）其正面投影积聚成一个点 2）DE 的水平面投影 $de \perp OX$ 轴，侧面投影 $d''e'' \perp OZ$，且 $d''e'' = de = DE$	1）其侧面投影积聚成一个点 2）EF 的正面投影 $e'f' \perp OZ$ 轴，水平面投影 $ef \perp OY_H$ 轴，且 $e'f' = ef = EF$

在铅垂线 FG 的立体图中，由于 $FG \perp H$ 面，所以其水平面投影 fg 积聚成一点，而 $FG /\!/ V$ 面，FG 上各点的 x 坐标相等，所以 $f'g' /\!/ OZ$；同理，$f''g'' /\!/ OZ$，且 $f'g' = FG$、$f''g'' = FG$。

因此，铅垂线的投影特性是：① 在水平面投影积聚成一个点；② FG 的正面投影 $f'g' /\!/ OZ$，侧面投影 $f''g'' /\!/ OZ$，且 $f'g' = f''g'' = FG$。

同理可得正垂线、侧垂线的投影特性，见表 2-2。

综上所述，对于投影面垂直线其投影特性归纳如下：

1）在其所垂直的投影面的投影积聚成一点。

2）在其他两个投影面的投影，垂直于相应投影轴，且反映实长。

3. 一般位置直线（投影面倾斜线）

一般位置直线是与三个投影面都倾斜的直线。如图 2-16 所示，其三面投影都是直线。

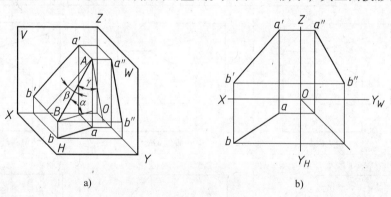

a)　　　　　　　　　　　　b)

图 2-16　一般位置直线

其投影特性如下：

1）三个投影都倾斜于投影轴。

2）投影长度小于直线实长。

3）投影与投影轴的夹角，不反映直线对投影面的倾角。

例 2-4　如图 2-17a 所示，已知点 A 的水平投影 a，AB 为铅垂线，$AB = BC = 25mm$，BC 为水平线，点 C 距 V 面为 15mm，距 H 面为 5mm，试完成 AB、BC、AC 的两面投影。

分析：因为 BC 为水平线，所以其水平投影 $bc = 25mm$，正面投影 $b'c'$ 平行于 OX 轴，又知 c、c' 距 OX 轴分别为 15mm、5mm，这样可先求出点 C 的两面投影，再求出 b'。因为 AB 是铅垂线，所以 $a'b' = 25mm$，由此求出 a'，如图 2-17b 所示。

作图：

1）如图 2-17b 所示，以 a 为圆心、25 mm 为半径画弧，由 OX 轴向下量取 15mm，作 OX 轴平行线，交所画弧线于 c 点，得点 C 的水平投影。

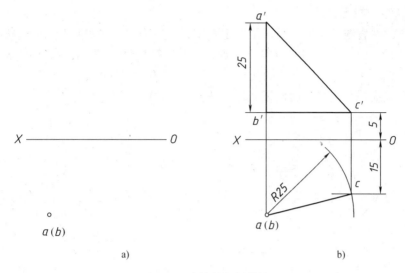

a)　　　　　　　　　　　　　　b)

图 2-17　直线的投影特性

2）由 c 作投影连线，并在该线上从 OX 轴向上量取 5mm，得 c'。

3）过 c'作 c'b'平行于 OX 轴，与过 b 向 OX 轴作投影线相交得 b'。

4）由 b'竖直向上量取 25mm，得点 A 投影 a'；连接 a'c'。

2.2.3　两直线的相对位置

空间两直线的相对位置有三种：平行、相交、交叉（也称异面）。

1. 平行两直线投影特性

如果空间两直线平行，则其同面投影必平行，反之也成立，且两平行线段长度之比等于其投影长度之比。

如图 2-18 所示，AB、CD 是两条一般位置的平行直线，由于 $AB /\!/ CD$，所以过直线 AB、CD 上各点的投射线所形成的两个平面互相平行，它们与 H 面的交线也相互平行，即 $ab /\!/ cd$。同理可证：$a'b' /\!/ c'd'$，$c''d'' /\!/ a''b''$。由于 $AB /\!/ CD$，所以它们对某一投影面的倾角相同，即 $ab = AB\cos\alpha$，$cd = CD\cos\alpha$，所以 $ab : cd = AB : CD$，同理：$a'b' : c'd' = AB : CD$，$a''b'' : c''d'' = AB : CD$，因此，$AB : CD = ab : cd = a'b' : c'd' = c''d'' : a''b''$。

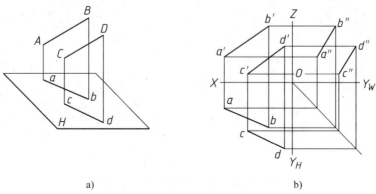

a)　　　　　　　　　　　　　　b)

图 2-18　平行两直线投影特性

2. 相交两直线投影特性

空间相交的两直线，其同面投影也一定相交，交点为两直线的共有点，且符合点的投影特性。如图 2-19 所示，因为 AB、CD 交于点 K，则点 K 是两直线的共有点，则 k 即在 ab 上，又在 cd 上。同理：k′是 a′b′和 c′d′的交点，k″是在 a″b″和 c″d″的交点；由于 k、k′、k″是 K 的三面投影，所以应符合点的三面投影特性，即：k′k⊥OX，k′k″⊥OZ。

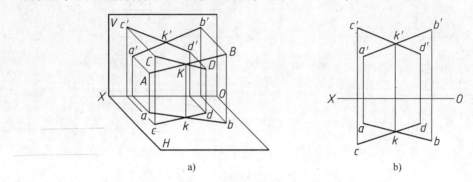

图 2-19　相交两直线投影特性

3. 交叉两直线投影特性

在空间既不平行也不相交的两直线，称为交叉两直线，又称异面直线。交叉直线既不符合平行两直线投影特性，又不符合相交两直线投影特性。

由于交叉两直线在空间既不平行，又不相交，所以，如果它们的三对同面投影都相交，但其交点 K 不能符合点的三面投影特性；也可能它们的同面投影有一对或两对相交，其余的同面投影分别平行。这两种情况都表明交叉直线的投影既不符合平行直线投影特性，又不符合相交直线投影特性。其三个投影面上的交点是两直线上关于此投影面的一对重影点。如图 2-20 所示，AB、CD 是两条交叉直线，直线 AB、CD 在 H 面投影的交点 1（2）是直线 AB 上的点 Ⅰ 和 CD 上的点 Ⅱ 在 H 投影面的重影。由 V 面投影可以看出，点 Ⅰ 在点 Ⅱ 的上方，所以，点 Ⅰ 可见，点 Ⅱ 不可见，2 加括号；直线 AB、CD 在 V 面投影的交点 3′（4′）是直线 AB 上的点 Ⅳ 和 CD 上的点 Ⅲ 在 V 面的重影。由 H 面投影可以看出，点 Ⅲ 在点 Ⅳ 的前方，所以，点 Ⅲ 可见，点 Ⅳ 不可见，4′加括号。

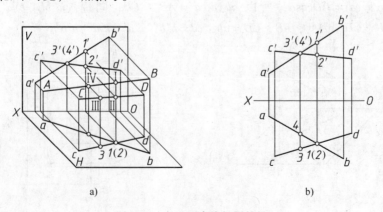

图 2-20　交叉两直线投影特性

例 2-5 如图 2-21a 所示，判断两侧平线的相对位置。

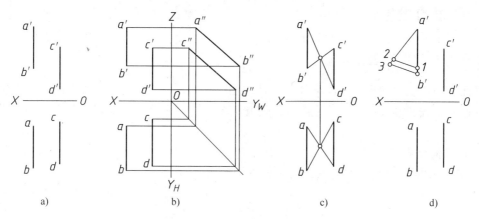

图 2-21 判断两直线的相对位置
a) 两侧平线 b) 解法一 c) 解法二 d) 解法三

分析：由于是两侧平线，有左右距离差，它们一定不相交。

解法一：

作图：如图 2-21b 所示，添加 W 面，将两面投影补充成三面投影，作出直线 AB、CD 的 W 面的投影 $a''b''$ 和 $c''d''$。如两者平行，则 $AB /\!/ CD$；否则 AB 和 CD 交叉。按作图结果（图 2-20b）可判定 $AB /\!/ CD$。

解法二：

作图：假设两侧平线 AB、CD 是两条平行线，则 AB 和 CD 在一个平面内，分别连接 AD、BC，它们一定交于一点，否则，AB、CD 是两条交叉直线。如图 2-20c 所示，分别连接 $a'd'$ 和 $b'c'$、ad 和 bc。由于 $a'd'$ 和 $b'c'$ 的交点与 ad 和 bc 的交点符合点的投影特性，所以可判定 $AB /\!/ CD$。

此种解题方法还可进一步思考，如果连接 AC 和 BD 是否也可以？

解法三：

分析：前面已经分析过 AB 和 CD 一定不相交，那么只有平行或交叉。可以先检查 AB 和 CD 在向前或向后、向上或向下的指向是否一致。

1）若不一致，则 AB 和 CD 交叉。

2）若一致，AB 和 CD 可能平行也可能交叉；再继续检查 $a'b' : ab$ 是否等于 $c'd' : cd$。如果 $a'b' : ab = c'd' : cd$，则 $AB /\!/ CD$；否则 AB 和 CD 交叉。

从图 2-21a 中可以看出：AB 和 CD 的方向都是向前、向下的，所以需要进一步判别 $a'b' : ab$ 是否等于 $c'd' : cd$。

作图：

1）如图 2-21d 所示，在 $a'b'$ 上量取 $a'1 = ab$。

2）过 a' 作一直线，在其上分别量取 $a'2 = cd$、$a'3 = c'd'$。

3）连接 1 和 2，b' 和 3。若 $12 /\!/ b'3$，则 $a'b' : ab = c'd' : cd$；即 $AB /\!/ CD$。

按图 2-21d 所示的作图结果可知，$AB /\!/ CD$。

2.3 平面的投影

2.3.1 平面的投影表示法

平面是物体表面的重要组成部分，也是主要的空间几何元素之一。平面的表示方法有两种：几何元素法和迹线法。本节主要介绍用几何元素法表示平面，学习有关平面的投影及其特点。

1. 用几何元素表示

1）用不在同一直线上的三点，如图2-22a所示。

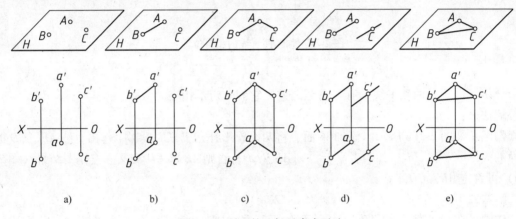

图 2-22 平面的几何元素表示法

2）用一直线与直线外一点，如图2-22b所示。

3）用相交两直线，如图2-22c所示。

4）用平行两直线，如图2-22d所示。

5）用平面图形（三角形、矩形、圆等），如图2-22e所示。

2. 用迹线表示

平面也可以用迹线表示，如图2-23所示。迹线是指平面与投影面的交线，通常把用迹

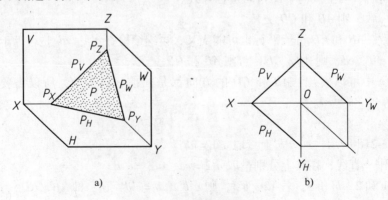

图 2-23 平面的迹线表示法
a）立体图　b）投影图

线表示的平面称为迹线平面。如图 2-23 中平面 P 与三个投影都相交，即在 V、H、W 面上都有迹线，是个一般位置的平面，它与 V 面、H 面、W 面的迹线分别称为正面迹线（V 面迹线，用 P_V 表示）、水平迹线（H 面迹线，用 P_H 表示）、侧面迹线（W 面迹线，用 P_W 表示）。迹线画成粗实线。

用迹线表示平面比用其他方法表示平面更容易想象空间位置，有利于研究问题。但是，由于迹线是平面与投影面的交线，所以，如图 2-23b 所示，迹线在投影面上，它在其所在的投影面上的投影与其本身重合，并用相应标记 P_H、P_V、P_W 表示。迹线的另两个投影与相应的投影轴重合，一般不再标记。由图 2-23 不难看出，一般位置的平面其迹线有下列投影特性：

1）在三个投影面上都有迹线，每条迹线都没有积聚性，都与投影轴倾斜。

2）每两条迹线分别相交于相应的投影轴上的同一点，由其中的任意两条迹线即可表示这个平面。

所以，用迹线表示平面实质上是用两条相交直线表示平面。

由于组成物体的表面通常是封闭的几何形体，同时投影图常常是无轴的，因此，采用迹线表示平面有时也不方便，所以在工程中不常用。

2.3.2 各种位置平面的投影特性

在三面投影体系中，平面与投影面的相对位置可分为三类：投影面平行面、投影面垂直面和一般位置平面（也称投影面倾斜面）。前两类又统称为特殊位置平面。平面与投影面的夹角称为平面与投影面的倾角，通常用 α、β、γ 分别表示平面与 H、V、W 面的倾角。

1. 投影面垂直面

只垂直于一个投影面的平面称之为投影面垂直面。投影面垂直面分为三种：

1）铅垂面：$\perp H$ 面。

2）正垂面：$\perp V$ 面。

3）侧垂面：$\perp W$ 面。

在表 2-3 中，列出了三种投影面垂直面的立体图、投影图及其投影特性。下面，以表 2-3 中铅垂面 $EFGH$ 为例，说明其投影特性。

表 2-3 投影面垂直面及其投影特性

名　称	铅　垂　面	正　垂　面	侧　垂　面
实例图	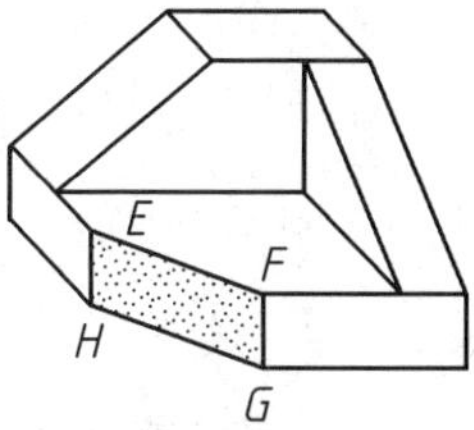 铅垂面 $EFGH$	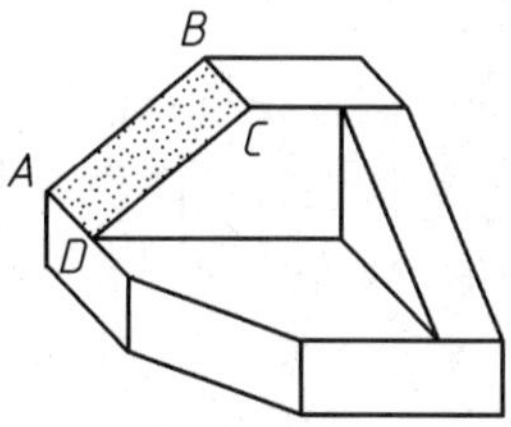 正垂面 $ABCD$	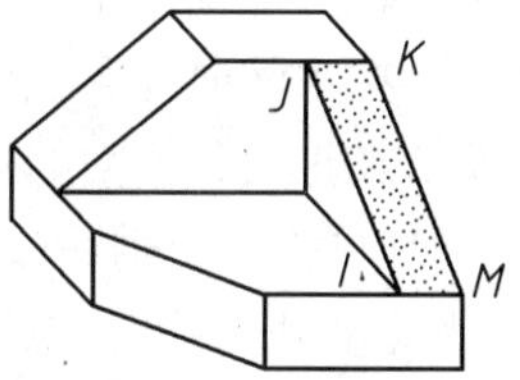 侧垂面 $IJKM$

（续）

名　称	铅 垂 面	正 垂 面	侧 垂 面
立体图	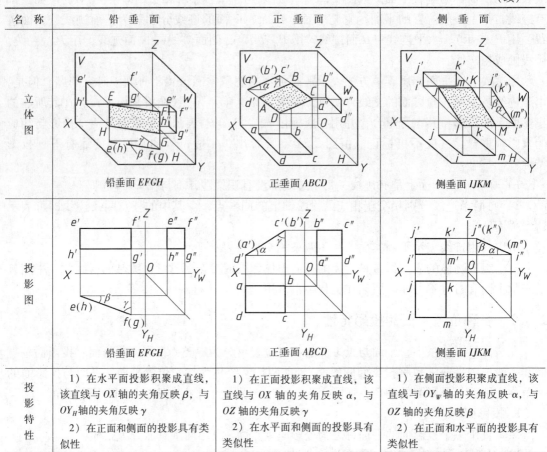 铅垂面 EFGH	正垂面 ABCD	侧垂面 IJKM
投影图	铅垂面 EFGH	正垂面 ABCD	侧垂面 IJKM
投影特性	1）在水平面投影积聚成直线，该直线与 OX 轴的夹角反映 β，与 OY_H 轴的夹角反映 γ 2）在正面和侧面的投影具有类似性	1）在正面投影积聚成直线，该直线与 OX 轴的夹角反映 α，与 OZ 轴的夹角反映 γ 2）在水平面和侧面的投影具有类似性	1）在侧面投影积聚成直线，该直线与 OY_W 轴的夹角反映 α，与 OZ 轴的夹角反映 β 2）在正面和水平面的投影具有类似性

如表 2-3 中铅垂面 EFGH 的立体图、投影图所示，由于矩形平面 EFGH 是一铅垂面，所以矩形平面 EFGH 在 H 面的投影积聚成一条直线；又因为矩形平面 EFGH⊥H 面、H 面⊥V 面，efgh 和 OX 轴分别是矩形平面 EFGH 及 H 面与 V 面的交线，所以，efgh 和 OX 轴的夹角是矩形平面 EFGH 和 V 面的两面角的平面角，即矩形平面 EFGH 和 V 面的倾角 β。同理，efgh 和 OY 轴的夹角是矩形平面 EFGH 和 W 面的两面角的平面角，即矩形平面 EFGH 和 W 面的倾角 γ。

由于矩形平面 EFGH 倾斜于 V、W 面，所以，它在 V、W 面的投影具有类似性，且面积缩小。因此，铅垂面的投影特性是：

1）在水平面投影积聚成直线，该直线与 OX 轴的夹角反映 β，与 OY 轴的夹角反映 γ。

2）在正面和侧面的投影具有类似性，且面积缩小。

同理可得，正垂面、侧垂面的投影特性见表 2-3。

由此可见，对于投影面的垂直面，其投影特性可归纳如下：

1）在所垂直的投影面上的投影，积聚成直线；该投影与投影轴的夹角，分别反映平面与相应投影面的夹角。

2）在另外两投影面上的投影具有类似性，且面积缩小。

2. 投影面平行面

平行于一个投影面的平面称之为投影面平行面。投影面平行面分为三种：

1）水平面：$//H$ 面。

2）正平面：$//V$ 面。

3）侧平面：$//W$ 面。

在表2-4 中，列出了三种投影面平行面的立体图、投影图及其投影特性。下面，以表2-4中水平平面 $EFGH$ 为例，说明其投影特性。

表 2-4　投影面平行面及其投影特性

名　称	水　平　面	正　平　面	侧　平　面
实例图	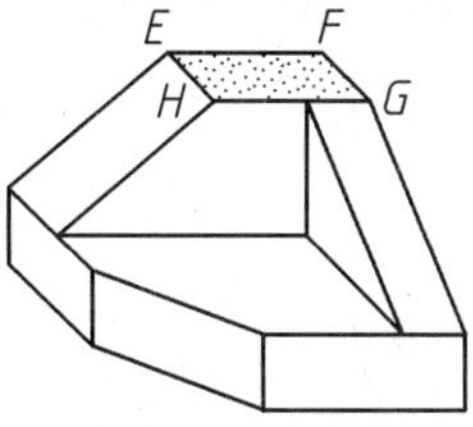 水平面 EFGH	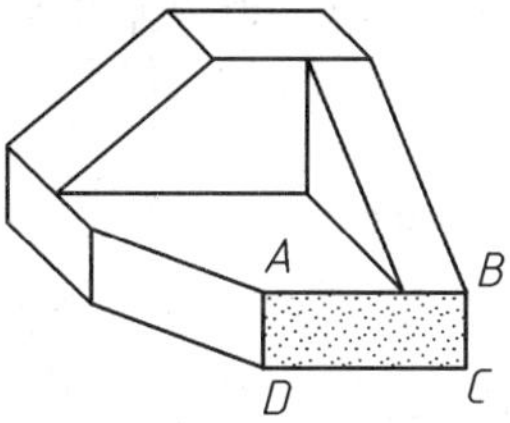 正平面 ABCD	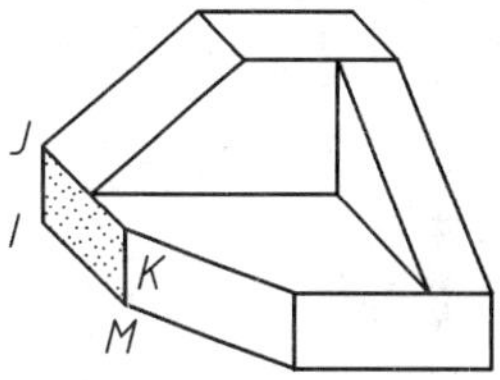 侧平面 IJKM
立体图	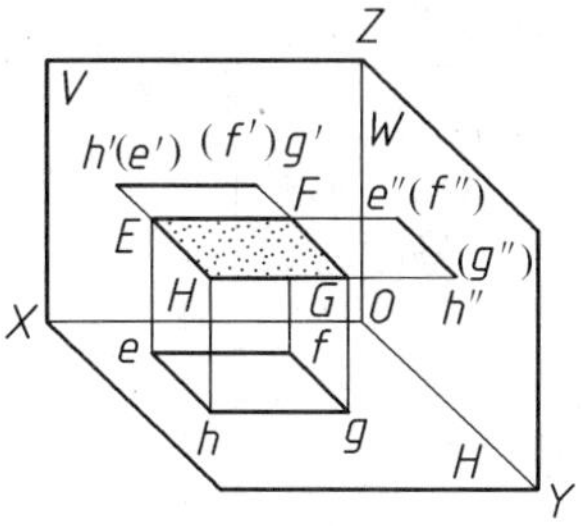 水平面 EFGH	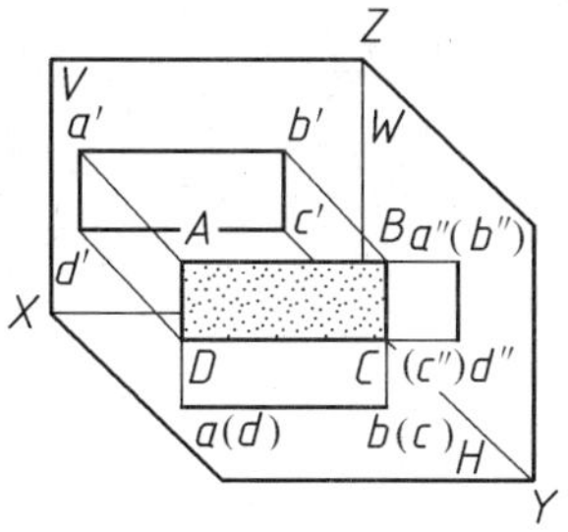 正平面 ABCD	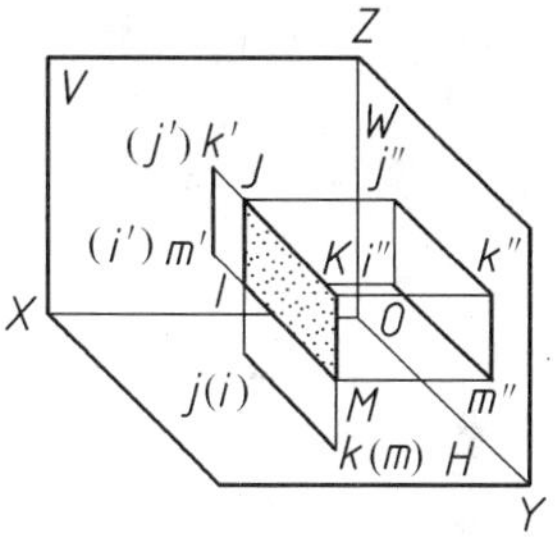 侧平面 IJKM
投影图	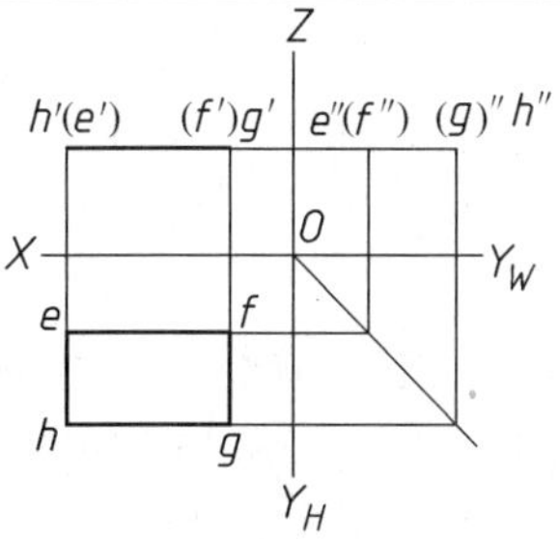 水平面 EFGH	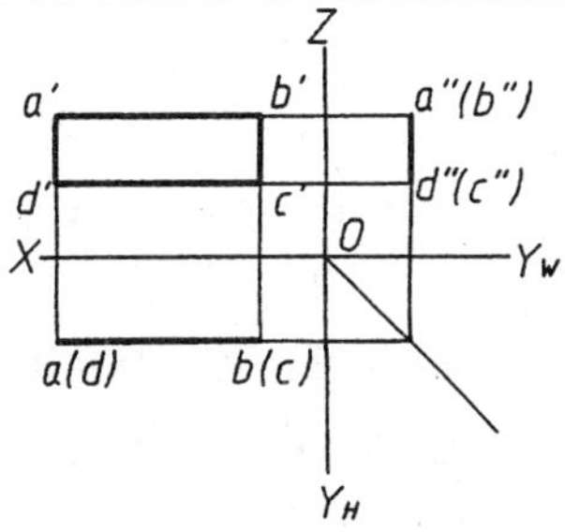 正平面 ABCD	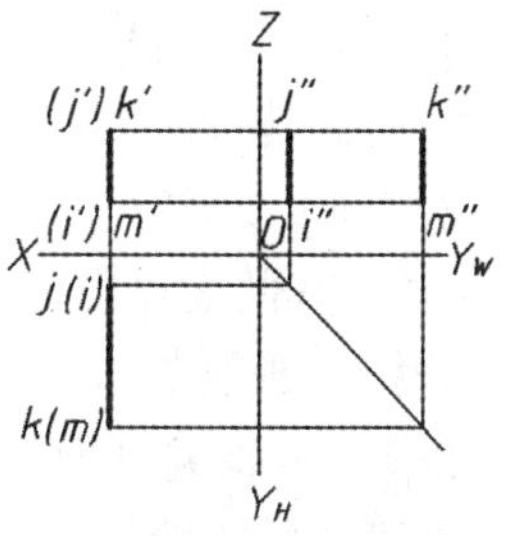 侧平面 IJKM
投影特性	1）在水平面的投影反映实形 2）在 V 面投影积聚成一条直线，平行于 OX 轴；在 W 面投影积聚成一条直线，平行于 OYw 轴	1）在正面的投影反映实形 2）在 H 面投影积聚成一条直线，平行于 OX 轴；在 W 面投影积聚成一条直线，平行于 OZ 轴	1）在侧面的投影反映实形 2）在 V 面投影积聚成一条直线，平行于 OZ 轴；在 H 面投影积聚成一条直线，平行于 OYH 轴

如表2-4 中水平面的立体图、投影图所示，由于矩形平面 $EFGH$ 是一水平面，所以矩形平面 $EFGH$ 在 H 面的投影具有实形性，其投影反映实形；对于 V、W 面，矩形平面 $EFGH$ 又是其垂直面，所以，其在 V 面、W 面投影有积聚性，分别积聚成一条直线，由于水平面 $EFGH$ 上各点的 z 坐标相等，所以，其在 V、W 面的投影分别平行于 OX 轴、OY 轴。因此，水

平面的投影特性是：

1）在水平面的投影反映实形。

2）在 V 面的投影积聚成一条直线，平行于 OX 轴；在 W 面的投影积聚成一条直线，平行于 OY 轴。

同理可得，正平面、侧平面的投影特性见表2-4。

由此可见，对于投影面的平行面，其投影特性可归纳如下：

1）在它所平行的投影面上的投影反映实形。

2）其另外两个投影积聚成直线，且平行于相应的投影轴。

3. 一般位置平面

与三个投影面都倾斜的平面称之为一般位置平面。如图2-24所示，三棱锥的棱面△SAB是一般位置平面。由于△SAB与三个投影面都倾斜，所以，其投影特性是：

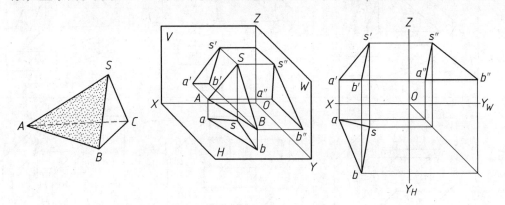

图 2-24　一般位置平面的投影特性

1）三个投影都具有类似性，且面积缩小。

2）三个投影都不反映该面与投影面的倾角。

因此，其投影度量性差，在实际绘制投影图中应尽量避免物体的表面处于一般位置。

例 2-6　如图2-25a所示，正方形 $ABCD$ 是正垂面，已知其左下边 AB 的两面投影，$\alpha = 30°$，补全其两面投影。

分析：如图2-25a所示，由于正方形 $ABCD$ 是正垂面，$\alpha = 30°$，所以，其正面投影积聚成一条与 OX 轴成30°角的直线，且 AB、CD 为正垂线，水平投影 ab、cd 反映实长；AD、BC 为正平线，其正面投影 $a'd'$、$b'c'$ 反映实长。

作图：

1）作正方形 $ABCD$ 的正面投影：如图2-25b所示，过 AB 边的正面投影 $a'(b')$ 作与 OX 轴成30°角的射线，与以 $a'(b')$ 为圆心、以 ab 长为半径的圆弧相交于一点（正方形 $ABCD$ 处于正垂面位置，且 $\alpha = 30°$，这样的正垂面有两个），此点即是 CD 边的正面投影 $(c')d'$。

2）作正方形 $ABCD$ 的水平投影：分别过 a、b 作 OX 轴的平行线，与过点 c'、d' 作 OX 轴的垂直线分别交于 d、c。连接 ad、cd、bc，得正方形 $ABCD$ 水平投影。

3）最后，整理作图线，得正方形 $ABCD$ 的两面投影，如图2-25c所示。

思考：如果此题去掉"左"字结果如何？

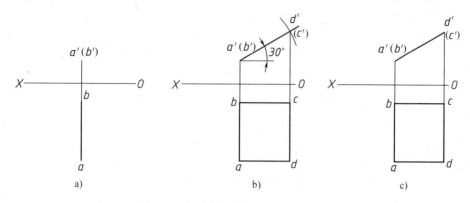

图 2-25　补全正方形 ABCD 的两面投影

2.3.3　平面上的点和直线

1. 点在平面上的几何条件

点在平面上的几何条件是该点在这个平面内的某一条直线上。如图 2-26 所示，点 M 在 AB、BC 所确定的 H 面内的直线 AB 上，因此，点 M 是 H 面上的点。

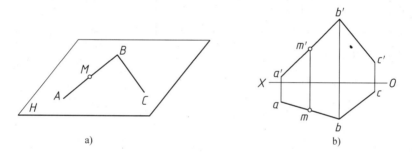

图 2-26　点在直线上的几何条件

2. 直线在平面上的几何条件

直线在平面上的几何条件是直线通过这个平面上的两个点；或者通过这个平面上的一个点，且平行于这个平面上的另一条直线。如图 2-27 所示，直线 MN 通过平面 ABC 上的两个点 M、N，因此，直线 MN 在平面 ABC 上；如图 2-28 所示，直线 NE 通过平面 ABC 上的点 N，且平行与平面 ABC 上的直线 AB，因此，直线 NE 在平面 ABC 上。

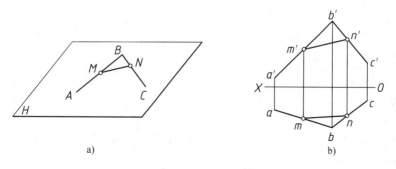

图 2-27　直线在平面上的几何条件 1

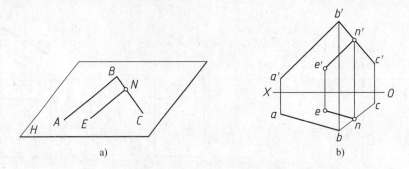

图 2-28　直线在平面上的几何条件 2

例 2-7　如图 2-29a 所示，判断点 K、直线 AM 是否在 $\triangle ABC$ 上。

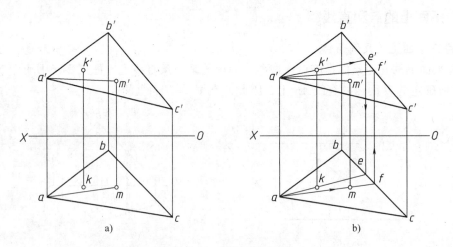

图 2-29　判断点 K、直线 AM 是否在 $\triangle ABC$ 上

（1）判断点 K 是否在 $\triangle ABC$ 上

分析：根据点在平面上的几何条件，若点位于 $\triangle ABC$ 平面的一条直线上，则点在 $\triangle ABC$ 面上，否则就不在 $\triangle ABC$ 面上。

作图：

1）如图 2-29b 所示。假设点 K 在 $\triangle ABC$ 上，作 AK 的正面投影，即连接 $a'k'$，并延长之与 $b'c'$ 交于 e'。

2）由 $a'e'$ 作出 AK 的水平投影 ae。由于点 K 的水平投影 k 在 ae 上，说明点 K 在 $\triangle ABC$ 的直线 AE 上，即 K 点在 $\triangle ABC$ 上。

（2）判断直线 AM 是否在 $\triangle ABC$ 上

分析：根据直线在平面上的几何条件，直线在平面上，则直线通过这个平面上的两个点。不难看出点 A 在 $\triangle ABC$ 面上，只要判断点 M 是否在 $\triangle ABC$ 平面上，就可判断出 AM 是否在 $\triangle ABC$ 面上。于是将问题转化为第一问。

作图：如图 2-29b 所示，作图方法同第一问，只是先作 AM 的水平投影 am，由 af 作 $a'e'$。判断结果是，直线 AM 不在 $\triangle ABC$ 上。

例 **2-8**   如图 2-30a 所示，已知平面四边形 *ABCD* 的正面投影及 *AB*、*AD* 边的水平投影，补全其水平投影；并在其上取一点 *M*，使 *M* 在 *H* 面之上 15mm，在 *V* 面之前 30mm。

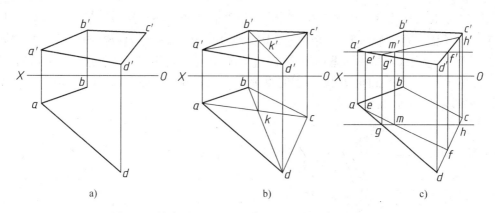

a)   b)   c)

图 2-30   补全平面 *ABCD* 的水平投影并在其上取一点 *M*

（1）补全其水平投影

分析：由图 2-30a 可知，只要作出点 *C* 的水平投影 *c*，然后顺次连接 *bcd* 即可。由于 *ABCD* 是平面四边形，所以，*AC*、*BD* 必相交于一点 *K*，连接 *AK*，点 *C* 在 *AK* 上，可求点 *C* 的水平投影。

作图：

1）如图 2-30b 所示，分别连接 *a'c'*、*b'd'*，其交点为平面四边形 *ABCD* 对角线 *AC*、*BD* 的交点 *K* 的 *V* 面投影 *k'*。

2）连接 *bd*，过 *k'* 作 *OX* 轴垂线，与 *bd* 相交，得 *AC* 和 *BD* 的交点 *K* 的水平面投影 *k*。

3）连接 *ak*，并延长，与过 *c'* 作 *OX* 轴的垂线相交，得点 *C* 的水平面投影 *c*。

4）顺次连接 *bcd* 得平面四边形 *ABCD* 水平投影 *abcd*。

（2）在其上取一点 *M*

分析：如图 2-30c 所示，点 *M* 在 *H* 面之上 15mm，它一定在平面 *ABCD* 内距离水平面 15mm 的水平线 *EF* 上；*M* 在 *V* 面之前 30mm，所以，它也在平面 *ABCD* 内距离 *V* 面 30mm 的正平线 *GH* 上，直线 *EF*、*GH* 的交点即是所要求的点 *M*。

作图：

1）作位于平面 *ABCD* 内距离水平面 15mm 的水平线 *EF* 的正面投影 *e'f'* 和水平投影 *ef*。

2）作位于平面 *ABCD* 内距离正平面 30mm 的正平线 *GH* 的水平投影 *gh* 和正面投影 *g'h'*。

3）*e'f'* 和 *g'h'* 的交点 *m'*，*ef* 和 *gh* 的交点 *m*，即为所要求的点 *M* 的正面投影和水平投影。

2.4   直线与平面及两平面之间的相对位置

在 2.3.3 节中已经讲过直线在平面上的几何条件。其实，直线和平面之间还有平行、相交、垂直三种位置关系，平面与平面之间也存在着平行、相交、垂直三种位置关系。其中垂直是相交的特例。下面分析一下在这些位置情况下它们的投影情况。

2.4.1　平行问题

1. 直线与平面平行

对于一般位置的直线，由初等几何可知，如平面外的一条直线与平面内的某直线平行，则该直线与平面平行。如图 2-31 所示，△ABC 外直线 MN 平行于△ABC 内直线 ED，则直线 MN∥△ABC。当直线与投影面垂直面平行时，直线的投影平行于平面的有积聚性的同面投影；或者，直线、平面在同一投影面上的投影都有积聚性。如图 2-32 所示，△ABC⊥H 面，MN∥△ABC，所以 mn∥ab。

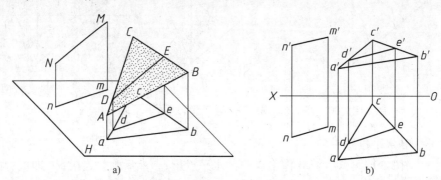

图 2-31　直线与平面平行

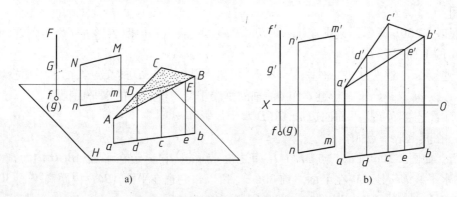

图 2-32　直线与垂直于投影面的平面平行

2. 平面与平面平行

由初等几何可知，若一平面内的两相交直线平行于另一平面内的两相交直线，则两平面相互平行。

例 2-9　如图 2-33a 所示，已知△ABC 所确定的平面及该平面外一点 K 的两面投影。过点 K 作正平线平行于△ABC 所确定的平面；过点 K 作一平面平行于△ABC 所确定的平面。

（1）过点 K 作正平线平行于△ABC 所确定的平面

分析：当直线平行于某平面时，该直线必平行于该平面内的一条直线，因此，在△ABC 内作正平线 BD，然后过 K 点作 BD 的平行线 KE，KE 即为所求。

作图：

1）如图 2-33b 所示，过 B 点的水平投影 b 作 bd 平行于 OX 轴交 ac 于 d，按投影特性作

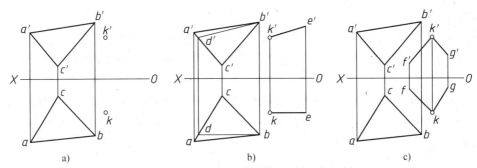

图2-33　直线与平面平行及作平面与平面平行

BD 的正面投影 $b'd'$，得△ABC 内正平线 BD 的两面投影。

2）作直线 ke // bd，$k'e'$ // $b'd'$，得直线 KE 的两面投影。

（2）过 K 点作一平面平行于△ABC 所确定的平面

分析：根据两平面平行的几何条件，可过点 K 作两条直线分别平行于△ABC 内两条直线，此两条直线所确定的平面即为所求的平面。

作图：

如图2-33c 所示，过 k 分别作 kf // bc，kg // ac，按投影特性由 kf、kg 作出 KF、KG 的正面投影 $k'f'$ // $b'c'$，$k'g'$ // $a'c'$，得过点 K 的直线 KF、KG 的两面投影。KF、KG 所确定的平面即为所求。

2.4.2　相交问题

在直线与平面、平面与平面的相对位置中，凡不符合平行几何条件的，则必然相交。以下讨论直线或平面处于特殊位置，即直线或平面垂直于投影面情况下，直线与平面、平面与平面相交所具有的投影特点。

1. 直线与平面相交

（1）直线与投影面垂直面相交

例2-10　如图2-34a、b 所示，已知直线 AB 和铅垂面 $CDEF$ 的两面投影，求作交点 K，并标明 $a'b'$ 的可见性（直线 AB 和平面 $CDEF$ 重影暂用细双点画线表示）。

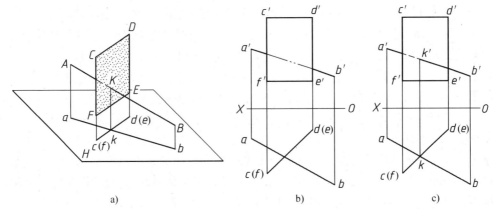

图2-34　直线与垂直于投影面的平面相交

分析与作图：

因为平面 *CDEF*⊥*H* 面，所以，它的水平投影 *cdef* 积聚成一直线，交点 *K* 是直线 *AB* 与平面 *CDEF* 的共有点，所以，如图 2-34c 所示，直接在 *ab* 与 *cdef* 的交点定出 *k*，再由 *k* 在 *a′b′* 上作出 *k′*。

判断可见性的方法：点 *K* 是直线 *AB* 投影的可见与不可见分界点，如图 2-34c 所示，在直线 *AB* 与平面 *CDEF* 的两面投影中，从水平投影可以看出直线 *AB* 在交点 *K* 的右下方的线段位于平面 *CDEF* 之前，因此，*a′b′* 在 *c′d′e′f′* 内 *k′* 右下方的一段是可见的，应画成粗实线；直线 *AB* 在交点 *K* 的左上方的线段则位于平面 *CDEF* 之后，因此，*a′b′* 在 *c′d′e′f′* 内 *k′* 左上方的一段是不可见的，应画成细虚线。

由此可见，直线与垂直于投影面的平面相交，平面的有积聚性的投影与直线的同面投影的交点，就是交点的一个投影，由此可以作出交点的其他投影，并可在投影图中直接判断直线的可见性。

（2）投影面垂直线与平面相交

例 2-11 如图 2-35a 所示，已知正垂线 *ED* 和△*ABC* 的两面投影，求作其交点 *K*，并标明 *de* 在△*abc* 内的可见性（暂用细双点画线表示）。

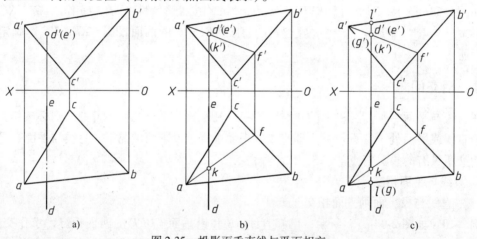

图 2-35 投影面垂直线与平面相交

分析：由于 *DE*⊥*V* 面，*d′e′* 积聚成一点，交点 *K* 的正面投影 *k′* 必定与 *d′e′* 重合。又因为点 *K* 是 *DE* 与△*ABC* 的共有点，所以求作其交点 *K* 的问题就转化为：已知△*ABC* 上的点 *K* 正面投影 *k′*，求水平投影 *k*。

作图：

如图 2-36b 所示，*k′* 重合于 *d′e′*，即点 *K* 的正面投影已知。利用点在平面上的作图方法，连 *a′k′* 并延长至与 *b′c′* 交于 *f′*。由 *f′* 作 *OX* 轴垂线与 *bc* 交于 *f*。连接 *af* 与 *de* 相交得 *k*。*k′* 和 *k* 即为所求交点 *K* 的两面投影。

至于 *de* 在△*abc* 内的可见性，可利用交叉线对 *H* 面投影的重影点投影来判断，点 *K* 是可见和不可见的分界点。看交叉两直线 *AB*、*DE* 对 *H* 面的投影的重影点的投影，即 *ab* 和 *ed* 的交点，如图 2-36c 所示，*AB* 上的点 *L* 的正面投影 *l′* 在 *a′b′* 上，*DE* 上的点 *G* 的正面投影 *g′* 与 *d′e′* 重合。由于 *l′* 在 *g′* 的上方，所以，在水平投影上，*AB* 上的点 *L* 可见为 *l*，*DE* 上的点 *G* 不可见。因此，*k*（*g*）不可见，应画成细虚线；过了分界点 *k* 后 *ke* 是可见的，应画成粗实线。

由此可见，平面与投影面垂直线相交，其交点的一个投影，与直线的有积聚性投影点重合，其他的投影可按平面上取点的方法作出，并可用交叉线的重影点来判断直线投影的可见性。

2. 平面与平面相交

两平面相交的交线是两平面的共有线，当需要判断平面投影的可见性时，交线又是平面各投影可见与不可见的分界线。

（1）平面与投影面垂直面相交

例 2-12 如图 2-36a 所示，已知△ABC 和铅垂面 DEFG 的两面投影，求作交线 MN，并标明两平面正面投影的可见性（暂时画成细双点画线）。

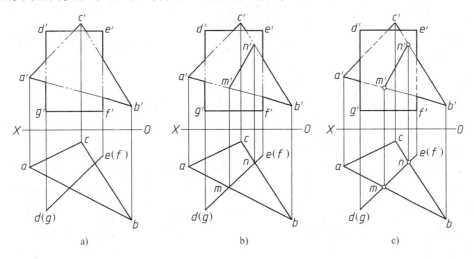

图 2-36 平面与投影面垂直面相交

分析：平面和平面相交为一直线，欲求其交线，只要求出交线上两个点，交线就可以求得。而交线实际上是△ABC 的两个边 AB、BC 与平面 DEFG 交点的连线，只要分别求出 AB、CD 与平面 DEFG 的交点即可，于是问题转化成直线与垂直于投影面的平面相交的问题。

作图：

如图 2-36b 所示，作出△ABC 的 AB、BC 边与平面 DEFG 的交点 M、N 的两面投影 m、m'和 n、n'。然后，连接 m'n'，而 mn 就积聚在 defg 上。m'n'和 mn 即为所求交线 MN 的两面投影。在△ABC 和平面 DEFG 的两面投影中，从水平投影可以看出：△ABC 在交线 MN 的右下部分位于平面 DEFG 之前，因而在△a'b'c'与平面 d'e'f'g'重合处的 m'n'右下方，属△a'b'c'的部分为可见，轮廓线画成粗实线；属平面 d'e'f'g'的部分为不可见，轮廓线画成虚线；而△ABC 的交线 MN 的左上部位于平面 DEFG 之后，于是在△a'b'c'与平面 d'e'f'g'重合处的 m'n'左上方的可见性与前者相反，属△a'b'c'的部分轮廓线画成细虚线；属平面 d'e'f'g 的部分轮廓线画成粗实线，如图 2-36c 所示。

由此可见，平面与投影面垂直面相交，可以作出该平面上的任意两直线与投影面垂直面的交点，然后连成交线，并可在投影图上直接判断投影重合处的可见性。

（2）两个与投影面垂直的平面相交

例 2-13 如图 2-37a 所示，已知两个正垂面△ABC 和△DEF 的两面投影，求作它们的交线 MN，并标明水平投影的可见性（暂时画成细双点画线）。

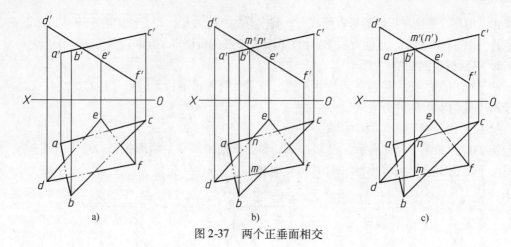

图 2-37　两个正垂面相交

作图:

因为两个三角形都垂直于正面,交线是正垂线,所以它们有积聚性的正面投影 $a'b'c'$ 和 $d'e'f'$ 的交点,就是交线 MN 的有积聚性的正面投影 $m'n'$,如图 2-37b 所示。由 $m'n'$ 引投射线,在两个三角形的水平投影相重合的范围内作出 m、n,从而作出 MN 水平投影 mn。由于 $\triangle ABC$ 和 $\triangle DEF$ 的正面投影有积聚性,从而就可以直接判断它们水平投影的可见性,交线是可见和不可见的分界线。如图 2-37c 所示,在交线 MN 左侧,$\triangle DEF$ 位于 $\triangle ABC$ 上方,属于 $\triangle DEF$ 的部分可见,应画成粗实线,属于 $\triangle ABC$ 的部分不可见,应画成细虚线;而在交线 MN 右侧则相反,属于 $\triangle DEF$ 的部分不可见,应画成细虚线,属于 $\triangle ABC$ 的部分可见,应画成粗实线。

由此可见,两个垂直于同一投影面的平面的交线,一定是该投影面的垂直线,两平面的有积聚性的投影的交点,就是其交线的有积聚性的投影,由此可作出交线的其他投影,并可在投影图中直接判断投影重合处的可见性。

2.4.3　垂直问题

垂直是相交的特殊情况,本节只讨论直线或平面垂直于投影面时,直线和平面及两平面之间的垂直问题。

1. 直线与平面垂直

当直线垂直于投影面的垂直面时,直线一定平行于该平面所垂直的投影面,而且直线的投影垂直于平面的有积聚性的同面投影。如图 2-38 所示,直线 MN 垂直于铅垂面 $\triangle ABC$,则

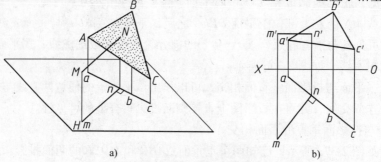

图 2-38　直线与垂直于投影面的平面相垂直

MN 一定是水平线，且 $mn \perp abc$。

当投影面垂直线与平面相垂直时，平面一定平行于该直线所垂直的投影面，且在其他投影面的投影垂直于该直线的投影。如图 2-39 所示，平面 $\triangle ABC$ 垂直于铅垂线 MN，所以，平面 $\triangle ABC$ 一定平行于水平面，且 $m'n' \perp a'b'c'$。

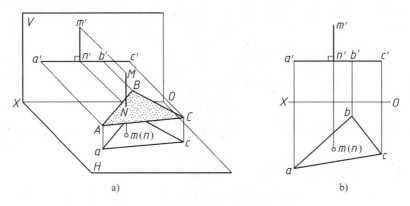

图 2-39　平面与投影面垂直线相垂直

2. 平面与平面垂直

若空间两平面垂直相交，且两平面都垂直于一个投影面时，两平面的积聚性投影一定互相垂直，且交线为该投影面的垂直线。如图 2-40 所示，铅垂面 $ABCD$ 和铅垂面 $CDEF$ 互相垂直，因此，它们的水平面有积聚性投影互相垂直，其交线 CD 为铅垂线。

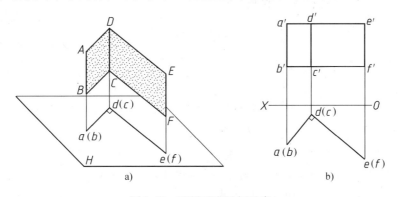

图 2-40　两铅垂面互相垂直

2.4.4　直角投影定理

空间两直线成直角（相交或交叉），若两边都与某一投影面倾斜，则在该投影面上的投影不是直角。如若直角的一边平行于某一投影面，则该直角在该投影面上的投影仍是直角。此投影特性称为直角投影定理。如图 2-41 所示，现以一边平行于水平面的直角对其证明如下：

已知 $AB /\!/ H$ 面，$\angle ABC$ 是直角。

因为 $AB /\!/ H$ 面，$Bb \perp H$ 面，所以 $AB \perp Bb$。

因为 $AB \perp BC$、$AB \perp Bb$，则 $AB \perp$ 平面 $BCcb$。又因 $AB /\!/ H$ 面，所以 $ab /\!/ AB$。

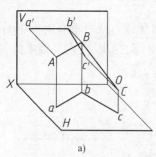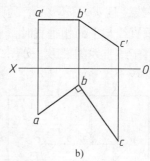

图 2-41　一边平行于投影面的直角的投影

a）立体图　b）投影图

由于 $ab /\!/ AB$、$AB \perp$ 平面 $BCcb$，则 $ab \perp$ 平面 $BCcb$，于是 $ab \perp bc$，即 $\angle abc$ 仍是直角。需要说明的是：

1）空间直线为交叉垂直时，直角投影定理仍然成立。

2）当直角的另一边也平行于该投影面时，在该投影面上的投影也是直角；当直角的另一边垂直于该投影面时，在该投影面上的投影成为一直线。这是两个特例。

利用直角投影定理可以解决许多有关垂直、求距离的作图问题。

例 2-14　如图 2-42a 所示，求点 K 到正平线 AB 的距离 KC 的投影。

分析：点 K 到 AB 的距离 $KC \perp AB$，由于 AB 为正平线，根据直角投影定理可知，AB 和 KC 的正面投影 $a'b' \perp k'c'$。由此，可得交点 C 的两面投影。

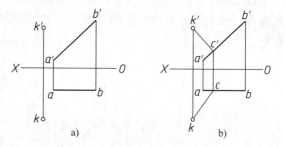

作图：

1）如图 2-42b 所示，由 k′ 作 $k'c' \perp a'b'$，与 a′b′ 相交得点 C 的正面投影 c′。

2）点 C 在 AB 上，依据点的投影特性求得点 C 的水平投影 c；连接 kc 即为 KC 的水平投影，k′c′ 为正面投影。

图 2-42　求点 K 到正平线 AB 的距离的投影

例 2-15　如图 2-43a 所示，已知直线 MN = 30mm，点 N 在点 M 之后，且直线 MN 与 △ABC 平行，试完成直线 MN 和 △ABC 的两面投影。

分析：因为直线 MN 的实长、m′n′ 投影已知，可利用直角三角形法求出水平投影 mn；再根据直线与平面平行的几何条件，利用 A、B 两点的两面投影及 c 作出 c′。

作图：

1）如图 2-43b 所示，以 m′ 为圆心、30mm 为半径画弧，与过 n′ 作 m′n′ 的垂线交于 p。

2）在投影连线 mm′ 上，自 m 量取 mh = pn′。

3）过 h 作 OX 轴平行线，与过 n′ 作 OX 轴垂线交于 n，得点 N 的水平投影，连接 mn 得 MN 的水平投影。

4）过 c 作 mn 的平行线交 ab 于 k，作其投影线求出 k′。

5）过 k′ 作 m′n′ 平行线，与过 c 作 OX 轴的垂线交于 c′。

6）连接 a′c′、b′c′，得到 △ABC 的正面投影。

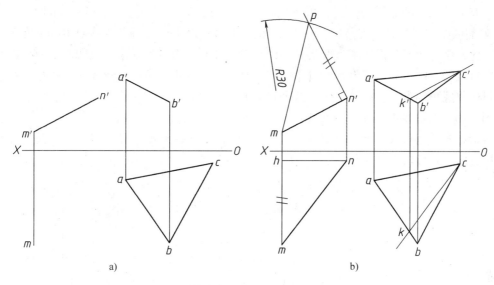

图 2-43 直线与垂直于投影面的平面平行

2.4.5 用直角三角形法求直线实长及其对投影面的倾角

特殊位置直线在三面投影中能直接反映其实长及对投影面的倾角，而一般位置直线则不能直接反映。下面介绍用直角三角形法求作一般位置直线的实长和倾角。

如图 2-44a 所示，已知一般位置直线 AB 的两面投影。在过 AB 上各点向 H 面所引的投射线形成的平面 $ABba$ 内，作 $BK/\!/ab$，与 Aa 交于 K，得直角三角形 ABK。在 $\triangle ABK$ 中，$BK = ab$；$AK = Aa - aK$，即直线 AB 两端点与 H 面的距离差；斜边 AB 即为实长；AB 与 BK 的夹角，就是 AB 对 H 面的倾角 α。因此，只要作出这个直角三角形，就能确定 AB 的实长和倾角 α。这种求作一般位置直线段的实长和倾角的方法，称为直角三角形法。

其作图过程如图 2-44b 所示：

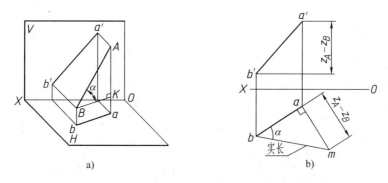

图 2-44 用直角三角形法求直线实长及其对投影面的倾角
a）立体图 b）投影图

1）在正面投影中，由 b' 作水平线，作出直线 AB 两端点与 H 面的距离差 $z_A - z_B$。

2）以 ab 为一直角边，由 a 作 ab 的垂线，在此垂线上量取 $am = z_A - z_B$。

3）连接 b 和 m，bm 即为直线 AB 的实长，$\angle abm$ 即为 AB 的真实倾角 α。

按照上述的作图原理和方法，也可以将 $a'b'$ 或 $a''b''$ 为一直角边，直线 AB 的两端点与 V 面或 W 面的距离差为另一直角边，作出 AB 的实长及其对 V 面的倾角 β 或对 W 面的倾角 γ。

因此，用直角三角形法求直线实长与倾角的方法是：以直线在某一投影面上的投影为底边，以直线的两端点与这个投影面的距离差为高，形成一个直角三角形。其斜边是直线的实长，斜边与底边的夹角就是该直线对这个投影面的倾角。

例 2-16   如图 2-45a 所示，求点 K 到正平线 AB 的距离。

分析：先用直角投影定理求出求点 K 到正平线 AB 的距离 KC（C 为垂足）的两面投影，然后用直角三角形法求其实长。

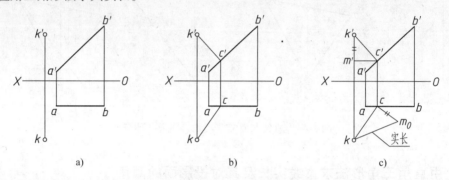

a)   b)   c)

图 2-45   求点 K 到正平线 AB 的距离

作图：

1）作点 K 到正平线 AB 的距离 KC 的两面投影如例 2-15，结果如图 2-45b 所示。

2）在图 2-45b 所示基础上，过 c' 作 $k'k$ 垂线 $c'm'$ 交 $k'k$ 上于 m'，如图 2-45c 所示。

3）由 c 作 kc 的垂线，并在其上截取 cm_0，使 $cm_0 = k'm'$，连接 k 和 m_0，km_0 即为点 K 到正平线 AB 的距离。

2.5   换面法及其应用

2.5.1   换面法的基本概念

如图 2-46a 所示，在两投影面 V、H 体系 V/H 中有一般位置直线 AB，如需求作 AB 的实长和对 H 面的倾角 α，可用一个平行于平面 $ABba$ 的新投影面 V_1 面更换 V 面，由于 $ABba \perp H$ 面，则 $V_1 \perp H$ 面，于是 AB 在 V_1、H 新投影面体系 V_1/H 中就成为 V_1 面的平行线，作出它的 V_1 面投影 $a'_1b'_1$，就反映出 AB 的实长和倾角 α。像上述这样，当几何元素在两投影面体系中不处于特殊位置时，保留其中一个投影面，将另一投影面用垂直于被保留的投影面的新投影面

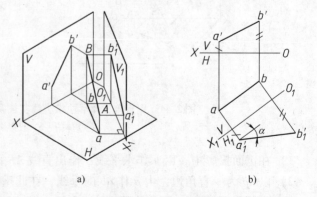

a)   b)

图 2-46   将一般位置的直线变换成投影面的平行线

替换，组成一个新的两投影面体系，使几何元素在新投影面体系中对新投影面处于便利解题的特殊位置，在新投影面体系中作图求解，这种方法称为变换投影面法，简称换面法。可见换面法对于图解、图示几何问题十分方便。但应用换面法解题时应遵循下列两条原则：

1）新投影面的选择原则是使几何元素在新投影面体系中处于便利解题的位置。

2）新投影面必须垂直于原投影面体系中的一个投影面，并与它组成新投影面体系。必要时可连续交替变换。

2.5.2　点的投影换面规律

点是最基本的几何元素。要学会运用换面法解决问题，首先应该掌握点的投影变换规律。

1. 点的一次换面

如图 2-47a 所示，空间点 A 在 V/H 投影体系中的投影为 a、a'，保留 H 面不变，用与 H 面垂直的新的投影面 V_1 更换 V 面，组成了一个新的两面投影体系 V_1/H。V_1 面与 H 面的交线 X_1 轴为新的投影轴（X 轴为原投影轴），将点 A 向 V_1 面作投影，得到点 A 的新投影 a'_1，于是点 A 在 V/H 中的投影为 a、a'，V_1/H 中的投影为 a、a'_1。由于 H 面保留不变，即点 A 的水平投影 a 不动，点 A 到 H 面的距离保持不变，所以，$Aa = a'a_x$（被更换的原投影到原投影轴的距离）$= a'_1 a_{x1}$（新投影到新的投影轴的距离）$= z_A$。将投影面展开，让 V_1 面绕 X_1 轴旋转到与 H 面重合位置（图 2-47b），根据点的投影特性，a 与 a'_1 的连线必定垂直于 X_1 轴。因此可见，点的投影换面有如下规律：

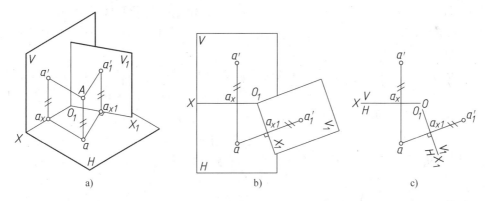

图 2-47　点的一次投影变换（变换 V 面）
a）立体图　b）投影体系的展开　c）投影图

1）点的新投影和保留的投影面原投影的连线垂直于新的投影轴。

2）点的新投影到新投影轴的距离等于被更换的原投影到原投影轴的距离。

由点的原投影面体系中的投影求作它的新投影，是原投影面体系和新投影面体系之间进行投影变换的基本作图法，由于点的投影换面有上述规律，所以，如图 2-47c 所示投影的具体作图步骤如下：

1）按实际需要确定新投影轴 X_1 后，由点保留的原有投影作垂直于新投影轴 X_1 的投影连线 aa_{x1}。

2）在这条投影连线上，从新投影轴向新投影面一侧量取 $a_{x1}a'_1$ 等于点的被更换的投影与被更换的投影轴之间的距离 $a'a_x$，就得到该点所求的新投影 a'_1。

换面法在实际应用中根据需要也可变换 H 面，如图 2-48 所示，其作图方法仍按上述两个步骤。

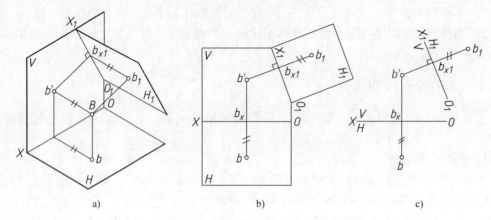

图 2-48　点的一次投影换面（变换 H 面）

a）立体图　b）投影体系的展开　c）投影图

2. 点的二次换面

在实际应用中，有时变换一次还不能解决问题，必须变换两次，即在第一次换面之后的基础上，以第一次的投影体系 V_1/H（或 V/H_1）中的投影面 V_1（或 H_1）为不变投影面，用与其垂直的新投影面 H_2（或 V_2）进行二次更换投影面，组成新的投影体系 V_1/H_2（或 V_2/H_1）。在求第二次换面的新投影时，则以第一次换面建立起来的新体系中的两个投影作为原体系，运用点的投影换面规律作图。

图 2-49a 所示为空间一点 A 的二次投影换面的过程，图 2-49b 所示则表示了点 A 的二次投影换面的作图过程。从图中可知，若第一次换面时，以 H 面为保留投影面，以 V_1 面更换 V 面，那么第二次换面时，则以 V_1 面为保留投影面，以 H_2 更换 H 面。从而在第二次变换后构成了 V_1/H_2 的新体系，新的投影轴则用 X_2 表示。由此可推出点的三次、四次或更多次投影换面的作图方法。但是，不能同时更换两个投影面，必须更换一个投影面后再更换另一投影面。

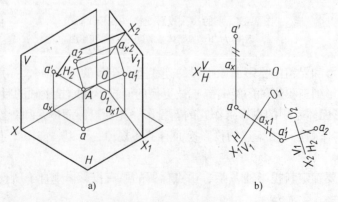

图 2-49　点的二次投影换面

2.5.3　换面法的基本作图

如何将一般位置直线或平面变换为特殊位置直线或平面，是换面法的基本作图问题，主要有四种情况。

1. 将一般位置直线变换为投影面平行线

将一般位置直线通过换面法变换为投影面的平行线，可在投影图上得到直线的实长和对原投影面的倾角。如图 2-46 所示，-直线 AB 是一般位置的直线，如要求其实长和倾角 α，则应保留 H 面；作图时（图 2-46b）作 $X_1 // ab$，构成新的投影体系 V_1/H；过两端 a、b 点分别作 aa_1'、$bb_1' \perp X_1$ 轴，并使 a_1'、b_1' 到 X_1 轴的距离分别为 a'、b' 到 X 轴的距离；连接 $a_1'b_1'$，则 $a_1'b_1'$ 为直线 AB 的实长；而 $a_1'b_1'$ 与 X_1 轴的夹角即为所求的倾角 α。

如图 2-50 所示，如果要求一般位置的直线 AB 的实长和 β，则应保留 V 面；如图 2-50b 所示，作 $X_1 // a'b'$，构成新的投影体系 V/H_1；过两端 a'、b' 点分别作 $a'a$、$b'b_1 \perp X_1$ 轴，并使 a_1、b_1 到 X_1 轴的距离分别为 a、b 到 X 轴的距离；最后连接 a_1b_1，则 a_1b_1 也为直线 AB 的实长，而 a_1b_1 与 X_1 轴的夹角即为所求的倾角 β。

由上述两例可知，如要求一般位置直线的实长，可任取 V、H 面中的一个投影面为保留的原投影面，而另一投影面则以 V_1（或 H_1）来更换，形成新的投影体系 V_1/H（或 V/H_1）；新投影面 V_1（或 H_1）的更换条件是 V_1（或 H_1）必须平行于一般位置直线 AB。在投影作图时，作 X_1 轴平行于直线 AB 的水平投影 ab（或正面投影 $a'b'$）即可。如要求一般位置直线对投影面的倾角，其实就是求直线对保留的原投影面的倾角。也就是说，若要求得直线对 H 面的倾角 α，则 H 面必须保留，用 V_1 面更换 V 面。这时，直线在 V_1 面上的投影 $a_1'b_1'$ 与 X_1 轴的夹角即为 α。同理，要求得直线对 V 面的倾角 β，则 V 面必须保留，而用 H_1 面更换 H 面。这时，直线在 H_1 面上的投影 a_1b_1 与 X_1 轴的夹角即为 β。

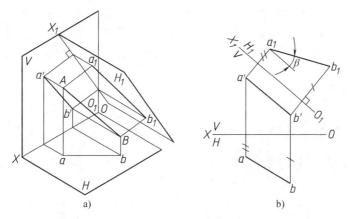

a)　　　　　　　　　b)

图 2-50　一般位置直线变换为投影面平行线（H_1 面）

a）立体图　b）投影图

2. 将投影面平行线变换为投影面垂直线

如图 2-51a 所示，AB 是一条水平线，变换时用与 AB 垂直的投影面 V_1 更换 V 面，由于投影面 V_1 垂直于水平线 AB，而 AB 又平行于 H 面，所以，V_1 面必定垂直于保留的投影面 H。换面后，直线 AB 垂直于 V_1 面，其投影在 V_1 面上积聚为一点。图 2-51b 所示为投影变换的作图过程。作图时，首先在适当位置上作 X_1 轴垂直于 AB 的水平投影 ab，再应用投影换面规律作出其新投影 $a_1'b_1'$（$a_1'b_1'$ 积聚为一点）。

在空间几何问题的求解过程中，将一般位置直线变换为投影面平行线或投影面垂直线，可使问题得到简化。而由于投影体系中投影面之间的两两垂直特点，以及正投影法的投影特性，要想将一般位置直线经过一次投影换面，变换为投影面垂直线，是不可能直接实现的。必须首先将其变换为投影面平行线，然后再进行连续的第二次换面，才能将其变换为投影面垂直线。图 2-52 所示是将一般位置直线变换为投影面垂直线的投影作图过程。该过程分别经历了上述讲的两种换面，即：第一次换面将直线变换为新投影面 V_1 的平行线；第二次换面才将直线变换为新投影面 H_2 的垂直线。

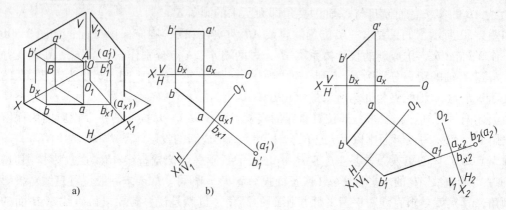

图 2-51　将投影面平行线变换为投影面垂直线　　　图 2-52　将一般位置直线变换为投影面垂直线

3. 将一般位置平面变换为投影面垂直面

将一般位置平面变换为投影面垂直面，可在新投影面上求得该平面对原投影面的倾角。如图 2-53 所示，其方法是让所作的新投影面同时垂直于给定的一般位置平面 $\triangle ABC$ 和原体系中保留的投影面，则平面 $\triangle ABC$ 与保留的投影面在新投影面上的投影积聚为两条直线，它们之间的夹角即为两平面之间的二面角，也即该平面 $\triangle ABC$ 对保留的投影面的倾角。

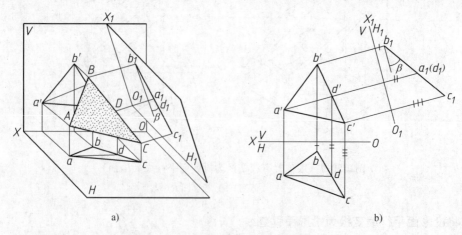

图 2-53　将一般位置平面变换为投影面垂直面

作图过程如图 2-53b 所示，如要求一般位置平面 $\triangle ABC$ 的 β 时，则保留 V 面；首先求作

平面 $\triangle ABC$ 上的一条正平线 AD 在原投影体系中的两面投影 ad、$a'd'$；再作 X_1 轴垂直于该正平线的正面投影 $a'd'$，即可将平面 $\triangle ABC$ 变换为新投影面 V_1 上的垂直面，从而求得 β。至于求作一般位置平面对 H、W 面的倾角 α、γ 的问题，可分别用 H_1 面更换 H、用 W_1 面更换 W 面的办法求得。此方法还可求解点到平面的距离、两平面距离等。

4. 将投影面垂直面变换为投影面的平行面

将投影面垂直面变换为投影面平行面，可在新投影面上得到该平面的实形。如图 2-54a 所示，欲求作铅垂面 $\triangle ABC$ 的实形，应保留 H 面，作新投影面 V_1 平行于 $\triangle ABC$。显然，此时 V_1 也同时垂直于 H 面，并与 H 面组成了一个新的投影体系 V_1/H，$\triangle ABC$ 则变换成了该体系中的正平面。作图时如图 2-54b 所示，首先作 X_1 轴平行于 $\triangle ABC$ 的水平积聚性投影 abc，然后应用投影换面规律求出 $\triangle ABC$ 各顶点在新投影面的新投影 a'_1、b'_1、c'_1，最后连成 $\triangle a'_1 b'_1 c'_1$ 即是 $\triangle ABC$ 的实形。

与一般位置的直线相似，若要将一般位置平面变换成投影面的平行面，也需经过两次连续换面。如图 2-55 所示，首先将给定的一般位置平面变换为新投影体系 V_1/H 的垂直面，再以此为基础进行连续的第二次换面，将其变换为新投影体系 V_1/H_2 的平行面。

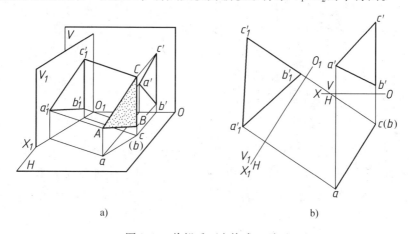

a)　　　　　　　　　　　　　b)

图 2-54　将铅垂面变换成正平面

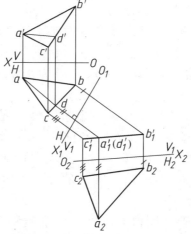

图 2-55　求一般位置平面的实形

2.5.4 换面法的解题举例

掌握了换面法，在图解、图示几何问题时，就可以利用它把一般位置的直线或平面变换成特殊位置的直线或平面，从而达到解题的目的。

例 2-17 如图 2-56 所示，求一般位置直线 MN 与 $\triangle ABC$ 平面的交点 K，并判断 MN 的可见性。

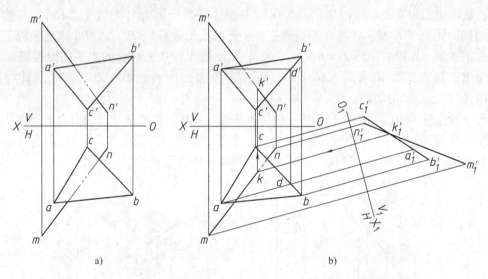

图 2-56 求一般位置直线与 $\triangle ABC$ 平面的交点，并判断 MN 的可见性

分析：如图 2-56a 所示，直线与平面都是一般位置，若其中之一垂直于投影面时，那么可利用积聚性直接作图。因此，可将 $\triangle ABC$ 平面变换成投影面垂直面或将直线变换成投影面垂直线，而后者则需两次变换，前者只需一次，所以应将 $\triangle ABC$ 平面变换成投影面垂直面。

作图：

1）如图 2-56b 所示，在 $\triangle ABC$ 平面上取一水平线 AD，即作 $a'd' \parallel X$ 轴，并对应作出 ad。

2）作新投影轴 $X_1 \perp ad$，即 $AD \perp V_1$ 面，利用换面规律，求出 MN 和 $\triangle ABC$ 在 V_1 面上的投影 $m_1'n_1'$ 及 $a_1'b_1'c_1'$。

3）V_1 面投影 $m_1'n_1'$ 与 $a_1'b_1'c_1'$ 的交点即为 MN 与 $\triangle ABC$ 平面的交点 K 在 V_1 面的投影 k_1'，对应求出交点的两面投影 k 及 k'。

4）从 V_1 面投影可判断 H 面中 km 与 $\triangle abc$ 重叠部分是可见的，应画粗实线；kn 与 $\triangle abc$ 重叠部分是不可见的，应画细虚线；在原投影体系中，用重影点可判断 $k'm'$ 与 $\triangle a'b'c'$ 重叠部分是不可见的，应画细虚线；$k'n'$ 与 $\triangle a'b'c'$ 重叠部分是可见的，应画粗实线。

例 2-18 如图 2-57a 所示，已知位于正垂面的等边 $\triangle ABC$，点 C 在 AB 的前方，补全 $\triangle ABC$ 的两面投影。

分析：经一次换面可将位于正垂面的等边 $\triangle ABC$ 变换为 H_1 面平行面，H_1 面投影反映实形，于是就可在 V/H_1 中作出这个 $\triangle ABC$，再返回 V/H，补全它的两面投影。

作图：

1）如图 2-57b 所示，用 H_1 面更换 H 面，使 H_1 面 $\parallel \triangle ABC$，并作出 a_1b_1。由于 $a'b'c'$ 积聚成一直线，与 $a'b'$ 重合，所以，作新投影投轴 $X_1 \parallel a'b'$，按投影换面的规律作出 a_1 和 b_1，连接 a_1b_1。

2）在 V/H_1 中作出 $\triangle ABC$。在 H_1 面分别以 a_1、b_1 为圆心，a_1b_1 为半径作圆弧，相交得 c_1，即得 $\triangle a_1b_1c_1$；由 c_1 作垂直于 X_1 轴的投影连线，与 $a'b'$ 交得 c'，即得 $\triangle ABC$ 的有积聚性的投影 $a'b'c'$。

3）返回 V/H，作出 $\triangle abc$。由 c' 作垂直于 X 轴的投影连线，由投影换面规律作出 H 面中的 c，与 ab 连成 $\triangle abc$，于是就补全了 $\triangle ABC$ 的两面投影。

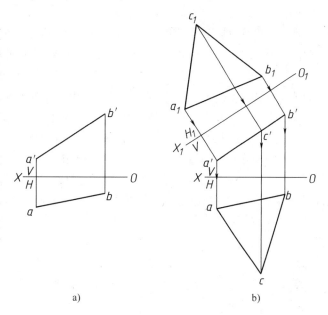

图 2-57　补全位于正垂面的等边 $\triangle ABC$ 的两面投影

例 2-19　如图 2-58a 所示，求两平面 $\triangle ABC$ 和 $\triangle DEF$ 的交线，并判断可见性。

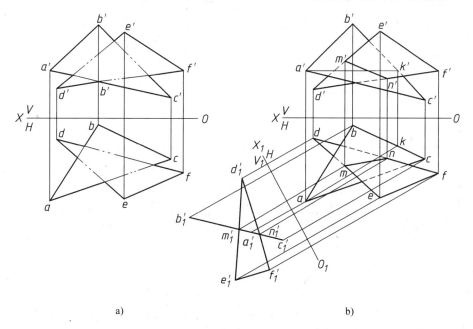

图 2-58　求两平面的交线，并判断可见性

分析： 当相交的两平面中一个是投影面的垂直面时，可利用投影的积聚性求解两平面交线。因此，可将其中的一个平面利用换面法变换为投影面的垂直面，求出在新投影体系中的交线，然后再返回到原投影体系中。

作图:

1）用 V_1 面更换 V 面，使 V_1 面 $\perp \triangle ABC$。在平面 $\triangle ABC$ 内过点 A 作一水平线 AK，如图 2-58b 所示，分别作出 AK 的 V、H 面投影 $a'k'$、ak；作新投影轴 $X_1 \perp ak$，建立新投影体系 V_1/H。

2）将平面 $\triangle ABC$ 变换为投影面垂直面。在 V_1/H 中用投影换面规律分别作出 $\triangle ABC$ 和 $\triangle DEF$ 在 V_1 面上的投影 $a_1'b_1'c_1'$、$d_1'e_1'f_1'$；其中 a_1'、b_1'、c_1' 积聚在一条直线上。

3）求交线 MN。在 V_1/H 中作出交线 MN 的投影 $m_1'n_1'$；将 m_1'、n_1' 返回到原投影体系，求出它们的 H 面投影 m、n 和 V 面投影 m'、n'，则 mn 和 $m'n'$ 即为所求交线的两面投影。

4）判断可见性。在 V 面投影中，由于 MN 的左下部 MND 部分均在 AB 的下面，因此，在 H 面上 md、nd 与 $\triangle abc$ 重叠的部分不可见，应画出细虚线；另一部分 $mnfe$ 与 $\triangle abc$ 重叠的部分可见，应为粗实线；显然 ac 与 $\triangle def$ 重叠部分为细虚线。同样方法，在 V 面投影中，由于 MN 的左后部分 MND 部分均在 AC 的后面，因此，在 V 面上 $m'd'$、$n'd'$ 与 $\triangle a'b'c'$ 重叠的部分不可见，应画细虚线；另一部分 $mnfe$ 与 $\triangle a'b'c'$ 重叠的部分可见，应画粗实线；显然 $b'c'$ 边与 $\triangle d'e'f'$ 重叠部分为细虚线。

例 2-20 如图 2-59a 所示，求空间交叉两直线 AB、CD 之间的最短距离。

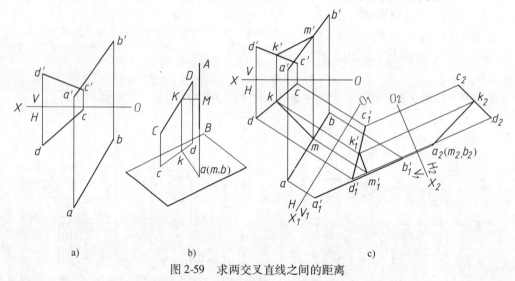

a)   b)   c)

图 2-59 求两交叉直线之间的距离

分析: 求两交叉直线间的最短距离实质是求两直线之间公垂线段的长度。由于直线都处于一般位置，直接求解比较困难。如将其中一条直线 AB 变换成投影面的垂直线，如图 2-59b 所示，此时 AB、CD 两直线最短距离的公垂线是水平线，它的水平投影 km 反映实长，即为 AB、CD 两直线之间的最短距离。所以，此题的解题思路就是将其中的一条一般位置直线经两次换面变换成投影面垂直线。

作图:

1）如图 2-59c 所示，将 AB 经过两次换面变换成投影面垂直线，其在 H_2 面上的投影积聚为 $a_2(b_2)$。直线 CD 也随之变换，其在 H_2 面上的投影为 c_2d_2。

2）由 $a_2(b_2)$ 作 $m_2k_2 \perp c_2d_2$，m_2k_2 即为公垂线 KM 在 H_2 面上的投影，它反映了交叉两直线 AB 和 CD 之间的真实距离。

3）由 V_1/H_2 投影体系返回作图到原投影体系。

第 3 章　立体及其表面上点和线的投影

3.1　基本体及其表面上点的投影

空间物体的形状虽然各不相同，但都可以看成是由一些基本的几何体经过叠加或切割所组成的，这些基本的几何体称为基本立体，简称基本体。根据基本体表面的性质，基本体可分为两类：平面立体和曲面立体。

3.1.1　平面立体

平面立体是指所有表面都是平面的几何体，如棱柱、棱锥等。

画平面立体的投影，就是画出各棱面和底面的投影，也可以说是画出各棱线及底边的投影，并区分可见性。

1. 棱柱

（1）棱柱的投影　棱柱的棱线互相平行，底面为多边形，底面是棱柱的特征面，其形状决定棱柱的形状。画正棱柱的投影时，应先画其反映特征的投影，再画其他两个投影。

如图 3-1 所示，正五棱柱的上、下底面平行于 H 面，为正五边形，水平投影反映其实形，正、侧面投影均积聚成水平线段；五个棱面均垂直于 H 面，水平投影积聚成五边形的

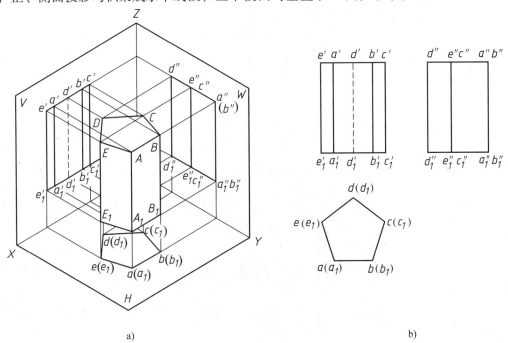

图 3-1　正五棱柱的投影

a）立体图　b）投影图

五条边；五条棱线的水平投影都积聚在五边形的五个顶点上。正面投影中，棱线 DD_1 被前边的棱面遮挡不可见，画成细虚线；侧面投影中，棱线 BB_1、CC_1 分别被 AA_1、EE_1 遮挡，投影重合。

由此得出正棱柱的投影特点：在垂直于棱线的投影面上的投影为多边形，反映特征面的实形；其他两面投影外轮廓都呈矩形，且棱线的投影互相平行。掌握此投影特点，对今后读图很有益处。

（2）棱柱表面取点　平面立体表面上取点的实质就是在平面上取点，关键就是要分析这些点在哪个平面上，从而在该平面的投影内取点的投影。点的可见性与它们所在的平面的可见性一致。对棱柱而言，当表面处在特殊位置时，表面上的点的投影可利用积聚性作图。

例 3-1　如图 3-2a 所示，已知在正五棱柱表面上有两点Ⅰ、Ⅱ，根据给出的正面投影 $(1')$、$2'$，补全它们的三面投影。

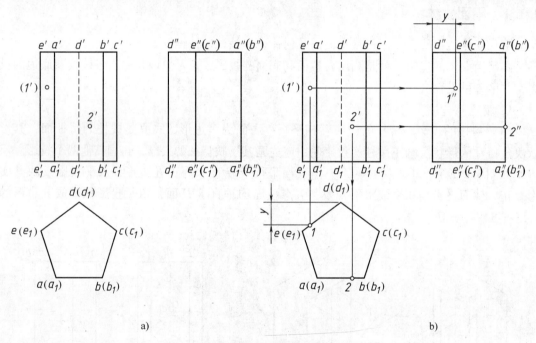

图 3-2　正五棱柱表面上取点
a）已知条件　b）作图过程

分析：根据题中的已知条件，$2'$ 可见，故点Ⅱ在最前面棱面 ABB_1A_1 上，此棱面为正平面；而 $(1')$ 不可见，故点Ⅰ应在左后面的铅垂棱面 EDD_1E_1 上。

作图：

1）如图 3-2b 所示，分别过点 $2'$、$(1')$ 作竖直投影连线，交五边形的边为 2、1，2 在前面、1 在左后。

2）如图 3-2b 所示，分别过点 $2'$、$(1')$ 作水平投影连线，交棱面 ABB_1A 于 $2''$，量取 y 坐标得 $1''$。

3）判别可见性。因点Ⅰ所在棱面 EDD_1E_1 侧面投影可见，故 $1''$ 可见，结果如图 3-2b 所示。

关于立体表面上点的可见性的判别，由点所在表面的可见性所确定。如图 3-2b 所示，点 I 在平面 EDD_1E_1 上，该平面的侧面投影可见，故 $1''$ 可见；当点所在平面积聚为一线段时，则不需判别点在该投影中的可见性，如点 2、1、$2''$。

2. 棱锥

（1）棱锥的投影　在平面立体中，如果有一个面是多边形，其余各面都是具有一个公共顶点的三角形，这样的平面立体称为棱锥。如果棱锥的底面是一个正多边形，而且顶点与正多边形底面的中心的连线垂直于该底面，这样的棱锥就称为正棱锥。画棱锥的投影时，一般先画出底面及锥顶的投影，再画棱线的投影。

如图 3-3a 所示正三棱锥的底面 $\triangle ABC$ 为水平面，棱面 $\triangle SAC$ 为侧垂面，其余两个棱面为一般位置平面，其中 AB、BC 为水平线，AC 为侧垂线，棱线 SA、SC 为一般位置直线，棱线 SB 为侧平线。在图 3-3b 所示投影图中，底面的水平投影反映实形，正面和侧面投影积聚为水平直线段；锥顶 S 的水平投影 s 在 $\triangle abc$ 内，根据三棱锥的高度，由水平投影 s，利用投影关系可作出其正面投影 s' 和侧面投影 s''，将锥顶 S 和各顶点 A、B、C 的同面投影分别连线，即得三棱锥的投影图（图 3-3b）。

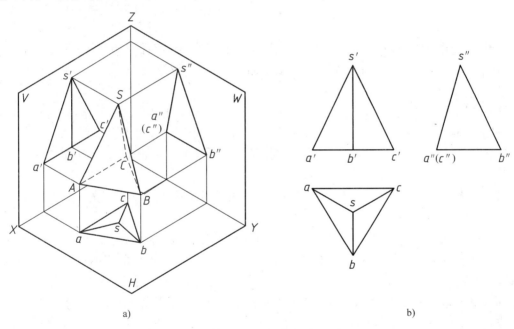

图 3-3　三棱锥的投影

a）立体图　b）投影图

由此可见棱锥的投影特性：在和底面相平行的投影面上的投影多边形反映底面实形和侧面类似形，另外两面投影多边形为侧面的类似形。

（2）棱锥表面上取点　组成棱锥的表面有特殊位置平面，也有一般位置平面。特殊位置平面上点的投影可利用平面的积聚性作图。若点在一般位置平面上，可采用在平面内作辅助直线的方法作图。

例 3-2　如图 3-4a 所示，已知在三棱锥表面上点 E 的水平投影 e，点 F 的正面投影 f'，求作其余两面投影。

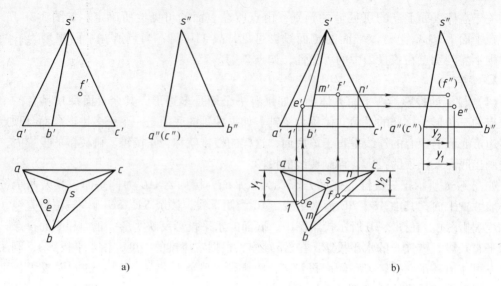

图 3-4　三棱锥表面上取点

a) 已知条件　b) 作图过程

分析：由图 3-4a 可知，e、f' 可见，故点 E 在左棱面 $\triangle SAB$ 上，点 F 在棱面 $\triangle SBC$ 上，两点均在一般位置平面上，需分别作辅助线求出它们的另两面投影。

作图：

1）如图 3-4b 所示，在水平投影上，连 se 并延长交 ab 于点 1，由 1 作竖直投影连线，交 $a'b'$ 于点 $1'$，得到辅助线 $S\mathrm{I}$ 的正面投影 $s'1'$；在正面投影上，过点 f' 作底边 $b'c'$ 的平行线 $m'n'$（m'、n' 分别在 $s'b'$ 和 $s'c'$ 上），过点 n' 作竖直投影连线，交 sc 于 n，由 n 作 bc 的平行线 mn。

2）点 E、F 分别在 $S\mathrm{I}$、MN 上，过点 e、f' 分别作竖直投影连线，与 $s'1'$ 交于 e'，与 mn 交于 f。

3）分别过点 e'、f' 作水平投影连线，利用投影关系，分别量取 y_1、y_2 坐标得 e''、f''。

4）判别可见性。因点 F 所在棱面 SBC 的侧面投影不可见，故 f'' 不可见，其余点均可见。

例 3-3　如图 3-5a 所示，已知三棱锥面上折线 PQR 的正面投影 $p'q'r'$，求作其另两面投影。

分析：由图 3-5a 可知，点 P 在棱面 SAB 上，点 Q 在棱线 SB 上，点 R 在棱面 SBC 上，故线段 QR 在棱面 SBC 上，线段 PQ 在棱面 SAB 上。

作图：

1）如图 3-5b 所示，求 p、p''。过 p' 作底边 $b'c'$ 的平行线 $2'3'$，求出水平投影 23，过点 p' 作竖直投影连线，交 23 于 p，量取 y_2 坐标得 p''。

2）求 q、q''。因点 Q 在棱线 SB 上，可直接由 q' 求得水平投影 q、侧面投影 q''。

3）求 r、r''。在正面投影上过 r' 作辅助线 $S\mathrm{I}$ 的正面投影 $s'1'$，求出水平投影 $s1$，由 r' 作投影连线得 r，量取 y_1 坐标即可求出 r''。

4）判别可见性、连线。由于三个棱面水平投影均可见，所以水平投影可见，pqr 画成

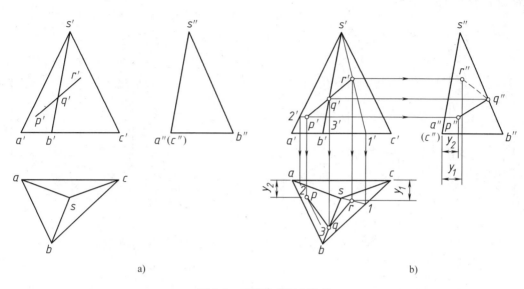

图 3-5　三棱锥表面上取线
a）已知条件　b）作图过程

粗实线；线段 QR 在棱面 SBC 上，侧面投影不可见，画成细虚线；线段 PQ 在棱面 SAB 上，侧面投影可见，p″q″ 画粗实线。

3.1.2　曲面立体

表面是曲面或曲面与平面围成的几何体称为曲面立体。表面有回转面的曲面立体称为回转体。工程上应用最多的是回转体，如圆柱、圆锥、圆球、圆环等。回转面是由运动的母线绕着固定的轴线作回转运动而成的，形成上述曲面的直线或曲线称为母线，母线的任一位置称为素线。母线上任一点的运动轨迹是垂直于轴线的圆，称为纬圆。

画回转体的投影图时，首先应画出回转轴线的投影；轴线在所垂直的投影面上的投影积聚成一点，该点用两条互相垂直相交的细点画线（即圆的对称中心线）表示。轴线在其他投影面上的投影用细点画线绘制。曲面立体的曲面没有明显的棱线，在画它们的投影时，主要画出其外形轮廓线的投影。要注意曲面的形成方式及对投影轮廓线的分析。

1. 圆柱

（1）圆柱的投影　圆柱表面由圆柱面和上、下底平面组成。圆柱面是由一条直母线绕与它平行的轴线旋转而成的，圆柱面上的所有素线都是与轴线平行的直线。

图 3-6 所示为一轴线垂直于 H 面的正圆柱，正圆柱体的上、下底面垂直于轴线。画正圆柱的投影时，应依次绘制回转轴线、上下底圆面、圆柱面的投影。按前述方法画出轴线的投影。圆柱的上下底面是水平圆面，水平投影是圆，其余投影积聚为直线，是矩形的上下边。圆柱面的水平投影有积聚性，与底面投影圆周重合。圆柱面其他两投影是矩形，正面投影矩形的两边 $a'a_1'$ 及 $b'b_1'$ 是圆柱面最左、最右两条素线 AA_1、BB_1 的投影；侧面投影 $c''c_1''$ 及 $d''d_1''$ 是圆柱面最前、最后两条素线 CC_1 及 DD_1 的投影；$a''a_1''$、$b''b_1''$、$c'c_1'$、$d'd_1'$ 都与轴线的投影重合，所以，正圆柱体的三个投影中一个是圆，两个是矩形。由此可知，外形轮廓线是曲面可

见部分与不可见部分的分界线。

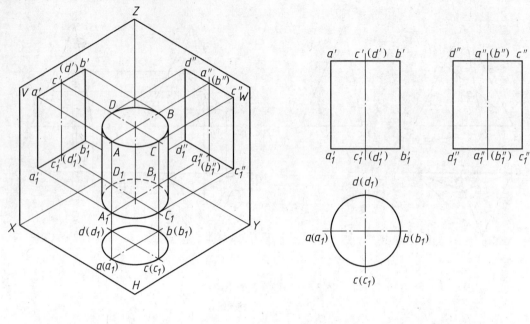

图3-6 圆柱的投影

a) 立体图 b) 投影图

（2）圆柱表面上取点 当柱面投影有积聚性时，在柱面上取点，可利用积聚性进行作图。如果点位于圆柱面的特殊位置素线上时，应先判断点的位置，以方便求解。

例3-4 如图3-7a所示，已知圆柱面上点 A、B、C 的正面投影为 a'、b'、c'，补全其三面投影。

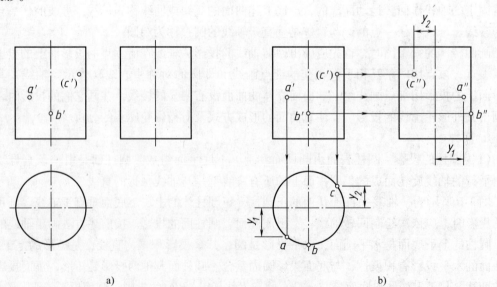

图3-7 圆柱表面上取点

a) 已知条件 b) 作图过程

分析：由图 3-7a 可知，a'、b'可见，故点 A 在左前圆柱面上，点 B 在最前素线上；c'不可见，则点 C 在右后圆柱面上，因此可先利用圆柱面水平投影的积聚性，作出水平投影，再求侧面投影。

作图：

1）如图 3-7b 所示，求 A、C 的投影。因点 A、C 在圆柱面上，其水平投影必在圆柱面有积聚性的圆周上。分别过点 a'、（c'）作竖直投影连线，交圆周于 a、c；a 在前，c 在后。过点 a'、（c'）作水平投影连线，分别量取 y_1、y_2 坐标便可求得 a''、c''。因点 C 在右半圆柱面上，故侧面投影 c''不可见。

2）求点 B。因点 B 在圆柱面的最前素线上，过 b'作投影连线，可直接求得 b、b''。

2. 圆锥

（1）圆锥的投影　　圆锥是由圆锥面及底平面围成的回转立体。圆锥面是由一条直母线绕与之相交的轴线旋转而成的。圆锥面上的所有素线与轴线交于一点，称为锥顶。

图 3-8a 所示为一轴线垂直于 H 面的正圆锥，其水平投影为一圆，它既是反映底圆实形的投影，也是圆锥面的投影；其正面、侧面投影均为等腰三角形，三角形的底边是底圆的有积聚性投影，两个腰分别是外形轮廓线的投影。回转轴用细点画线表示。圆锥面的投影没有积聚性。试自行分析正面、侧面外形轮廓线的空间位置及其三个投影，并分析圆锥面各投影的可见性。

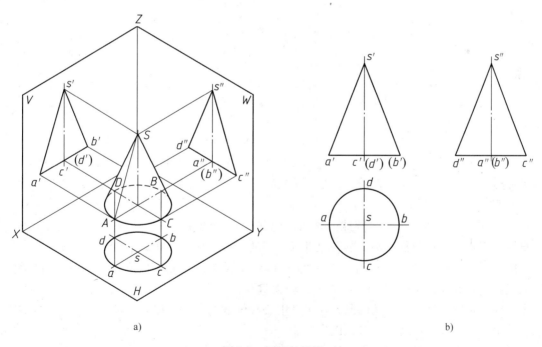

a)　　　　　　　　　　　　　　　　　　　b)

图 3-8　圆锥的投影

a）立体图　b）投影图

（2）圆锥表面上取点　　因圆锥面的三个投影都无积聚性，所以在锥面上取点时，需要借助于锥面上的辅助线。根据圆锥面的形成特点，利用直素线和纬圆作为辅助线作图最为简便，利用素线和纬圆作为辅助线来确定回转面上点的投影的作图方法分别称为素线法和纬圆法。

例 3-5 如图 3-9a 所示，已知圆锥表面上点 M、N 的正面投影 m'、(n')，分别采用素线法和纬圆法求其另两面投影。

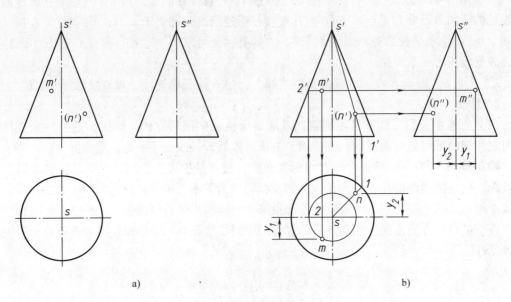

图 3-9　圆锥表面上取点
a）已知条件　b）作图过程

（1）素线法　如图 3-9b 所示，过 n' 作一过锥顶的素线 $s'1'$，即圆锥面素线 $S\text{I}$ 的正面投影，再求出其水平投影，过 n' 作投影连线，与 $s1$ 相交得 n；量取 y_2 坐标得 n''。因点 N 在右半圆锥面上，故 n'' 不可见。

（2）辅助圆法　如图 3-9b 所示，过 m' 作一垂直于轴线的水平线段，即辅助纬圆，交正面转向线的正面投影于点 $2'$，以 s 为圆心、$2s$ 为半径画圆，即得纬圆的水平投影；从 m' 作投影连线，交前半圆于 m；量取 y_1 坐标得 m''。

3. 圆球

（1）圆球的形成及投影　圆球的表面是由圆母线绕其任一直径旋转而成的。球面上没有直线。球的三个投影都是圆，其直径都等于球的直径，如图 3-10a 所示。

图 3-10b 所示为圆球的投影图。各投影的外形轮廓线是球面上平行于相应投影面的最大圆的投影。各圆在其余两投影面上的投影均为直线，且和投影中圆的中心线重合。如 V 面投影的外形轮廓线圆 B，其 H 面投影在水平中心线位置上，W 面投影在竖直中心线重合位置上，都不必画出线，但应画出各圆的中心线。

平行于三投影面的最大圆分别将球面分为前、后半球，上、下半球，左、右半球，所以它们分别是球面正面投影、水平投影、侧面投影可见与不可见的分界线（转向轮廓线）。

（2）圆球面上取点　圆球的三个投影均无积聚性，所以在圆球表面上取点，需采用辅助圆法，即过该点作与各投影面平行的纬圆作为辅助圆。

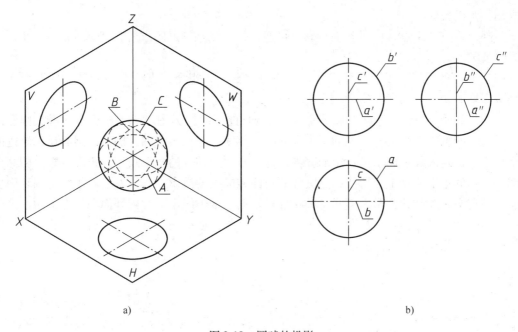

a)　　　　　　　　　　　　　　b)

图 3-10　圆球的投影
a）立体图　b）投影图

例 3-6　如图 3-11a 所示，已知球面上点 A、B 的一个投影 a'、b''，补全其另两面投影。

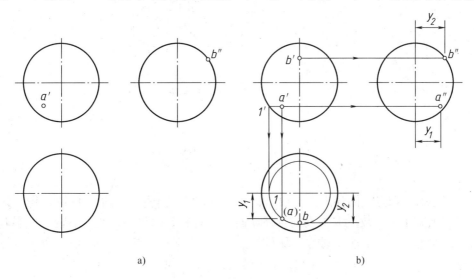

a)　　　　　　　　　　　　　b)

图 3-11　圆球表面上取点
a）已知条件　b）作图过程

分析：由题中知 a' 可见，故点 A 在左半、下半、前半球面上，需采用辅助纬圆法求出另两面投影。

作图：过 a' 作水平线，与正面投影的转向轮廓线相交于点 $1'$，作出该水平辅助圆，再从 a' 作竖直投影连线，交辅助圆前半圆于 a；量取 y_1 坐标得 a''。由于点 A 在左、前、下半球面上，故 a 不可见，a'' 可见。又根据题意 b'' 可见，且在侧面投影的圆周上，可直接根据从属性求出另两面投影。

另外，本例题中点 A 的另两面投影也可通过作一侧平辅助圆求解，请读者自行分析。

4. 圆环

（1）圆环的投影　以圆为母线，以圆平面上不与圆相交的直线为轴旋转一周而形成的曲面为圆环面。

图 3-12a 所示为轴线垂直于水平投影面的圆环的三面投影图。水平投影中的最大圆和最小圆是可见的上半环面与不可见的下半环面的分界线。细点画线圆为圆母线圆心运动轨迹的水平投影，也是内外环面水平投影的分界线，圆心则为轴线的积聚投影。正面投影上的两个小圆和两圆的上下两水平公切线，是圆环面正面转向线的投影，其中左右两小圆是圆环面上最左、最右两素线圆的投影，实线半圆在外环面上，细虚线半圆在内环面上，上下两水平公切线是内外环面的分界圆的投影。在正面投影中，外环面的前一半可见，后一半不可见，内环面不可见。侧面投影请读者自行分析。

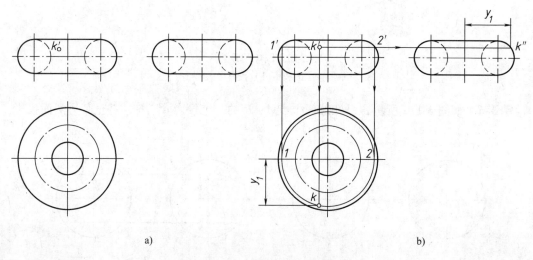

图 3-12　圆环表面上取点
a）已知条件　b）作图过程

（2）圆环面上取点　圆环表面上取点，可过点作垂直于轴线的辅助纬圆求得。如图 3-12 中所示，因 k' 可见，故点 K 应在前半外环面上。过 k' 作水平线，交左右两实线半圆于点 $1'$、$2'$，$1'2'$ 即为所作水平辅助圆的正面投影；以 $1'2'$ 为直径，以水平投影上的圆心为圆心作出此圆的水平投影，从 k' 作投影连线，交该辅助圆于 e，量取 y_1 坐标即可求得 e''。

3.2　立体表面的交线

平面与立体表面相交，可以认为是立体被平面截切，如图 3-13 所示，因此该平面通常被称为截平面，平面与立体表面相交得到的交线称为截交线，由截交线围成的平面图形称为截断面。

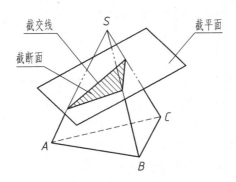

图 3-13 截交线与截断面

3.2.1 平面与平面立体的截交线

平面与平面立体相交，所得到的截交线是由直线围成的平面多边形。多边形的边是截平面与平面立体表面的交线；多边形顶点的数目取决于立体上与截平面相交的棱线或底边的数目。截平面与平面立体相交的位置及立体的形状不同，得到的截交线也是不同的。

截交线是截平面与立体表面的共有线，求解截交线的投影实质上就是求共有线上的特殊点的问题。

下面以正六棱柱为例说明求平面立体截交线的方法和步骤。

例 3-7 如图 3-14 所示，正六棱柱被一正垂面截切，求作其侧面投影。

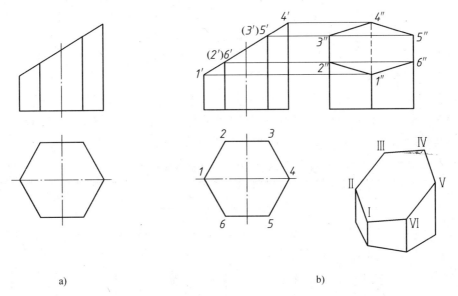

a)   b)

图 3-14 截切六棱柱的投影

a）已知条件 b）作图过程

分析：由图 3-14a 可以看出，该立体为一正六棱柱，被正垂面斜截，截交线应为一个六边形，六边形的各顶点是棱柱各棱线与截平面的交点。截交线的正面投影积聚在该截平面的正面投影上，水平投影与正六棱柱的水平投影重合为正六边形。求侧面投影时关键是求得六个顶点的侧面投影。

作图：

1）如图 3-14b 所示，首先补画出完整正六棱柱的侧面投影。

2）标出截交线上各顶点的正面投影 1′、2′、3′、4′、5′、6′，根据投影关系求出水平投影 1、2、3、4、5、6，再在六棱柱侧面投影的各棱线上求出 1″、2″、3″、4″、5″、6″。

3）依据截交线上各顶点水平投影的顺序，连接 1″2″3″4″5″6″1″ 得截交线的侧面投影。

4）判断被截切后立体棱线的存在情况及其可见性。注意：侧面投影中棱线 Ⅳ 是被遮挡的，所以 1″4″ 画成细虚线。

5）加深图形。

3.2.2　平面与曲面立体的截交线

平面与曲面立体相交时，截交线在一般情况下是一条封闭的平面曲线，或者是由平面曲线和直线组合而成的平面图形。截交线是截平面和曲面立体表面的共有线，它既在曲面立体表面上，又在截平面上。因此，求截交线的方法实质上是求两者共有线上的点，其步骤是：

（1）分析截交线的形状　它取决于曲面立体表面的形状及其截平面的相对位置。

（2）分析截交线的投影　根据截平面与投影面的相对位置，明确截交线的投影特性，如积聚性、类似性等。

（3）画出截交线的投影　一般要先在各投影面上确定截交线上特殊点（如最高、最低、最左、最右、最前、最后点以及可见性分界点等）的投影；再求截交线上一般点的三面投影，可以在回转体表面上取素线或纬圆，通过作出素线或纬圆与截平面的交点来求得；最后将一系列的交点按照顺序光滑地相连，并判断其可见性。

下面分别叙述常见曲面立体（如圆柱、圆锥、圆球等）的截交线特点与画法。

1. 平面与圆柱相交

根据截平面对圆柱体轴线的相对位置不同，截交线有三种基本情况。当截平面与圆柱体轴线垂直时，截交线是一个圆；当截平面与圆柱体轴线平行时，截交线是一个矩形；当截平面与圆柱体轴线斜交时，截交线是一个椭圆，具体情况见表 3-1。

表 3-1　平面与圆柱相交的三种情况

截平面位置	垂直于轴线	平行于轴线	倾斜于轴线
截交线形状	圆	矩形	椭圆
立体图	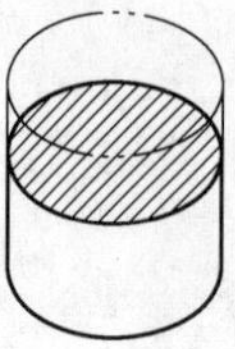	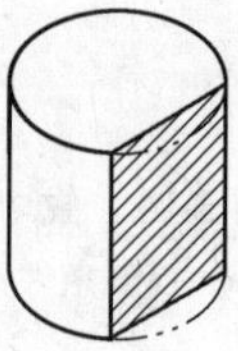	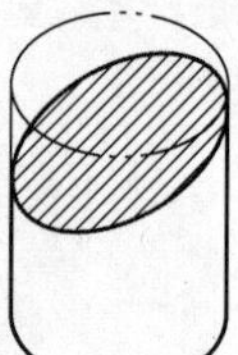

（续）

截平面位置	垂直于轴线	平行于轴线	倾斜于轴线
截交线形状	圆	矩形	椭圆
投影图	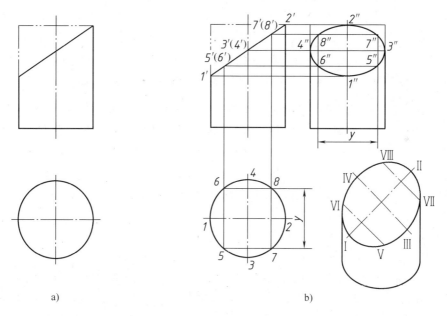		

截交线为圆及矩形时，投影作图较容易。下面说明截交线为椭圆时的作图方法和步骤。

如图 3-15a 所示，圆柱被一与轴倾斜的正垂面斜截，截交线应为椭圆。截交线的正面投影积聚为直线，截交线的水平投影为圆，侧面投影为椭圆。作图过程如下：

图 3-15　斜截圆柱体的投影

a）已知条件　b）作图过程

1）如图 3-15b 所示，首先画出完整圆柱的侧面投影。

2）标出截交线上特殊点的正面投影 1′、2′、3′、4′和水平投影 1、2、3、4，并求出这些点的侧面投影 1″、2″、3″、4″；再选择截交线上若干个一般点 5′、6′、7′、8′，依次求出这些点的水平投影 5、6、7、8 和侧面投影 5″、6″、7″、8″。

3）依截交线上各点水平投影的顺序，连接各同面投影点。

4）判断被截切后立体的存在情况及其可见性。

5）加深图形。

例 3-8　如图 3-16a 所示，求作切口圆柱的侧面投影。

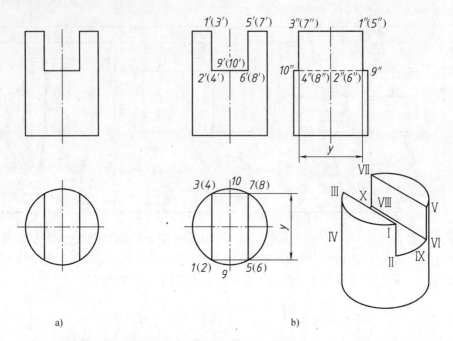

图 3-16 圆柱上切一方槽的投影

a) 已知条件 b) 作图过程

分析: 如图 3-16a 所示,圆柱被侧平面截切,与圆柱面的交线为平行于轴线的直线;圆柱被垂直于轴线的水平面截切,与圆柱面的交线为圆弧。侧平截面与水平截面的交线是正垂线。

作图:

1) 如图 3-16b 所示,先补画出完整圆柱的侧面投影。

2) 求两侧平截面与圆柱面的交线。两截平面与圆柱面交线的正面投影分别为直线 $1'2'$ ($3'4'$) 和 $5'6'$ ($7'8'$),按投影关系求出其水平投影和侧面投影。

3) 求水平截面与圆柱面的交线。水平截面与圆柱面交线的正面投影为直线 $2'6'$ 和 $4'8'$,并且它们的正面投影重合,然后按投影关系求出其水平投影和侧面投影。两侧平截面与水平截面的交线为正垂线,其正面投影积聚成点,侧面投影为直线 $2''4''$ 和 $6''8''$,两者重合且被遮挡为不可见,画成细虚线。

4) 最后检查、加深图形。

2. 平面与圆锥相交

圆锥被平面截切时,根据截平面与圆锥轴线相对位置的不同,截交线有五种不同的情况,可以归纳为三类:

1) 截平面垂直于圆锥的轴线时,截交线为圆。

2) 截平面过锥顶时,截交线为等腰三角形,三角形的两腰是两条素线。

3) 截平面倾斜或平行于圆锥的轴线时,截交线在圆锥面上为非圆曲线——椭圆、抛物线或双曲线(圆、椭圆、抛物线及双曲线统称为圆锥曲线),截交线在圆锥底面上为直线段。

平面与圆锥相交的五种情况见表 3-2。

表 3-2　平面与圆锥相交的五种情况

截平面位置	垂直于轴线	倾斜于轴线			平行于轴线
		过锥顶	与所有素线相交	平行于一条素线	
截交线形状	圆	三角形	椭圆	抛物线	双曲线
立体图					
投影图					

　　例 3-9　如图 3-17a 所示，圆锥被一正垂面斜截，截交线应为椭圆。截交线的正面投影积聚为一段直线，截交线的水平投影和侧面投影均为椭圆。

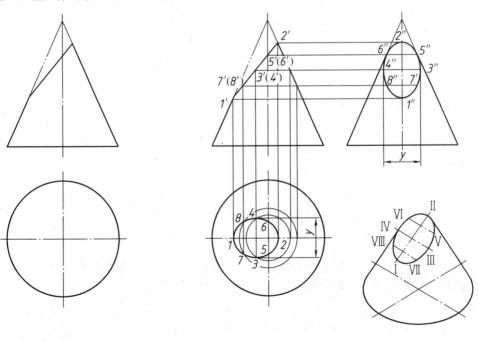

图 3-17　圆锥椭圆截交线的投影
a）已知条件　b）作图过程

作图：

1）如图 3-17a 所示，首先画出完整圆锥的侧面投影。

2）先找出椭圆长、短轴端点的正面投影 1′、2′、3′、4′，3′（4′）在 1′2′连线的中点，按投影关系求出各点的水平投影和侧面投影；然后找出最前、最后素线上的特殊点 5′（6′），求出其水平投影 5、6 和侧面投影 5″、6″；再找几个一般位置点如 7′（8′），用辅助纬圆法求其水平投影和侧面投影。

3）依截交线上各点的顺序，依次连接各同面投影点。

4）判断被截切后立体的情况及其可见性。

5）加深图形。

应注意的是，在求截交线上的点时，除椭圆长、短轴的端点外，必须求出圆锥轮廓线上的点，它是轮廓线和椭圆的切点。

例 3-10   如图 3-18a 所示，圆锥被一侧平面所截，求作其截交线的投影。

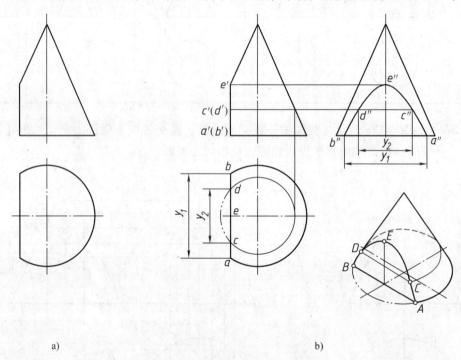

a)   b)

图 3-18   圆锥双曲线截交线的投影
a) 已知条件 b) 作图过程

分析：因侧平面与圆锥的轴线平行，所以截交线是双曲线。截交线的正面投影和水平投影积聚成直线，侧面投影反映双曲线实形。

作图：

1）如图 3-18b 所示，先补画出完整圆锥的侧面投影。

2）求截交线上特殊点的投影。先求出截交线上最低点的水平投影 a、b，它们是截平面与圆锥底圆的水平投影的交点，由此求出 a′和 b′；再找出最高点的水平投影 e，位于线段 ab 的中点，用纬圆法求其正面投影 e′，再根据投影关系求出它们的侧面投影；中间点 C 和 D

的求法同上。

3）把所求得的各点依次光滑连接，即得双曲线的侧面投影。

4）加深图形。

3. 平面与圆球相交

圆球与任意方向的平面截交时，其截交线的空间形状均为圆。当截平面平行于基本投影面时，在该投影面上的截交线投影反映实形，而在垂直于截平面的投影面上的投影为直线段，直线段的长度为截交线圆的直径。当截平面倾斜于基本投影面时，截交线的投影为椭圆。画截切圆球体的投影，关键是要正确画出其截交线的投影。具体情况见表3-3。

表3-3 平面与圆球相交的三种情况

截平面位置	截平面为正平面	截平面为水平面	截平面为正垂面
截交线形状	正面投影为圆	水平投影为圆	水平投影为椭圆
立体图	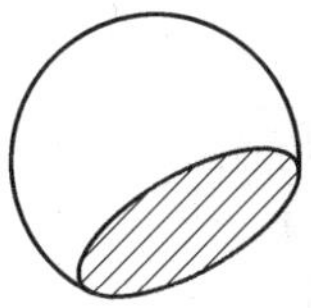	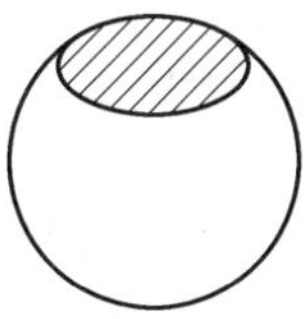	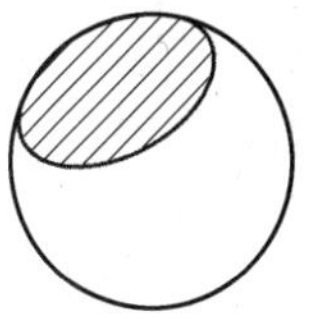
投影图	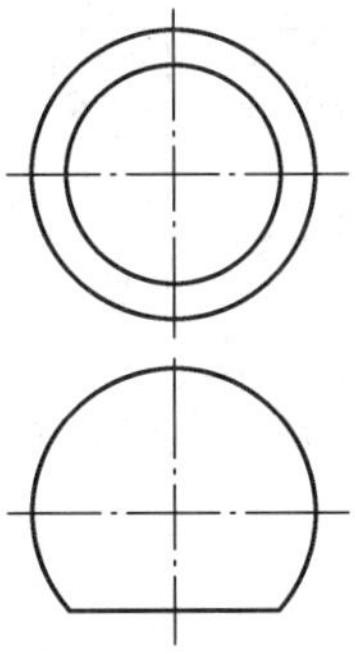	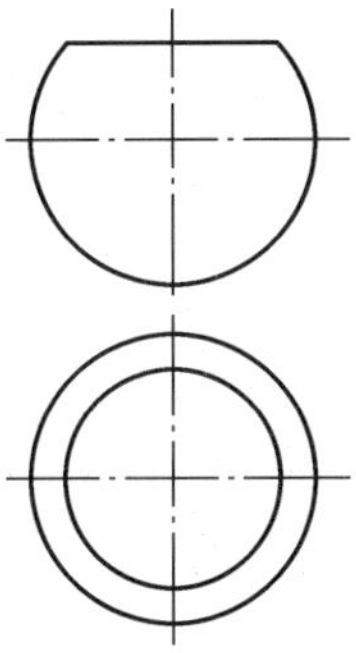	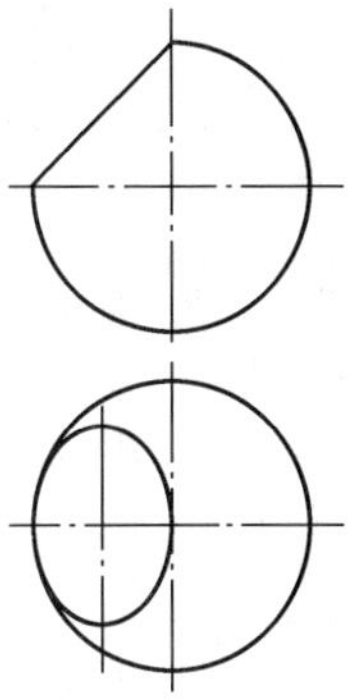

如图 3-19a 所示，圆球被一正垂面截切，故截交线的正面投影积聚为直线，该直线的长度等于截交线圆的直径；其水平投影和侧面投影均为椭圆，需作出若干个点完成。先作特殊点（图 3-19b）：

1）定出椭圆长短轴端点的正面投影 1′、2′、3′、4′，利用球面轮廓线上取点的方法直接求得 1、2 和 1″、2″，利用辅助纬圆法求得 3、4 和 3″、4″。

2）标出转向轮廓线上点的投影 5′、（6′）、7′、（8′），求出 5、6、7、8 和 5″、6″、7″、8″。

3）在特殊点之间的适当位置选取一般点 9′（10′），利用辅助纬圆法求其水平投影 9、10 和侧面投影 9″、10″。

4）依次光滑连接各点的水平投影和侧面投影，即得截交线的投影——椭圆。

5）整理水平投影和侧面投影的轮廓线，判别可见性，擦去不要的图线。

例 3-11 如图 3-20a 所示，求作球面开槽后的投影。

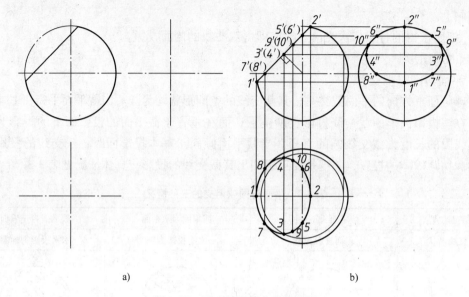

a)   b)

图 3-19   圆球椭圆截交线的投影

a）已知条件   b）作图过程

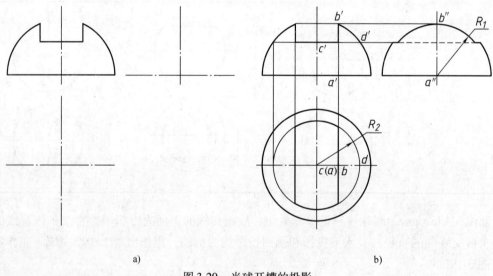

a)   b)

图 3-20   半球开槽的投影

a）已知条件   b）作图过程

分析：由图 3-20a 可知，半球上部的通槽是由左右对称的两个侧平面和一个水平面截切而成的，它们与球面的交线均为一段圆弧。由于截交线的正面投影有积聚性，只需求出它们的水平投影和侧面投影。

作图：

1）如图 3-20b 所示，先补全半球的三面投影。

2）作两侧平面与半球的截交线。其水平投影积聚为两段直线，侧面投影重合为一段圆弧和一段虚线段。在主视图上，延长侧平面并与圆球的水平中心线交于 a'，侧平面与圆球

轮廓线相交于 b'，$a'b'$ 即为侧平面与圆球面交线圆的半径，以 a'' 为圆心，$a'b'$ 为半径在左视图上作圆。

3）作水平截面与半球的截交线。延长水平面并交圆球轮廓线于 d'，水平面与垂直中心线交于 c'，则 $c'd'$ 即为水平面与圆球面交线圆的半径，以 $c'd'$ 为半径在俯视图上作圆，其水平投影为两段前后对称的圆弧。侧面投影积聚为一条直线，中间被遮挡的部分画成细虚线。

4）整理水平投影和侧面投影的轮廓线，加深图形。

注意：在水平投影上，球的轮廓线圆全部画出；在侧面投影上，球的轮廓线圆被通槽切去，不画出。

4. 平面与组合回转体相交

组合回转体是由一些基本回转体组合而成的。在求作其截交线时，应首先分析其由哪些基本回转体组成，然后分别求出各基本回转体上的交线，并依次将其连接，完成作图。

例3-12　求作截切组合回转体的水平投影（图3-21）。

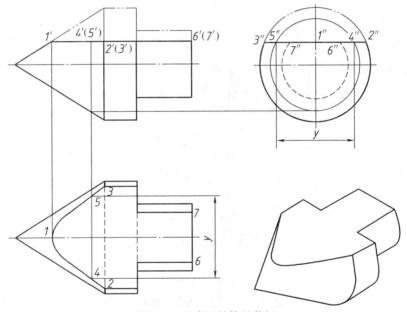

图 3-21　组合回转体的截切

分析：该组合回转体是由同轴的一个圆锥和两个直径不同的圆柱体组合而成。三个回转体被平行于轴线的同一水平面截切，其中圆锥面上的交线为双曲线，两圆柱面上的交线都是平行于轴线的直线，圆柱端面上的交线是直线段。

作图：

1）如图3-21所示，先补全组合回转体的水平投影。

2）作出水平截平面与三个回转体截交线的投影。先作出圆锥面上双曲线的投影，再分别作出大圆柱面和小圆柱面上平行于轴线的两条直线的投影，三个回转体的截交线组成一个封闭的图形。

3）补画出不同回转体之间的分界面或分界线的投影，并注意区分可见性，整理水平投影的轮廓线。

4）加深图形。

3.2.3　回转体表面相交

立体相交也称为立体相贯，它们表面的交线称为相贯线，这里仅讨论回转体相贯。

1. 相贯线的基本性质和求相贯线的基本步骤

（1）相贯线的基本性质　由于立体的形状、大小及相互位置的不同，相贯线的形状也各不相同，可能是直线或平面曲线的组合，也可能是空间曲线。但是，所有相贯线都有下列基本性质：

1）相贯线是相交两立体表面的共有线，相贯线上的点是两立体表面的共有点，其投影必为两立体投影的共有部分。

2）由于立体有一定的范围，所以相贯线一般是封闭的空间曲线，特殊情况下是平面曲线或直线。

3）相贯线的形状取决于相贯两立体的形状、大小及相对位置。

（2）求相贯线的基本步骤

1）分析相贯线的性质，选择解题方法。

2）求相贯线上的特殊点及一般点。

3）根据相贯线的性质依次连接所求各点。

4）判别相贯线各段的可见性，并补全立体的投影。

2. 求相贯线的方法

求作两立体的相贯线，实质上就是求两立体表面的一系列共有点的投影问题，应在可能和方便的情况下，先作出相贯线上的一些特殊点，即能够确定相贯线的形状和范围的点，如曲面立体表面四条特殊位置素线上的点、对称的相贯线在其对称平面上的点，以及最高、最低、最左、最右、最前、最后点等，然后按需要再求作相贯线上一些其他点，即一般点，从而较准确地画出相贯线的投影，并表明可见性。当两立体外表面相贯时，只有一段相贯线同时位于两个立体的可见表面上时，这段相贯线的投影才是可见的；否则就不可见。求相贯线的方法有两种。

（1）利用积聚性求相贯线　两立体相交，如果其中有一个立体的轴线垂直于投影面的圆柱，则相贯线在该投影面上的投影，就积聚在圆柱面的有积聚性的投影上，于是，求圆柱和另一回转体的相贯线的投影，可以看做是已知另一回转体表面上的点的一个投影而求作其他投影的问题。这样，就可以在相贯线上取一些点，按已知曲面立体表面上的点的一个投影求其他投影的方法，即利用积聚性取点，作出相贯线的投影。

1）两圆柱正交相贯。

例 3-13　如图 3-22a 所示，求作两正交圆柱的相贯线。

分析：由于两圆柱的轴线分别是铅垂线和侧垂线，且两轴线垂直相交，其相贯线的水平投影积聚在铅垂圆柱面的水平投影圆周上，侧面投影积聚在侧垂圆柱面的侧面投影圆周上。已知相贯线的两投影，可求出其正面投影。

作图：

① 如图 3-22b 所示，求作特殊点。先在相贯线的水平投影上，定出 a、b、c、d 点，它们是相贯线在铅垂圆柱面上最左、最右、最前和最后点，再在相贯线的侧面投影上相应地作出 a''、(b'')、c''、d''。由这四个点的两面投影即可求出它们的正面投影 a'、b'、c'、(d')。

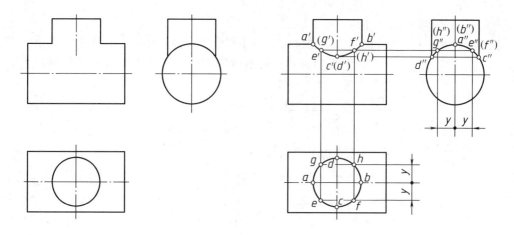

a)　　　　　　　　　　　　　　　　b)

图 3-22　两正交圆柱的相贯线

a）已知条件　b）作图过程

②求作一般点。在相贯线的水平投影上定出左右、前后对称的四点 e、f、g、h，求出它们的侧面投影 e''、(f'')、g''、(h'')。由这四个点的两面投影即可求出它们的正面投影 e'、(f')、(g')、h'。

③判别可见性，依次连接各点，即得相贯线的正面投影。由于前半个相贯线在两圆柱的前半个可见圆柱面上，所以其投影 $a'e'c'f'b'$ 为可见；而后半相贯线的投影 a'（g'）d'（h'）b' 不可见，但与前半相贯线重合。

2）两圆柱垂直相交的三种形式。两轴线垂直相交的圆柱，其相贯线除了有外表面与外表面相贯之外，还有外表面与内表面相贯和两内表面相贯，如图 3-23 所示。这三种情况的

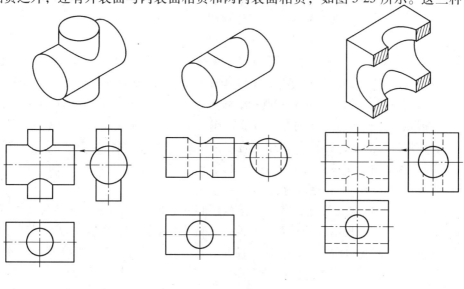

a)　　　　　　　　　　　b)　　　　　　　　　　　c)

图 3-23　两圆柱相交的三种形式

a）两外表面相交　b）外表面与内表面相交　c）两内表面相交

相贯线的形状和作图方法相同，可见性略有差别。

3）两圆柱正交，当其直径大小变化时，对相贯线的影响。两圆柱垂直相交时，相贯线的形状取决于它们直径的相对大小和轴线的相对位置。如图 3-24 所示，相交两圆柱的直径相对变化，相贯线的形状和位置也随之变化。

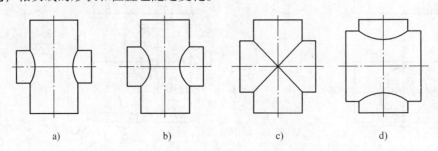

图 3-24　两正交圆柱直径变化对相贯线的影响

（2）辅助平面法求相贯线　如果组成相贯体的回转体中没有圆柱，那就不能利用相贯线的积聚性的投影求相贯线。这时，可以假想用与两个回转体都相交的辅助平面切割这两个立体，会产生两组截交线，这两组截交线的交点，就是辅助平面和两回转体表面的三面共有点，即为相贯线上的点。这种求相贯线的方法，称为辅助平面法。

为作图简便，辅助平面的选择原则是：辅助平面与两回转体表面的交线的投影，应是简单易画的直线或圆。

例 3-14　如图 3-25 所示，求作轴线垂直相交的圆柱和圆锥的相贯线。

分析：由图 3-25 可知，圆柱与圆锥轴线垂直相交，相贯线为一条封闭的空间曲线，并且前后对称。圆柱面的轴线为侧垂线，相贯线的侧面投影积聚在圆柱面的积聚成圆，仅需求相贯线的正面投影和水平投影。可选择一系列的水平面或过锥顶的投影面平行面、垂直面为辅助平面。水平辅助面与圆锥的交线是圆，与圆柱的交线是矩形。

作图：

1）如图 3-25b 所示，求特殊点。两回转体正面投影轮廓线的交点 $1'$、$2'$ 可直接求得，它们是相贯线的最高点和最低点；过圆柱轴线作辅助水平面，该辅助面与圆柱、圆锥分别相交，其截交线的交点即为相贯线的最前点和最后点，由其水平投影 3、4 可求得 $3'$、$(4')$。

2）求一般点。在特殊点之间的适当位置上作一系列水平辅助平面，如 Q、R 等，如图 3-25c 所示。在侧投影面上，由平面 Q 和圆的交点定出一般点的侧面投影 e''、f''。在 H 面上，平面 Q 与圆锥、圆柱面的截交线为圆和两条直线，它们的交点即为 e、f，由投影关系可求出 e'、(f')。同理求出其他的一般点投影投影 g''、h''，g、h，g'、h'。

3）判别可见性，依次光滑连接各点。当两回转体表面都可见时，其上的交线才可见。按此原则，相贯线的正面投影前后对称，后面的相贯线与前面的相贯线重合，只需按顺序用粗实线光滑连接前面可见部分各点的投影；相贯线的水平投影以 3、4 为分界点，分界点的上部分可见，用粗实线依次光滑连接，分界点的下部分不可见，用细虚线依次光滑连接。

4）整理轮廓线。在水平投影中，圆柱的轮廓线应画到与相贯线相交处。整理后结果如图 3-25d 所示。

（3）相贯线的特殊情况　在一般情况下，两回转体的相贯线为封闭的空间曲线；但是，

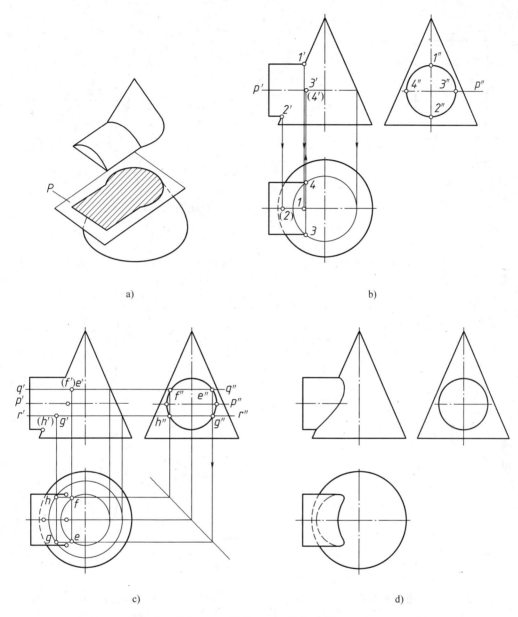

图 3-25 辅助平面法求作相贯线

a）立体图 b）求作特殊点 c）求作一般点 d）整理后结果

在某些特殊情况下，也可能是平面曲线或直线。

1）两回转体轴线相交，且平行于同一投影面，若它们能公切于一球，则相贯线是垂直于这个投影面的大小相等的两椭圆。在与两回转体轴线平行的投影面上，该椭圆的投影积聚成直线。

如图 3-26 所示，圆柱与圆柱、圆柱与圆锥、圆锥与圆锥相交，它们的轴线都分别相交，且都平行于正面，还可公切一个球，因此，它们的相贯线都是垂直于正面的椭圆，只要连接它们的正面投影的转向轮廓线的交点，得两条相交直线，即相贯线（两个椭圆）的正面投影。

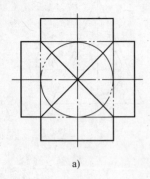 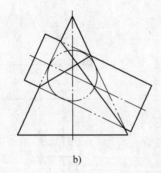 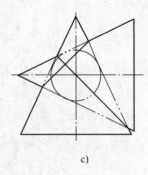

a)　　　　　　　　　　　　b)　　　　　　　　　　　　c)

图 3-26　切于同一个球面的圆柱、圆锥的相贯线

a）圆柱与圆柱相贯　b）圆柱与圆锥相贯　c）圆锥与圆锥相贯

2）两个同轴回转体（轴线在同一直线上的两个回转体）的相贯线是垂直于公共轴线的圆，如图 3-27 所示。

3）轴线平行的两圆柱相交，其相贯线为不封闭的两平行直线，如图 3-28 所示。

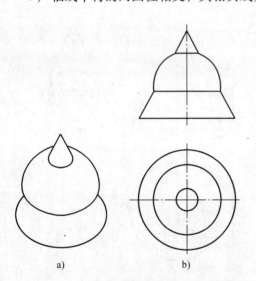 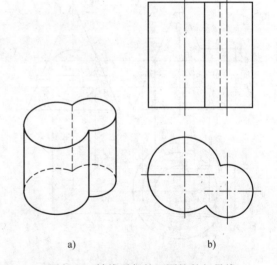

a)　　　　　b)　　　　　　　　　a)　　　　　b)

图 3-27　两个同轴回转体的相贯线　　　图 3-28　轴线平行的两圆柱的相贯线

a）立体图　b）投影图　　　　　　　　a）立体图　b）投影图

第4章 机械制图的基本知识和技能

4.1 国家标准有关制图的规定

4.1.1 图纸幅面、图框格式和标题栏

1. 图纸幅面

图纸幅面是指图纸宽度与长度组成的图面。按照 GB/T 14689—2008《技术制图 图纸幅面和格式》，绘制技术图样时，应优先采用表 4-1 所规定的基本幅面：A0、A1、A2、A3 和 A4 五种。

表 4-1 图纸幅面及图框尺寸 （单位：mm）

幅 面 代 号	A0	A1	A2	A3	A4
$B \times L$	841×1189	594×841	420×594	297×420	210×297
e	20			10	
c	10			5	
a	25				

必要时，允许选用加长幅面的图纸。加长幅面的尺寸是由基本幅面的短边乘整数倍增加后得出的，如图 4-1 所示。图 4-1 中粗实线所示为基本幅面（第一选择）；细实线及细虚线所示分别为第二选择和第三选择加长幅面。

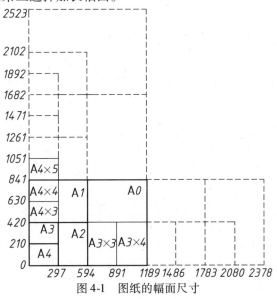

图 4-1 图纸的幅面尺寸

2. 图框格式

图框是指图纸上限定绘图区域的线框，在图纸上必须用粗实线画出图框，图样一定要绘

制在图框内部，其格式分为不留装订边和留有装订边两种，如图4-2和图4-3所示。同一产品的图样只能采用一种图框格式。基本幅面的图框尺寸按表4-1的规定确定。加长幅面的图框尺寸，按所选用的基本幅面大一号的图框尺寸确定。

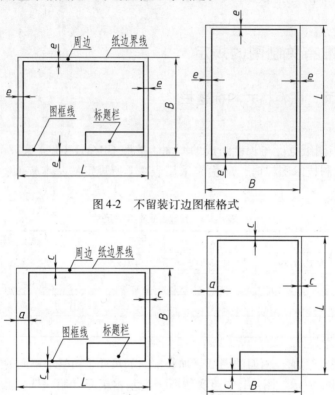

图4-2　不留装订边图框格式

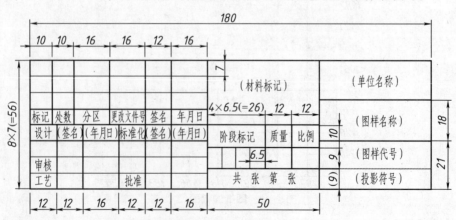

图4-3　留有装订边图框格式

3. 标题栏

标题栏是指由名称及代号区、签字区、更改区和其他区组成的栏目，在每张图纸的右下角都必须画出标题栏，如图4-2和图4-3所示。标题栏的格式和尺寸按GB/T 10609.1—2008标准规定，如图4-4所示，标题栏各部分内容根据实际情况参照国家标准填写。

图4-4　标题栏的格式

（1）更改区：一般由更改标记、处数、分区、更改文件号、签名和年　月　日等组成。

（2）签字区：一般由设计、审核、工艺、标准化、批准、签名和年　月　日等组成。

（3）其他区：一般由材料标记、阶段标记、重量、比例和共　张　第　张及投影符号等组成。

（4）名称及代号区：一般由单位名称、图样名称、图样代号等组成。

教学中推荐使用简化的零件图标题栏和装配图标题栏，如图 4-5 所示。

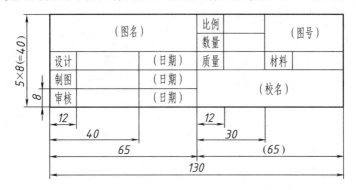

图 4-5　简化标题栏

4. 附加符号

（1）对中符号　为了使图样复制和缩微摄影时定位方便，应在图纸各边长的中点处分别画出对中符号。如图 4-6 所示，对中符号用粗实线绘制，线宽不小于 0.5mm，长度从纸边界开始至伸入图框内约 5mm。当对中符号处在标题栏范围内时，则伸入标题栏部分省略不画。

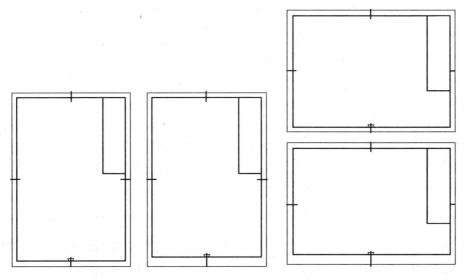

图 4-6　标题栏方位和对中符号位置

（2）方向符号　一般情况下，看图的方向与看标题栏的方向一致，但是，有时为了利用预先印制的图纸，允许将图 4-2 和图 4-3 所示的图纸逆时针旋转 90°使用。这时，为了明

确绘图与看图时图纸的方向，应在图纸的下边对中符号处
画出一个方向符号，如图4-6所示。

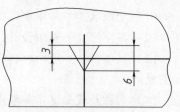

图4-7　方向符号画法

　　方向符号是用细实线绘制的等边三角形，所处的位置
如图4-6所示，位于图框线中间处，其画法如图4-7所示。

　　（3）投影符号　第一角画法的投影识别符号如图4-8
所示，第三角画法的投影识别符号如图4-9所示。

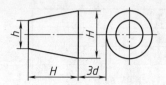

图4-8　第一角画法投影符号

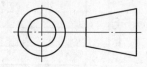

图4-9　第三角画法投影符号

　　投影符号的线型用粗实线和细点画线绘制，其中，粗实线的线宽不小于 $0.5\,mm$。h 为图中尺寸字体高度（$H = 2h$）；d 为图中粗实线宽度。

4.1.2　比例

　　比例是指图中图形与其实物相应要素的线性尺寸之比。

　　绘制图样时，应根据实际需要按 GB/T 14690—1993 规定的系列选取适当的比例，见表4-2。为便于读图，应尽量采用 1：1 的比例画图，以便能直接从图样上看出机件的真实大小。

表4-2　比例系列

种　类	比　例
原值比例	1：1
放大比例	2：1　2.5：1　4：1　5：1　1×10^n：1　2×10^n：1　2.5×10^n：1　4×10^n：1　5×10^n：1
缩小比例	1：1.5　1：2　1：2.5　1：3　1：4　1：5　1：6　$1：1 \times 10^n$　$1：1.5 \times 10^n$　$1：2 \times 10^n$　$1：2.5 \times 10^n$　$1：3 \times 10^n$　$1：4 \times 10^n$　$1：5 \times 10^n$　$1：6 \times 10^n$

　　注：1. n 为正整数。
　　　　2. 黑体字为优先选用比例。

　　绘制同一机件的各个视图应采用相同的比例，并在标题栏的比例一栏中标明。当某个视图需要采用不同的比例时，必须另行标注。

　　但是，不论采用何种比例绘图，标注尺寸时，均按机件的实际大小注出尺寸。

4.1.3　字体

　　字体是指图中文字、字母、数字的书写形式。图样中的字体书写必须做到：字体工整、笔画清楚、间隔均匀、排列整齐。字体高度（用 h 表示，代表字的号数）的公称尺寸系列为：$1.8\,mm$、$2.5\,mm$、$3.5\,mm$、$5\,mm$、$7\,mm$、$10\,mm$、$14\,mm$、$20\,mm$。如需要书写更大的字，其字体高度应按 $\sqrt{2}$ 的比率递增。

　1. 汉字

　　汉字应写成长仿宋体，并应采用国家正式公布推行的《汉字简化方案》中规定的简化

字。汉字的高度 h 一般不应小于 3.5 mm，其字宽一般为 $h/\sqrt{2}$。长仿宋体汉字的书写要领是：横平竖直、注意起落、结构匀称、填满方格。其书写过程、实际笔画及汉字结构示例如下：

横平竖直 注意起落 结构匀称 填满方格

机械制图 技术要求 箱体零件 齿轮轴承

横平竖直 注意起落 结构匀称 填满方格

机械制图 技术要求 箱体零件 齿轮轴承

2. 数字和字母

数字和字母分为 A 型和 B 型。A 型字体的笔画宽度 d 为字高 h 的 1/14；B 型字体的笔画宽度 d 为字高 h 的 1/10。数字和字母有斜体和直体之分，斜体字字头向右倾斜，与水平基准线成 75° 角。在同一图样上只允许选用一种型式的字体。

字母和阿拉伯数字 B 型字体斜体书写示例：

（1）大写字母

ABCDEFGHIJKLMNOP
QRSTUVWXYZ

（2）小写字母

abcdefghijklmnopq
rstuvwxyz

（3）阿拉伯数字

0123456789

（4）罗马数字

IIIIIIIVVVIVIIVIIIIXX

3. 综合应用规定

1）用作指数、分数、极限偏差、脚注等的数字及字母一般应采用小一号的字体。

2）图样中的数学符号、物理量符号、计量单位符号以及其他符号、代号应分别符合国家的有关法令和标准的规定。

4.1.4　图线及其画法

图线是指图中所采用各种形式的线。

1. 线型及其应用

为了使技术图样适应贸易技术和交流的需要，各种技术图样所用图线均应遵循 GB/T 17450—1998《技术制图　图线》的规定。GB/T 4457.4—2002《机械制图　图样画法　图线》规定了机械工程图样所用图线，各种不同线型及其一般应用情况见表4-3。

表4-3　线型及其一般应用

线　型	样　例	一 般 应 用
细实线	———————	过渡线、尺寸线、尺寸界线、指引线和基准线、剖面线、重合断面的轮廓线、短中心线、螺纹牙底线、尺寸线的起止线、表示平面的对角线、辅助线、投影线、网格线等
波浪线	〜〜〜	断裂处的边界线、视图与剖视图的分界线
双折线	─�w─w─	断裂处的边界线、视图与剖视图的分界线
粗实线	━━━━━	可见轮廓线、螺纹牙顶线、螺纹终止线、齿顶圆（线）、剖切符号用线等
细虚线	------	不可见轮廓线
粗虚线	▬ ▬ ▬ ▬	允许表面处理的表示线
细点画线	—·—·—	轴线、对称中心线、分度圆（线）、孔系分布的中心线等
粗点画线	━·━·━	限定范围表示线
细双点画线	—··—··—	相邻辅助零件轮廓线、可动零件极限位置轮廓线、轨迹线、中断线等

2. 图线宽度

所有线型的图线宽度（d）应按图样的类型和尺寸大小在下列数系中选择，该数系的公比为 $1:\sqrt{2}$（$\approx1:1.4$）：

0.13mm　0.18mm　0.25mm　0.35mm　0.5mm　0.7mm　1.0mm　1.4mm　2mm。

图线宽度分为粗、细两种，粗线和细线的宽度比率为 2:1。在同一图样中，同类图线的宽度应一致。

机械图样中，粗线宽度优先采用 0.5mm 和 0.7mm。为了保证图样清晰易读，便于复制，图样上尽量避免出现线宽小于 0.18mm 的图线。

3. 图线的画法

绘制图线时，要遵行以下几点要求：

1）虚线、点画线、双点画线自交或与实线相交时，应该恰当地相交于画线处，如图 4-10a ~ e所示。

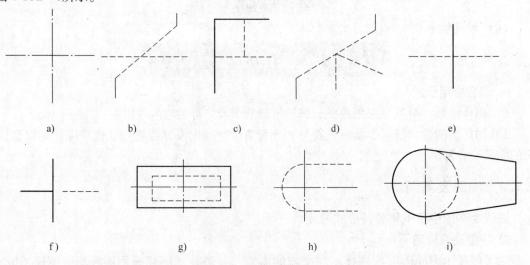

图 4-10　图线相交画法

2）虚线直接在实线延长线上相接时，虚线应留出空隙，如图 4-10f、i 所示。

3）画圆的中心线时，圆心应是长画的交点，细点画线两端应超出轮廓 2～5 mm，如图 4-10g、h、i 所示。

4.1.5　尺寸注法

尺寸是指用特定长度或角度单位表示的数值，并在技术图样上用图线、符号和技术要求表示出来。机件结构形状的大小和相对位置需用尺寸表示，如图 4-11 所示，尺寸由尺寸界线、尺寸线、尺寸数字和尺寸线终端组成。GB/T 4458.4—2003《机械制图　尺寸注法》规定了机械图样标注尺寸的基本方法。

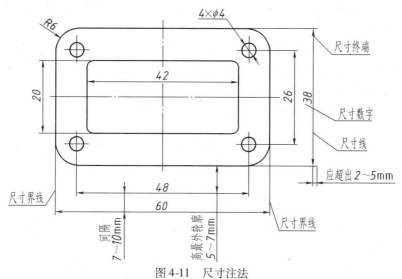

图 4-11　尺寸注法

1. 基本规则

1）机件的真实大小应以图样上所标注的尺寸数值为依据，与图形的大小及绘图的准确度无关。

2）图样中（包括技术要求和其他说明）的尺寸，以毫米为单位时，不需标注单位符号或名称；如采用其他单位，则必须注明相应的单位符号或名称。

3）图样上所标注的尺寸，为该图样所示机件的最后完工尺寸，否则应另加说明。

4）机件的每一个尺寸，在图样中一般只标注一次，并应标注在反映该结构最清晰的图形上。

2. 尺寸要素

（1）尺寸界线　如图 4-11 所示，尺寸界线表示所注尺寸的起始和终止位置，用细实线绘制，并应由图形的轮廓线、轴线或对称中心线处引出；也可以直接利用轮廓线、轴线或对称中心线等作为尺寸界线。尺寸界线应超出尺寸线 2～5mm。尺寸界线一般应与尺寸线垂直，必要时才允许倾斜。

（2）尺寸线　尺寸线用细实线绘制。标注线性尺寸时，尺寸线必须与所标注的线段平行，相同方向的各尺寸线之间的距离要均匀，间隔为 7～10mm。尺寸距图样最外轮廓线 5～7mm。尺寸线不能用其他图线所代替，一般也不得与其他图线重合或在其延长线上，并应尽量避免与其他的尺寸线或尺寸界线相交。

（3）尺寸终端　如图 4-12 所示，尺寸线终端可以有以下两种形式：

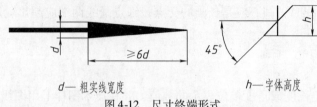

d—粗实线宽度　　　　　　　　　h—字体高度

图 4-12　尺寸终端形式

1）箭头。箭头适合于各种类型图样，箭头尖端与尺寸界线接触，不得超出或离开。机械图样中的尺寸线终端一般均采用此种形式。

2）斜线。斜线采用细实线绘制。当尺寸线与尺寸界线垂直时，尺寸线的终端可用斜线绘制。

当尺寸线与尺寸界线相互垂直时，同一张图样中只能采用一种尺寸线终端形式。

（4）尺寸数字　线性尺寸数字一般注写在尺寸线的上方，也允许将非水平方向的尺寸数字水平地注写在尺寸线的中断处。同一张图样尽量采用同一种形式。

常用的尺寸标注示例见表 4-4。

表 4-4　常用尺寸标注示例

内　容	示　例	说　明
线性尺寸数字方向		图示 30°范围内避免注写尺寸。无法避免时，采用引出标注或中断处标注
光滑过渡处		用细实线将轮廓线延长，从交点处引出尺寸界线 尺寸界线过于靠近轮廓线时，允许倾斜
角度、弦长、弧长		1）标注角度的尺寸界线应沿径向引出 2）尺寸数字一律写成水平方向 3）角度尺寸线画成圆弧，圆心是该角顶点 4）标注弦长和弧长的尺寸线应垂直于弦 5）标注弧长时，要在尺寸数字前加"⌒"

（续）

内　容	示　例	说　明
正方形结构	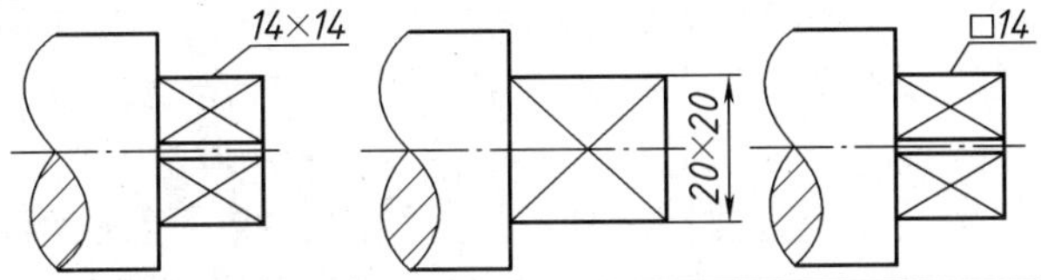	表示断面为正方形结构时，可在正方形尺寸数字前加注符号"□"，或用 $B \times B$ 表示
直径和半径	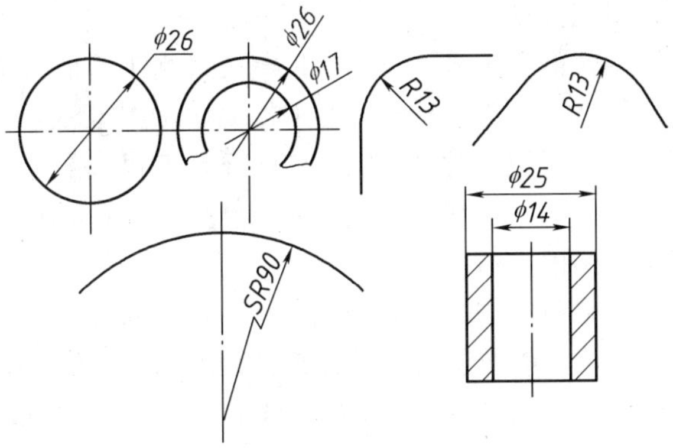	1）直径尺寸应在尺寸数字前加注符号"ϕ"，半径尺寸应在尺寸数字前加注符号"R"，球面尺寸要在"ϕ"或"R"前再加"S" 　2）尺寸线应通过圆心，其终端画成箭头 　3）整圆或大于180°的圆弧应注直径，小于180°的圆弧应注半径 　4）圆弧半径过大，允许弯折示意标注
狭小部位	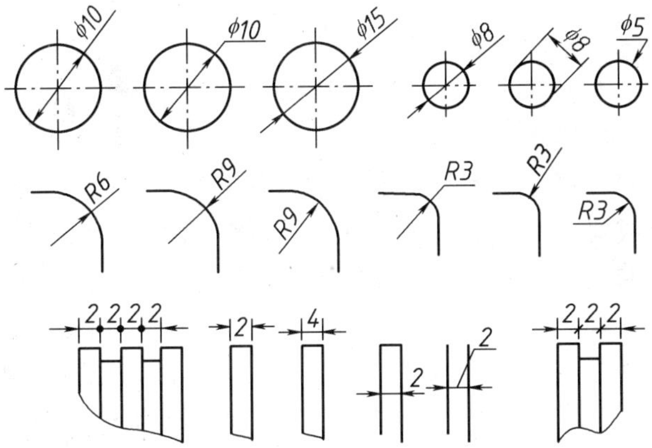	在没有足够位置画箭头或注写数字时，可按左图所示形式注写，此时，允许采用圆点或斜线代替箭头
对称机件和板状类机件	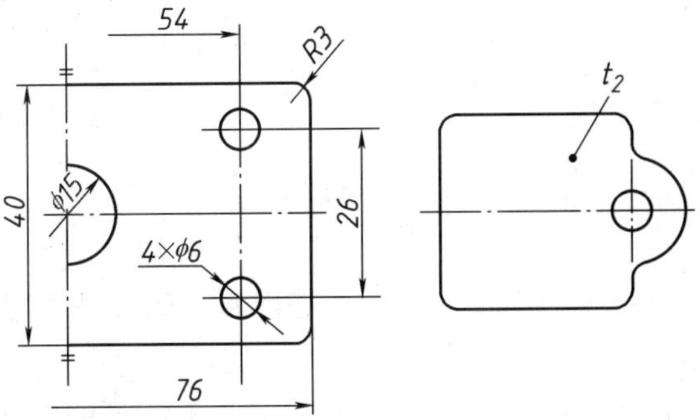	当对称机件的图形只画一半或略大于一半时，尺寸线应略超过对称中心或断裂处的边界线，并在尺寸线一端画出箭头 　标注板状类零件的厚度时，可在尺寸数字前加注符号"t"

4.2 尺规绘图及其工具、仪器的使用方法和徒手绘图

4.2.1 绘图方法简介

目前，工程技术人员使用的绘图方法有三种：尺规绘图、徒手绘图和计算机绘图。

尺规绘图是指用铅笔、丁字尺、三角板、圆规等为主要工具绘制图样，是工程技术人员的必备基本技能，也是学习和巩固图学理论知识的重要方法。

徒手绘图是指一种不用绘图仪器和工具，只用一只笔按目测比例画出的图样。徒手绘图是工程技术人员在对设备进行仿造或改进设计时，在工作现场对急需加工的零件进行表达以及在现场调研或参观学习新技术进行记录时使用的，它同样是工程技术人员必须具备的一种重要的基本技能。徒手草图并不是潦草的图，因此，徒手绘图仍应基本做到：图形正确，线型分明，比例匀称，字体工整，图面整洁。

计算机绘图是相对于手工绘图而言的一种高效率、高质量的绘图技术，具有出图速度快、作图精度高，便于管理、检索和修改的特点。计算机绘图需要由计算机硬件系统和绘图软件来支持。目前机械行业中常用的绘图软件有 AutoCAD、UG、Pro/Engineer 等。

4.2.2 铅笔

铅笔是必备的绘图工具。铅芯的软硬程度是用字母 B 和 H 表示的，B 越多表示铅芯越软（黑），H 越多表示铅芯越硬。画图时常采用 2B、HB、2H 等铅笔，可根据图线的粗细不同来选用。画细线或写字时铅芯应磨成锥状，作图时应保持尖的铅笔头，以确保图线的均匀一致。而画粗实线时，可以将笔尖磨成厚度等于线宽 d 的四棱柱（扁铲）状，如图 4-13 所示。

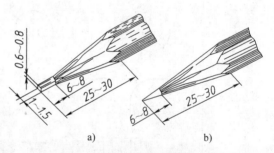

图 4-13 铅笔的磨削形状
a) 磨成矩形 b) 磨成锥形

作图时，将笔向运笔方向稍倾，尽量让铅笔靠近纸面，画粗实线时，因用力较大，倾斜角度可小一些，并在运笔过程中轻微地转动铅笔，使铅芯能相对均匀地磨损。画线用力要均匀，保持匀速前进。

4.2.3 图板、丁字尺和三角板

图板、丁字尺和三角板是绘图最基本的三个重要工具。

1. 图板、丁字尺

图板有 0 号、1 号、2 号等型号，其中多选用 2 号图板。图板是木制的矩形板，其短边为导边，使用时要求其导边平直。

丁字尺又称 T 形尺，由互相垂直的尺头和尺身构成，丁字尺的上面那条边为工作边。丁字尺是绘制水平线和配合三角板作图的工具。丁字尺一般有 600mm、900mm、1200mm 三种规格。

图板和丁字尺的正确使用方法是：

1）绘制水平线时，如图 4-14a 所示，左手握住丁字尺尺头，使其与左侧导边紧贴作上下移动，右手执笔，沿丁字尺工作边自左至右画线。绘制较长水平线时，如图 4-14b 所示，左手应按住丁字尺尺身。

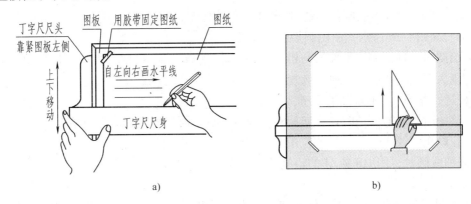

图 4-14　绘制水平线和垂直线

2）绘制垂直线时，如图 4-14b 所示，要配合三角板，不能直接使用丁字尺画垂直线。

3）用预先印好图框及标题栏的图纸进行绘图，应使图纸的水平图框对齐丁字尺的工作边后，再将其固定在图板上，保证图上的水平线与图框平行。

4）所用的图板偏大时，图纸尽量固定在图板的左下方，注意保证图纸与图板底边有稍大于丁字尺宽度的距离，以保证绘制图纸上最下面的水平线时的准确性。

5）丁字尺放置时宜悬挂，保持丁字尺平直、刻度清晰准确、尺头与尺身连接牢固，不能用工作边来裁切图纸。

2. 三角板

一副三角板由两块组成，一块两角均为 45°，三角板内是一个量角器；另一块两角分别为 30°和 60°。如图 4-15 所示，三角板的正确使用方法是：

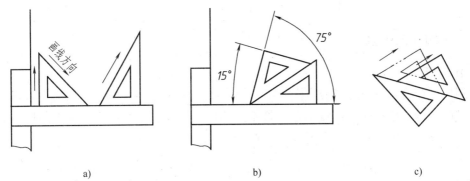

图 4-15　绘制 15°倍角斜线和任意角度平行线

1）三角板与丁字尺配合使用，可画出竖直线。画竖直线时，画线应自下向上，三角板必须紧挨丁字尺尺身，如图 4-15a 所示。

2）利用两种角度的三角板组合，可画出 15°及其倍数的各种角度的直线，如图 4-15a、b 所示。

3）两个三角板配合使用，也可画出各种角度的平行线，如图 4-15b 所示。

4.2.4　圆规和分规

1. 圆规

圆规是画圆及画圆周线的工具。圆规中一侧是固定针脚，另一侧是可以装铅笔及直线笔的活动脚。如图 4-16 所示，使用圆规时应注意：

1）绘图时，针尖的支承面应与铅芯对齐，针尖固定在圆心上，尽量不使圆心扩大。

2）画大直径的圆或加深时，圆规的针脚和铅笔均应与纸面垂直。直径过大时，需另加圆规套杆进行作图，以保证作图的准确性。

3）绘图时，应当依顺时针方向旋转，圆规所在平面应稍向前进方向倾斜。

4）在画粗实线圆时，铅笔芯应用 B 或 2B（比画粗直线的铅笔芯软一号）并磨成四棱柱形；画细线圆时，用 HB 或 H 的铅笔芯并磨成锥形。

2. 分规

分规是用来截取线段、量取尺寸和等分直线或圆弧线的工具。分规的两侧规脚均为针脚。量取等分线时，应使两个针尖准确落在线条上，不得错开。分规使用时两针尖应平齐，如图 4-17 所示。

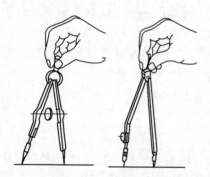

图 4-16　圆规的使用

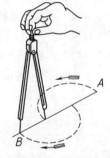

图 4-17　分规的使用

4.2.5　比例尺和曲线板

1. 比例尺

比例尺可在绘制不同比例的图样时用于量取尺寸。如图 4-18 所示，尺面上有各种不同比例的刻度，每一种刻度，常可用作几种不同的比例。有了比例尺，在画不同比例的图形时，从尺上可直接得出某一尺寸应画的大小，省去了计算的麻烦。

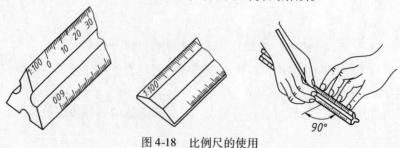

图 4-18　比例尺的使用

2. 曲线板

曲线板是用来绘制曲率半径不同的非圆曲线的工具。如图 4-19 所示，在用曲线板连线时，一般要使用曲线板的不同曲率部分连接 5 个连续点，画线时只连中间 3 个点之间的线，这样依次进行，直至把曲线画完。

图 4-19　曲线板使用

4.2.6　擦图片及其他工具

擦图片又称擦线板，为擦去铅笔制图过程不需要的稿线或错误图线，并保护邻近图线完整的一种制图辅助工具，如同名片大小，厚度大约 0.3mm。擦图片多采用塑料或不锈钢制成，由不锈钢制成的擦图片因柔软性好，使用相对比较方便。

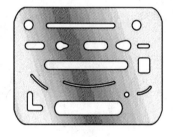

如图 4-20 所示，擦图片上有许多不同形状的槽孔，包括长条形、方形、三角形、圆弧条形、圆形等，除擦除直线外，也适用于各种曲线和转角。在线条密集的情况下，因有擦图片的遮挡，避免了把不该擦去的部分一并擦去的问题。

图 4-20　擦图片

另外，在绘图时，还需要铅笔刀、橡皮、固定图纸用透明胶带以及清除图面上橡皮屑用的小刷等。

4.2.7　尺规绘图的步骤与方法

进行尺规绘图时，一般按照以下步骤进行：

1）绘制前的准备工作。将绘制不同图线的铅笔及圆规准备好，图板、丁字尺和三角板等擦拭干净。

2）选择图纸。根据所绘图形的多少、大小和比例选取合适的图纸幅面。

3）固定图纸。用丁字尺找正后，用透明胶带固定图纸。

4）绘制图框及标题栏。首先采用细实线绘制图框及标题栏，最后再描深。

5）分析图形，进行合理布局。根据布图方案，利用投影关系，采用较硬的铅笔轻细地画各图形的基准线，再画各图形的主要轮廓线，最后绘制细节。

6）检查、修改和清理底稿作图线。

7）描深。按照先曲线后直线、先实线后其他的顺序进行描深。尽量使同类线的粗细、浓淡一致。

8）标注尺寸，填写标题栏。绘制尺寸界线、尺寸线及箭头，注写尺寸数字，书写其他文字、符号，填写标题栏。

9）检查、完善。仔细检查，改正错误，清洁不洁净之处，完成全图。

4.2.8　徒手绘图的方法

根据徒手绘制草图的要求，选用合适的铅笔。注意手握笔的位置要比尺规作图高一些，以利于运笔和观察目标。笔杆与纸面成 45°～60°角，执笔稳而有力。徒手绘图所使用的铅笔可以有多种，铅芯磨成圆锥形，画中心线和尺寸线的磨得较尖，画可见轮廓线的磨得较钝。为了作图方便，可以使用印有浅色方格或菱形格的作图纸。

一个物体的图形无论怎样复杂，总是由直线、圆、圆弧和曲线所组成。因此要画好草图，必须掌握徒手绘制各种线条的手法。

1. 直线的徒手画法

徒手绘制直线时，手指应握在铅笔上离笔尖约 35mm 处，手腕和小手指对纸面的压力不要太大。在画直线时，手腕不要转动，使铅笔与所画的线始终保持约 90°，将笔尖放在起点，眼睛看着画线的终点，轻轻移动手腕和手臂，使笔尖以较快的速度由起点移动到终点。画水平线时，按照图 4-21a 所示画线最为顺手，这时图纸可以斜放。画竖直线时自上而下运笔，如图 4-21b 所示。画长斜线时，为了运笔方便，可以将图纸旋转一适当角度，以利于运笔画线，如图 4-21c 所示。

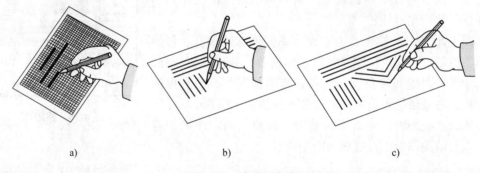

a)　　　　　　　　　　b)　　　　　　　　　　c)

图 4-21　徒手画直线

2. 圆及圆角的徒手画法

徒手画圆时，如图 4-22a 所示，应先定圆心及画中心线，再根据半径大小用目测在中心线上定出四点，然后过这四点画圆。当圆的直径较大时，如图 4-22b 所示，可过圆心增画两

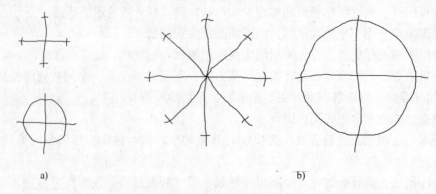

a)　　　　　　　　　　　　　　　　b)

图 4-22　徒手画圆

条 45°的斜线，在线上再定四个点，然后过这八点画圆。当圆的直径很大时，可取一纸片标出半径长度，利用它从圆心出发定出许多圆周上的点，然后通过这些点画圆。或用手作圆规，小手指的指尖或关节作圆心，使铅笔与它的距离等于所需的半径，用另一只手小心地慢慢转图纸，即可得到所需的圆。

画圆角时，先用目测在分角线上选取圆心位置，使它与角的两边距离等于圆角的半径大小。过圆心向两边引垂直线定出圆弧的起点和终点，并在分角线上也画出一圆周点，然后用徒手作圆弧把这三点连接起来。用类似方法可画圆弧连接，如图 4-23 所示。

图 4-23　徒手画圆弧

4.3　常用的几何作图原理和方法

平面图形都是由一些简单的几何图形组成的，除了常见的几何图形、线段、圆、圆弧等，还需要采取几何作图的方法获得需要的图形，例如：等分线段、等分圆周、绘制斜度和锥度、圆弧连接和平面曲线等。掌握熟练的几何作图方法，是工程技术人员准确绘制工程图样的基础。

4.3.1　等分直线段

工程图样中常用到等分线段或者作已知线段的平行线或垂直线，这些图形一般需要用分规、三角板等绘图工具配合完成。下面以等分线段 AB 为五等份为例说明作图方法，如图 4-24 所示，步骤如下：

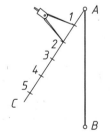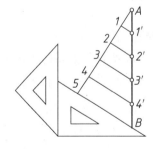

图 4-24　线段五等分

1）过端点 A 任作一直线 AC，用分规以等距离在 AC 上量 1、2、3、4、5各一等份。

2）连接 5B，过等分点 1、2、3、4 作 5B 的平行线与 AB 相交，得 1′、2′、3′、4′即为所求的等分点。

4.3.2　等分圆周和作正多边形

等分圆周或作正多边形都可以借助外接圆作图。正三角形、正四边形、正六边形都可以直接利用三角板和丁字尺配合进行作图。

1. 六等分圆周和作正六边形

方法一：已知外接圆直径，利用30°/60°三角板和丁字尺作图。如图4-25a所示，过圆周左右两点 A、B，用60°三角板画出正六边形的四条边，再用三角板借助丁字尺连接1、2和3、4，即得。

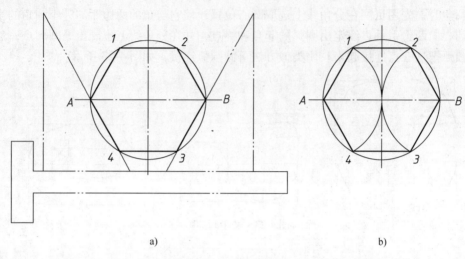

a)　　　　　　　　　　　　　　　　b)

图4-25　正六边形作法

方法二：已知外接圆直径，利用分规等分圆周作图。如图4-25b所示，以圆周左右两点 A、B 为圆心，外接圆半径为半径，画弧交于外接圆1、2、3、4点，连接各点即得正六边形。

2. 五等分圆周和作正五边形

已知正五边形的外接圆直径，作正五边形的步骤如下：

1）如图4-26a所示，以外接圆半径 OA 的中点 D 为圆心，以 $D1$ 为半径画弧交于水平直径于 E 点。

2）以 $E1$ 为弦长，在圆周上分别截取点2、3、4、5，依次连接即得正五边形，如图4-26b所示。

3. N 等分圆周和作正 N 边形

任意正 N 边形都可以采用以下方法近似获得。图4-27所示为正七边形绘制示例。

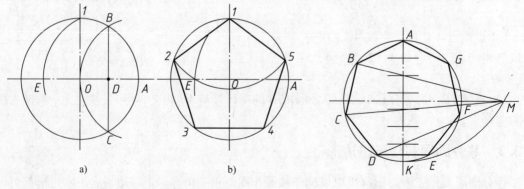

a)　　　　　　　　　　b)

图4-26　正五边形作法　　　　　　　图4-27　正七边形作法

1）将垂直直径 AK 等分为与所求边数相同的份数（此处为 7 份），以 A 为圆心，以 AK 为半径画弧，交水平直径延长线于 M 点。

2）将 M 点与 AK 上自点 A 起每隔一等分点相连，延长与外接圆分别交于 B、C、D，并作出相对于 AK 对称的点 E、F、G，依次连接即得。

4.3.3　斜度和锥度

1. 斜度

斜度是指一直线或平面相对于另一直线或平面的倾斜程度。如图 4-28a 所示，斜度大小用两者之间夹角的正切值来表示。即

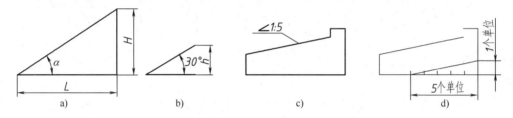

图 4-28　斜度

$$斜度 = \tan\alpha = \frac{H}{L} = 1 : n$$

在图样上，一般将斜度值转化为 $1 : n$ 的形式进行标注，并在数值前加注斜度符号 "$\angle$"，斜度的符号画法如图 4-28b 所示，h 为字体高度，符号线宽为 $h/10$。斜度符号的斜线方向应与直线或平面的倾斜方向一致，如图 4-28c 所示。斜度的作图方法如图 4-28d 所示。

2. 锥度

锥度是指圆锥的底面直径与锥体高度之比，如果是圆台，则为上、下两底圆的直径差与锥台高度之比值，如图 4-29 所示，即

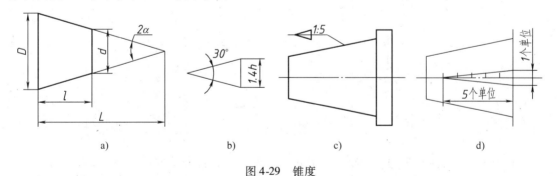

图 4-29　锥度

$$锥度 = \frac{D}{L} = \frac{D - d}{l} = 2\tan\alpha = 1 : n$$

在图样上，锥度值也是转化为 $1 : n$ 的形式进行标注，并在数值前加注锥度符号 "$\triangleleft$"，其符号画法如图 4-29b 所示，h 为字体高度，符号线宽为 $h/10$。符号所示方向应与锥体倾斜方向一致，如图 4-29c 所示。锥度的作图方法如图 4-29d 所示。

4.3.4 圆弧连接

圆弧连接是指用已知半径的圆弧光滑连接已知线段（包括圆弧），也就是使之与已知线段相切。其中，起连接作用的圆弧称为连接圆弧。圆弧连接的过程就是求连接圆弧的圆心和切点的过程。

1. 圆弧连接两直线

已知两直线，连接圆弧的半径为 R，如图 4-30 所示，求作连接圆弧的步骤如下：

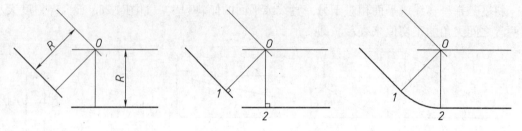

图 4-30   圆弧连接两直线

（1）求圆心   分别作与两条直线平行，距离为 R 的直线，其交点为连接圆弧的圆心 O。

（2）求切点   过圆心 O 向两已经直线作垂线，得垂足 1、2，即为切点。

（3）画连接圆弧   以 O 为圆心、R 为半径，过两点 1、2 所作圆弧即为所求。

2. 圆弧连接直线和圆（或圆弧）

已知一直线和一半径为 R_1 的圆，连接圆弧的半径为 R，如图 4-31 所示，求作连接圆弧的步骤如下：

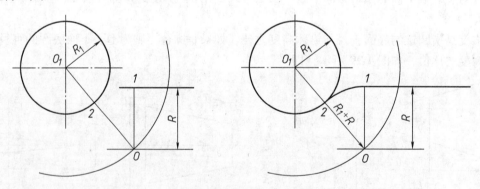

图 4-31   圆弧连接一直线和圆

（1）求圆心   作与已知直线距离为 R 的平行线，再以已知圆的圆心 O_1 为圆心，以 $R_1 + R$ 为半径画弧，交于平行线一点 O 即为连接圆弧的圆心。

（2）求切点   过圆心 O 向已经直线作垂线，得垂足 1 即为切点；连接 O_1 和 O 交于已知圆一点 2，即为另一切点。

（3）画连接圆弧   以 O 为圆心、R 为半径，过两点 1、2 所作圆弧即为所求。

3. 圆弧连接两圆（或圆弧）

已知两半径分别为 R_1 和 R_2 的圆，连接圆弧的半径为 R，如图 4-32 所示，求作连接圆弧的步骤如下：

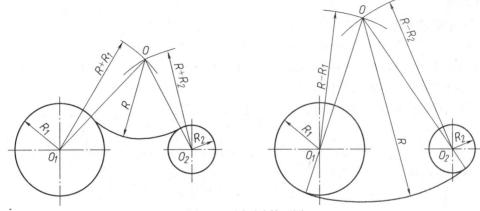

图 4-32　圆弧连接两圆

（1）求圆心　首先以已知圆的圆心 O_1 为圆心，以 $R + R_1$（内切时为 $R - R_1$）为半径画弧，再以已知圆的圆心 O_2 为圆心，以 $R + R_2$（内切时为 $R - R_2$）为半径画弧，交于一点 O 即为连接圆弧的圆心。

（2）求切点　连接 O_1 和 O 交于已知圆一点 1 即为一切点；连接 O_2 和 O 交于已知圆一点 2，即为另一切点。

（3）画连接圆弧　以 O 为圆心、R 为半径，过两点 1、2 所作圆弧即为所求。

4.3.5　椭圆的画法

椭圆是工程图样中常见的曲线，椭圆的画法有同心圆法和四心近似画法。

1. 同心圆法

如图 4-33a 所示，分别以长、短轴为直径画同心圆，过圆心作一系列直径线分别与两圆

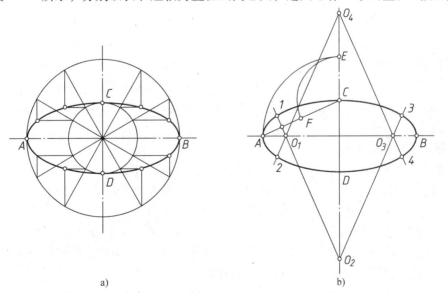

a)　　　　　　　　　　b)

图 4-33　椭圆的画法

相交,由大圆交点作垂直线,过小圆交点作水平线,光滑连接各对应垂直线和水平线交点即为所求椭圆。

2. 四心近似画法

如图4-33b所示,椭圆四心近似画法步骤如下:

1)连接长、短轴端点 A、C,以 O 为圆心、OA 为半径作圆弧,交于短轴延长线于点 E。

2)以 C 为圆心、CE 为半径作圆弧,交 AC 上一点 F。

3)作 AF 的中垂线,交长轴于点 O_1,交短轴于点 O_2。

4)作点 O_1、O_2 的对称点 O_3、O_4,连接 O_1O_2、O_2O_3、O_3O_4、O_1O_4 并延长。

5)分别以 O_1、O_3 为圆心,以 O_1A 为半径画小圆弧,以 O_2、O_4 为圆心,以 O_2C 为半径画大圆弧,与延长线的交点为1、2、3、4。

6)点1、2、3、4即为大、小圆弧的切点,所得四段圆弧近似表示椭圆。

4.4　平面图形的分析与尺寸标注

平面图形是由一系列直线、圆弧、圆等基本元素通过一定方式组合的线段构成的,其中的各条线段需要由尺寸确定其大小和位置,因此,识读和绘制平面图形的过程,就是分析、识读和绘制其中各线段大小和位置的过程。

4.4.1　平面图形的分析

分析平面图形就是通过分析平面图形的各个尺寸的作用,以确定画图的先后顺序。

1. 平面图形的尺寸分析

用于确定尺寸起点所依据的点、线、面称为尺寸基准。在平面图形中,长度和宽度各有一个尺寸基准。通常选择图形的对称线、较大圆的中心线和主要端面、底面的轮廓线作为基准。

根据尺寸在图形中的作用分为定形尺寸和定位尺寸。

(1)定形尺寸　定形尺寸是指确定图形中各线段的形状和大小的尺寸。如图4-34中,圆的直径 $\phi13$、$\phi19$、$\phi30$、$\phi5$ 和 $\phi9$,以及圆弧半径 $R8$、$R31$、$R4$、$R7$ 都是定形尺寸。

(2)定位尺寸　定位尺寸是指确定图形中各线段相对位置的尺寸。如图4-34中,确定 $\phi5$ 和 $\phi9$ 圆心位置的52,确定 $R8$ 圆弧位置的11,确定两处 $R4$ 和 $R7$ 圆弧位置的 $R32$、13°、82°都是定位尺寸。

2. 平面图形的线段分析

平面图形中的线段根据给定的尺寸,分为已知线段、中间线段和连接线段。

(1)已知线段　定形、定位尺寸齐全,可以直接绘制的线段称为已知线段。如图4-34中的 $\phi13$、$\phi19$、$\phi30$、$\phi5$、$\phi9$ 的圆和两处 $R4$、$R7$ 的圆弧。

(2)中间线段　给出了定形尺寸和一个定位尺寸,另一个定位尺寸必须依靠与其他线段的关系画出的线段称为中间线段。如图4-34中半径为 $R8$ 的圆弧,给定一个定位尺寸11,其圆心位置还要根据与 $\phi30$ 圆相外切关系来确定。

(3)连接线段　只给出定形尺寸,没有定位尺寸,需要依靠与另外两线段的位置关系才能画出的线段称为连接线段。如图4-34中 $R31$ 的圆弧。

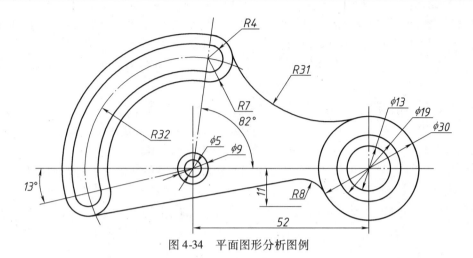

图 4-34　平面图形分析图例

4.4.2　平面图形的画图方法及其步骤

　　绘制平面图形时，先画已知线段，再画中间线段，最后画连接线段。下面以图 4-34 所示图形的绘制为例，具体说明平面图形的绘制过程，如图 4-35 所示。

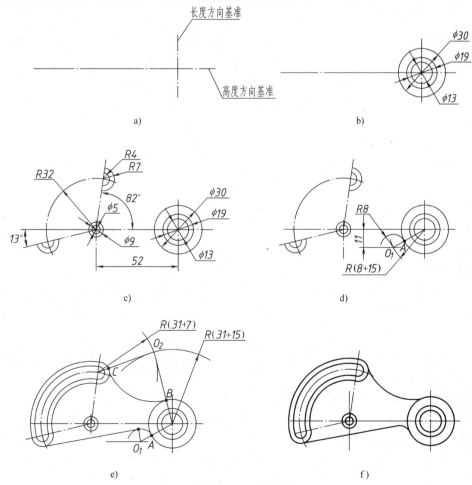

图 4-35　平面图形绘制步骤

1）根据图形大小确定比例，选择图幅。

2）用胶带固定图纸，如图 4-14 所示。

3）绘制边框，布置图形。首先在图纸上采用细而轻的方法，画出一条横线和一条竖线，也就是两个方向的基准线，此时不分线型。

4）画底图。用较硬的 H 型铅笔绘制底稿。

第一步：用细点画线绘制长度和高度两个方向的基准线，如图 4-35a 所示。

第二步：绘制已知线段 $\phi13$、$\phi19$、$\phi30$，如图 4-35b 所示。

第三步：根据定位尺寸 52、$R32$、$13°$、$82°$绘制已知线段 $\phi5$、$\phi9$ 的圆和两处 $R4$、$R7$ 的圆弧，如图 4-35c 所示。

第四步：根据定形尺寸 $R8$，定位尺寸 11，绘制中间线段 $R8$ 的圆弧，如图 4-35d 所示。

第五步：绘制连接线段 $R31$ 的圆弧、分别与两个 $R4$、$R7$ 圆弧相切的圆弧以及与 $R8$ 圆弧和 $R7$ 圆弧相切的直线，如图 4-35e 所示。

5）检查、描深线段。底稿完成后要仔细检查，准确无误后，按不同线型描深图形，如图 4-35f 所示。先细后粗，先曲后直，图线要求浓淡均匀。

6）标注尺寸，填写标题栏。略。

4.4.3　平面图形的尺寸标注

尺寸标注是工程图样中必不可少的部分，工程技术人员只有通过标注的尺寸才能准确地掌握图样所表达的完整信息。

平面图形尺寸标注的基本要求是：正确、完整、清晰。正确是指标注尺寸要按照国家标准规定进行，数字准确；完整是指平面图形上的尺寸要注写齐全，且无多余标注；清晰是指尺寸的位置要安排在图形的明显处，便于识读图形。

平面图形尺寸标注的一般步骤如下：

（1）选定基准　确定水平和垂直两个方向尺寸的位置，一般选择图形的对称线、较大圆的中心线和主要轮廓线作为尺寸基准。

（2）分解图形并标注　按照图形的组成分解成相对独立的图线，根据各图线的尺寸要求，对已知线段，注出全部定形尺寸和定位尺寸；对于中间线段，只需注写定形尺寸和一个定位尺寸；对连接线段，只需注出定形尺寸。

（3）标注总体尺寸　根据需要确定平面图形的总长和总宽。

注意：图形中的交线和切线，不标注长度尺寸；不要标注成封闭尺寸；两端为圆或圆弧时，不标注总体尺寸。平面图形尺寸标注实例如图 4-34 和图 4-36 所示。

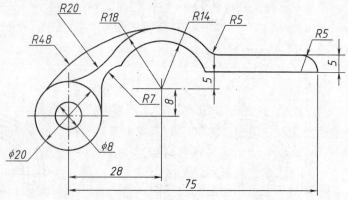

图 4-36　平面图形尺寸标注实例

第5章 组 合 体

5.1 画组合体的视图

由基本体按照一定方式组合而成的几何体称之为组合体。大多数机器零件都可以看作是由若干基本体经过叠加、切割、穿孔等方式组合而成的组合体。

5.1.1 组合体的视图及其特点

一般情况下，物体的一个投影不能确定其形状，要反映物体的完整形状，必须增加不同投射方向的投影图，才能将物体表达清楚。组合体的视图一般由三视图表示。三视图是多面投影，是将物体向三个投影面作投影所得到的一组图形。

如图5-1a所示，将物体置于三投影面体系中，将物体分别向 V、H、W 投影面进行投射，即得到物体的三个投影，物体在 V 面的投影称为正面投影，在 H 面的投影称为水平投影，在 W 面的投影称为侧面投影。国家标准规定物体的正面投影、水平投影、侧面投影分别称为主视图、俯视图、左视图，它们统称为三视图。由于物体的形状只和它的视图如主视图、俯视图、左视图有关，而与投影面的大小及各视图与投影轴的距离无关，故在画物体三视图时可不画投影面边框及投影轴，如图5-1b所示。

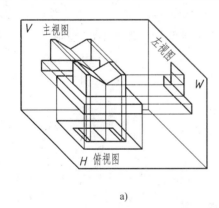
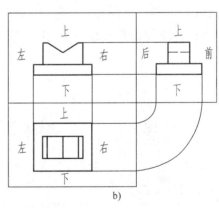

a)   b)

图 5-1 三视图的形成

a）直观图 b）展开图

物体有长、宽、高三个方向的尺寸，通常规定：物体左右之间的距离为长，前后之间的距离为宽，上下之间的距离为高。由图5-2a可以看出，主视图和俯视图同时反映了物体的长度，故两个视图长要对正；主视图与左视图同时反映了物体的高度，所以两个视图横向要对齐；俯视图与左视图同时反映了物体的宽度，故两个视图宽要相等。即：主、俯视图长对正，主、左视图高平齐，俯、左视图宽相等，可简单地称为"长对正、高平齐、宽相等"。需要特别指出的是，在画和看组合体的三视图时，无论是对于整体或局部，都要遵守这个投影规律。从图 5-2b 中可以看出三视图和物体之间的方位特征：主视图反映了物体上、下、左、右四个方位；俯视图反映了物体左、右、前、后四个方位；左视图反映了物体上、下、前、后四个方位。

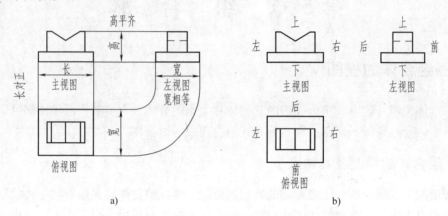

a)   b)

图 5-2   三视图的形成

a）三视图之间的相等关系   b）三视图与物体方位之间的关系

5.1.2   组合体的组合形式

组合体按其形成方式，通常分为叠加型、切割型和综合型。例如，图 5-3a 所示的六角头螺栓可以看成由六棱柱、圆柱和圆台三个基本体叠加而成；图 5-3b 所示的接头，则是从圆柱上切割掉三个结构而形成；形状较复杂的机械零件常常是既有叠加又有切割的综合型组合体，如图 5-3c 所示的轴承座，是由一个长方形底板上叠加支承板和肋板，肋板和支承板与水平圆柱相交，底板挖切掉两个圆柱形安装孔，水平圆柱挖切掉一个水平圆柱。

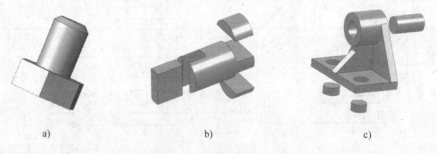

a)   b)   c)

图 5-3   组合体的组合形式

a）叠加型   b）切割型   c）综合型

5.1.3   组合体相邻表面连接的分析

组合体是由几个基本体组合而成的，两个基本体的某些表面必然相邻，这些相邻表面之间常有平齐、相切、相交等连接关系，必须注意正确表达。

1. 平齐

组合体的相邻表面平齐，即相邻表面共处同一平面，如图 5-4a 所示，该组合体是由两个四棱柱叠加而成的，叠加后上下两个棱柱的前后表面平齐、共处同一平面，这种相邻表面之间的关系称为平齐或共面关系。如图 5-4b、c 所示，平齐或共面关系的相邻表面中间不应该有线隔开，即没有交线。

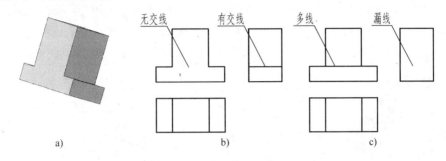

图 5-4　相邻表面平齐组合体的三视图

a）表面平齐组合体　b）正确的三视图　c）错误的三视图

2. 不平齐

组合体的相邻表面不平齐，即相邻表面不在同一平面，如图 5-5a 所示，该组合体是两个四棱柱叠加而成的，叠加后上下两个棱柱的前后表面不平齐、不在同一平面上，这种相邻表面之间的关系称为不平齐或不共面关系。在主视图和左视图中，不平齐或不共面关系的相邻表面中间应该有线隔开，即有交线，如图 5-5b 所示，而图 5-5c 所示是错误的漏线画法，因为如果没有线隔开，就变成一个连续的、平齐的表面，而不是不平齐的表面。

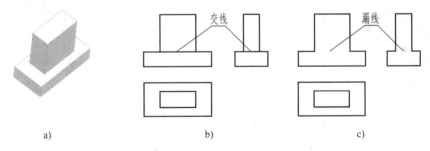

图 5-5　相邻表面不平齐组合体的三视图

a）表面不平齐组合体　b）正确的三视图　c）错误的三视图

应该注意的是，如果交线在后表面，如图 5-6a 所示，在主视图和左视图中，则应有交线并用细虚线画出，如图 5-6b 所示，图 5-6c 所示是错误的漏线画法。

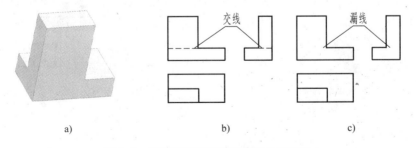

图 5-6　相邻表面不平齐组合体的三视图

a）后表面不平齐组合体　b）正确的三视图　c）错误的三视图

3. 相切

当相邻两表面中至少有一个面为曲面时，两者之间会产生相切的关系，如图 5-7a 所示，该组合体前后表面分别为平面与曲面两表面相切，此时两表面圆滑过渡为一个表面，如图 5-7b所示，两表面之间不画交线。其错误画法如图 5-7c 所示。

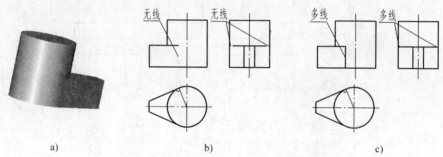

图 5-7　相邻表面相切组合体的三视图

a）表面相切组合体　b）正确的三视图　c）错误的三视图

如图 5-8a 所示，该组合体是圆柱体和半球体两个曲面体叠加而成的组合体，叠加后圆柱体的表面和半球体的表面为相切关系，如图 5-8b 所示，两表面之间不应该有线。其错误画法如图 5-8c 所示。

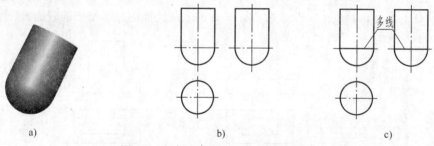

图 5-8　相邻表面相切组合体的三视图

a）表面相切组合体　b）正确的三视图　c）错误的三视图

4. 相交

当几何体彼此相交时，平面体与平面体、平面体与曲面体、曲面体与曲面体相交，所形成的组合体表面必然产生交线，而且交线是相邻两表面的分界线，其投影必须画出，如图 5-9所示。

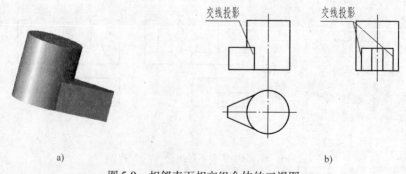

图 5-9　相邻表面相交组合体的三视图

a）表面相交组合体　b）三视图的画法

5.1.4　画组合体视图的方法和步骤

1. 画组合体视图的方法

（1）形体分析法　由于组合体是由若干个简单体按一定的方式组合而成的，在画组合体视图的过程中，假想将一个复杂的组合体分解成若干基本体，并对它们的形状和相对位置进行分析，在此基础上画出组合体的视图，这种思考方法称为形体分析法。形体分析法是指导画图、标注尺寸和读图的基本方法，这种方法尤其对以叠加式为主的组合体更为实用。

（2）线面分析法　线面分析就是通过判断组合体中各个线、面的特点，以及相邻表面之间的特殊位置关系，并对组合体中的各个线、面进行投影分析，逐一画出各个线、面的投影，再结合各个线面之间的关系，完成整个形体的三视图。

线面分析法作为形体分析法的辅助方法，尤其在进行底稿和成图检查，以及补绘视图时使用。对于切割式组合体较为实用，常常利用"视图上的一个封闭线框，一般情况下代表一个面的投影"的投影特性，对体的主要表面的投影进行分析、检查，可以快速、正确地画出图形。

（3）恢复原形法　当组合体中出现不完整形体时，可用恢复原形法进行分析。首先复原切割前的基本形体形状，然后根据切割的形体形状和位置画出视图，这种方法适合切割型组合体的分析。

2. 画组合体视图的步骤

画组合体视图，应按一定的方法和步骤进行。组合体一般采用三视图表达。下面通过例题说明画组合体三视图的具体方法与步骤。

例 5-1　画出图 5-10 所示轴承座的三视图。

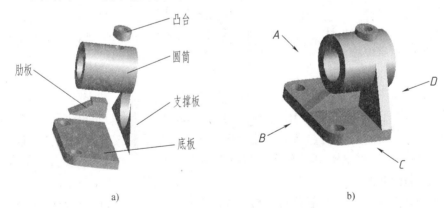

a)　　　　　　　　　　　　　　　　b)

图 5-10　轴承座的形体分析与视图选择

a）形体分析　b）视图选择

画图步骤如下：

（1）形体分析　画图之前，首先对组合体进行形体分析，将其分解成几个组成部分，明确各基本体的形状、组合形式、相对位置以及表面连接关系，以便对组合体的整体形状有个总体了解，为画图做准备。如图 5-10a 所示，轴承座由凸台、圆筒、肋板、支承板和底板组成，属于综合型组合体。底板可以看作由长方体经过圆角、钻孔形成的切割体，圆筒和凸台可以看作由圆柱体经过钻孔形成的切割体。轴承座的五个组成部分之间经过叠加、相贯、相交形成综合类组合体。其中，底板和支承板的后表面平齐叠加；支承板与圆筒左右相切；肋板与底板叠加并与圆筒相交；圆筒和凸台相贯，具有内外两条相贯线。

（2）确定主视图　三视图中，主视图是最主要的视图，所以主视图的选择确定非常重要，其他两个视图则是根据主视图的确定而相应得到的。确定主视图的基本原则有以下四个方面。

1）首先要考虑形体的摆放位置。要确定主视图，首先解决组合体在三投影体系中的放置问题。而形体的放置应该首先考虑其工作位置。所谓形体的工作位置是指人们在使用它的时候是如何放置的，选择组合体的放置位置以符合工作位置、自然平稳为原则。如图 5-10b 所示，选择轴承座按自然位置安放。

2）使形体的视图尽量反映实形。如果形体的视图反映的是形体的实形，在画图、识图和加工过程中将会带来很大的便利，否则容易造成麻烦，要想得到反映实形或图形简单的视图，根据投影原理，形体的侧面和上下底面应尽量平行或垂直投影面。

3）确定主视图的投射方向。主视图投射方向的选择，应以能较好地表达组合体的形状特征为主要原则，同时尽量使其他视图减少虚线，方便其他视图的表达，并使视图中长方向尺寸大于宽方向尺寸。所谓组合体的形状特征，包含了形体的形状和各形体的相对位置两个方面的内容。应该注意的是，主视图的投射方向不是唯一的，只要满足上述要求的方向均可作为主视图的投射方向。组合体的主视图投射方向通常选择最能反映形体的形状和各形体的相对位置关系的方向。如图 5-10b 所示，该组合体的 A、B、C、D 四个正投射方向中，最能够反应该组合体的形体特征和各个基本体之间相互位置的方向为 B 投射方向，并且视图中长方向尺寸大于宽方向尺寸。

4）尽量避免细虚线。在视图中尽量减少细虚线的出现。一方面细虚线缺少层次感，容易造成混乱，有可能导致形体的组成形状是多样的，而不是唯一的，使人们无法确定形体的形状，造成费解甚至误解；另一方面根据工程图样要求，形体的尺寸标注一般标注在实线上，而细虚线不宜标注尺寸。

经综合分析后，确定 B 方向为轴承座的主视图投射方向。

（3）选定比例，确定图幅　确定主视图的视图方向后，根据组合体的形状、大小和复杂程度等因素，按规定和标准选择适当的比例和图幅。然后，按选定的比例，根据组合体长、宽、高预测出三个视图所占的面积，并在视图之间留出标注尺寸的位置和适当的间距，据此选用合适的标准图幅。

（4）布图、画基准线　根据确定的比例和图幅进行合理的布图，布图要本着均匀、美观的原则。首先根据视图的大小和各投影的对应关系，画出各视图的基准线，如图 5-11a 所示。基准线是指画图时测量尺寸的基准，每个视图需要确定两个方向的基准线。一般常用对称中心线、轴线和较大的平面作为基准线。确定了基准线，每个视图在图纸上的具体位置就确定了。

（5）画出各形体的三视图底稿　根据各形体的投影规律，逐个画出组成组合体形体各形体的三视图。根据形体分析，安排好先后次序，如图 5-11 所示。一般画形体的顺序为：先实（实形体）后空（挖去的形体），先大（大形体）后小（小形体），先画轮廓，后画细节。画每个形体时，要从反映形体特征的视图出发，并将三个视图联系起来画。

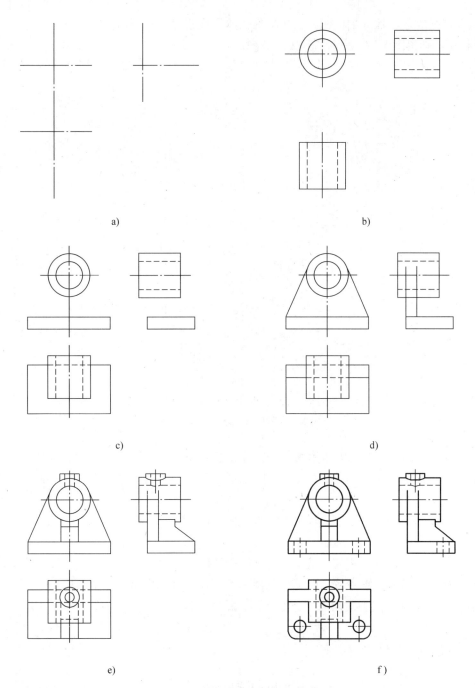

图 5-11 轴承座的作图过程

a）画轴承的轴线及后端面定位线 b）画圆筒的三视图 c）画底板的三视图 d）画支承板的三视图

e）画凸台和肋板的三视图 f）画底板上的圆角和圆柱孔，校核，加深

（6）检查、描深、完成三视图 底稿画完后，按形体逐个仔细检查。对形体中的投影面垂直面，一般位置面，形体间邻接表面处于相切、共面或相交位置的面、线，用面、线投影规律重点校核。由于组合体内部各形体融合为一体，检查是否画出了多余的轮廓线。认真

修改并确定无误后，擦去辅助图线。按标准描深图线，完成三视图。

例 5-2 画出图 5-12a 所示切割体的三视图。

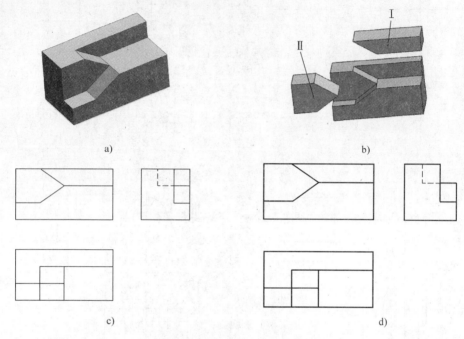

图 5-12 切割体三视图的画法

a）切割体 b）切割体形体分析 c）画截平面的三视图 d）检查、描深

（1）分析形体 图 5-12a 所示为一切割体，它是在长方体上首先用三个平面（正垂面、正平面、水平面）切去形体Ⅰ，然后再用三个平面（正垂面、正平面、水平面）切去形体Ⅱ得到的（图 5-12b）。

（2）画原始形体的三个视图 画图时应使形体的表面尽可能处于与投影面平行或垂直的位置上，以利于画图和读图。

（3）画截平面的三个视图 先画截平面有积聚性的投影，再按照求平面与立体表面交线的方法及视图间的投影关系，即可完成截平面的另外两个投影，如图 5-12c 所示。

（4）检查描深 擦去被切去部分的投影，检查无误后再描深，如图 5-12d 所示。

5.2 组合体的尺寸标注

组合体视图虽然已经清楚地表达了组合体及其组成部分的形状和相对位置关系，而要把组合体及构成组合体各部分的形状大小和相对位置定量地表达出来，则必须将它们的形状和位置关系用数字明确地标注出来，这就是尺寸标注。

5.2.1 组合体尺寸标注的基本要求

标注组合体尺寸时，必须做到以下基本要求：

（1）正确 所注尺寸必须严格遵守国家标准《机械制图》中有关尺寸注法的规定。

（2）完整　所注尺寸必须能完全确定组合体的形状和大小，不得漏注尺寸，一般也不得重复标注。

（3）清晰　每个尺寸必须注在适当的位置，以便于查找。

在标注尺寸时，有时会出现不能兼顾上面各点要求的情况，这时，必须在保证尺寸完整、清晰的前提下，根据具体情况，统筹安排，合理布局。

5.2.2　组合体的尺寸分析

组合体的尺寸可以根据其作用分为三类：定形尺寸、定位尺寸和总体尺寸。

（1）定形尺寸　确定组成组合体各基本体的形状、大小的尺寸，称为定形尺寸。

（2）定位尺寸　确定组成组合体的各基本体之间的相对位置关系的尺寸，称为定位尺寸。

标注定位尺寸时，首先要确定尺寸基准，再标注定位尺寸。尺寸基准是尺寸的起点，也是组合体中各基本体定位的基准。因此，为了完整、合理地标注组合体的尺寸，必须在长、宽、高三个方向上分别确定尺寸基准。通常选择组合体的对称平面、端面、底面以及主要回转体的轴线等作为尺寸基准。

（3）总体尺寸　确定组合体总长、总宽、总高的尺寸，称为总体尺寸。

为使组合体的尺寸标注完整，仍用形体分析法假想将组合体分解为若干基本体，注出各基本体的定形尺寸以及确定这些基本体之间相对位置的定位尺寸，最后根据组合体的结构特点注出总体尺寸。因此，在分析组合体的尺寸标注时，必须熟悉基本体的尺寸标注。图 5-13、图 5-14 和图 5-15 所示分别列出了基本体、被切割或穿孔后的切割体、零件上常见的几种底板的尺寸标注示例。

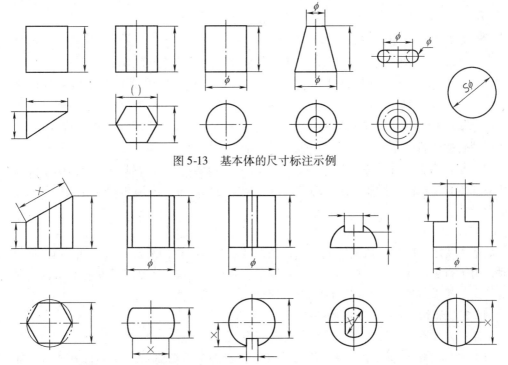

图 5-13　基本体的尺寸标注示例

图 5-14　切割体的尺寸标注示例（其中 ϕ 代表直径，× 代表错误的标注）

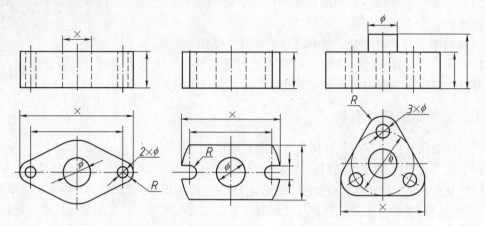

图 5-15　常见底板的尺寸标注示例

　　为了便于测量图 5-13 中正六棱柱的底面尺寸，通常注出正六边形的对边尺寸，也可以注出对角尺寸作为参考尺寸，该尺寸应加注括号。圆柱、圆台等回转体，其直径尺寸一般标注在非圆的视图上，当完整标注了它们的尺寸后，只用一个视图就能确定其形状和大小，其他视图可省略不画。在标注切割体的尺寸时，应注出截平面的定位尺寸，不要标注截交线的尺寸。

5.2.3　组合体尺寸标注的方法和步骤

　　组合体尺寸标注的基本方法仍然是形体分析法。组合体尺寸标注时，首先进行形体分析，然后标注定形尺寸，再标注定位尺寸，最后标注总体尺寸。

　　(1) 形体分析　运用形体分析法透彻分析组合体的结构，明确组合体是由哪些基本体组成的，是以什么方式组成的，组成为组合体后，各基本体之间的相对位置关系怎样。

　　(2) 标注定形尺寸　形体分析清楚之后，逐一标注组合体中每个基本体的定形尺寸。

　　(3) 标注定位尺寸　标注定位尺寸，首先选定长、宽、高三个方向上的尺寸基准，在设定尺寸基准的基础上，依次标注组合体各组成部分的定位尺寸。定位尺寸标注要以能够明确、清楚表达各基本体之间的相对位置关系为准。

　　(4) 标注总体尺寸　总体尺寸的标注应根据组合体特点，分别在三个视图中标注，一般在主视图和俯视图中标注为主。组合体某方向的总体尺寸，有时可以兼作其中某一基本体的定形尺寸。

　　(5) 检查、调整，完成标注　标注之后要进行细致检查，主要检查标注是否符合尺寸标注的基本要求。同时，从整体上考虑，是否做必要的调整，例如，标注组合体总体尺寸的同时，为了避免尺寸重复，在不影响标注清晰、完整的前提下，可能会调整该方向上某一基本体的定形或者定位尺寸。在全面检查、调整之后完成标注。

　　例 5-3　标注例 5-1 所画轴承座的尺寸。

　　标注过程如下：

　　(1) 形体分析　分析组合体的组合形式、组成部分及各部分之间的位置关系。前面已分析过，这里不再重复。

（2）选择主要尺寸基准   如图 5-16a 所示，以轴承座的底面作为高度方向的尺寸基准，支承板的后表面为宽度方向的尺寸基准，左右对称面为长度方向的尺寸基准。

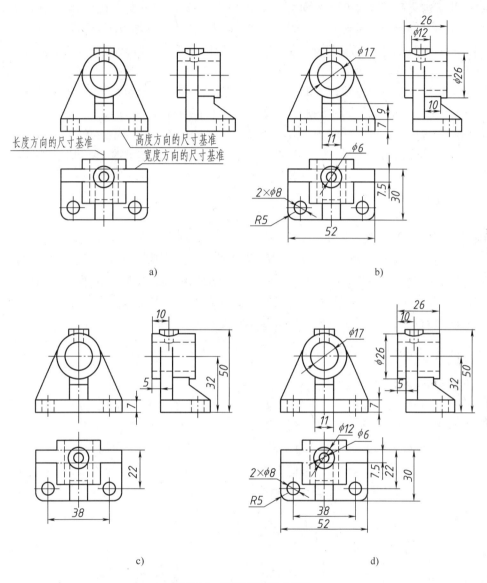

图 5-16 轴承座的尺寸标注

a）轴承座的定位基准 b）定形尺寸标注 c）定位尺寸标注 d）轴承座的最终尺寸标注

（3）标注定形、定位尺寸   逐个标注各组成部分的定形、定位尺寸。在图 5-16b 中，注出底板的定形尺寸长、宽、高分别为 52、30 和 7，底板上的圆角半径为 5mm，底板上两个圆柱孔的直径为 φ8mm，高度与底板等高；圆筒的定形尺寸分别为 φ26、φ17 和 26；支承板的定形尺寸为支承板的厚度 7.5，长度与底板等长，高度方向上与圆筒相切，不标注；肋板的定形尺寸有 9、10 和 11。

在图 5-16c 中，由于底板的底面、左右对称面、后端面分别是定位基准，故底板的定位尺寸不标注，底板上安装孔的长度和宽度定位尺寸分别为 38 和 22，高度定位尺寸不标注。圆筒的定位尺寸为 32 和 5；支承板的对称中心和后表面分别与长度和宽度方向的尺寸基准重合，因此不需标注长度和宽度方向的定位尺寸，7 是其高度方向定位尺寸；肋板的长度方向定位尺寸与基准重合，不标注，7 是其高度方向定位尺寸，7.5 是宽度方向的定位尺寸。

（4）标注总体尺寸，调整尺寸位置　虽然在形体分析时，可把组合体假想成几个部分，但实际上组合体是不可分割的整体。所以，要标注组合体外形和所占空间的总体尺寸，即总长、总宽、总高。在标注总体尺寸时，应注意调整，避免出现重复标注。如图 5-16d 中的总长 52 和总高 50，而总宽由 30 + 5 确定。总长 52、总高 50、总宽为 30 + 5 = 35 已经具有了，不必再标注。最后，根据标注的内容合理地调整尺寸的位置，如为了避免竖直圆筒的宽度方向定位尺寸与其外径尺寸交叉，将竖直圆筒的外径尺寸 $\phi12$ 从左视图转移到俯视图标注。

5.3　读组合体视图

画图是根据投影规律画出组合体的投影视图，是设计中用图样表现设计形体的过程。而读图则是通过已经给出的视图，根据视图的投影规律，通过形体分析和线面分析的方法，想象出物体的空间形状和结构，是阅读设计图样，分析理解设计内容，进而按图样进行加工、施工的过程。良好的空间思维和想象力是读图的基本条件，但要想能够正确、快速地读懂图样，掌握读图的要领，运用正确的读图方法也是非常关键和必要的。

5.3.1　读图的基本要领

1. 理解视图中线框和图线的含义

1）视图中的每个封闭线框，通常都是物体的一个表面（平面或曲面）的投影。

如图 5-17a 所示，主视图中有四个封闭线框 a'、b'、c'、d'，对照俯视图可知，线框 a'、b'、c' 分别是六棱柱前面的三个棱面 A、B、C 与其对称的后面相重合的投影。线框 d' 则是圆柱前半圆柱面与后半圆柱面相重合的曲面投影。视图中的线框可以是体的投影，如图 5-17a 中矩形线框 d' 是圆柱体的投影；也可以是孔的投影，如图 5-18 主视图和俯视图中的圆线框，都是圆柱孔的投影。

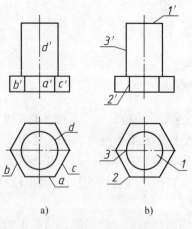

图 5-17　线框和图线的含义

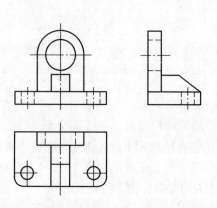

图 5-18　线框的含义和各基本体的形状特征

2）视图中的每条图线，可以是物体表面具有积聚性的投影，或者是两个表面的交线的投影，也可以是曲面转向轮廓线的投影。

如图 5-17b 所示的主视图中的 $1'$ 是圆柱顶面有积聚性的投影，主视图中的 $2'$ 是六棱柱两个棱面的交线的投影，主视图中 $3'$ 是圆柱面正面投影的转向轮廓线的投影。

2. 联读视图

"联读视图"就是要把几个视图联系起来、相互对照同时阅读。在绘制视图的时候，形体的某一方向视图不足以全面、完整地反映形体的形状特征和结构特点，所以只读一个视图很难掌握一个形体的形状和特点，尤其是对于较为复杂的形体，一定要通过阅读几个视图来掌握形体的形状特点，通过视图与视图之间内在的联系来判断和想象形体的整体形状特点，切忌只看一个或者两个视图就下结论。如图 5-19 所示，它们的主视图都相同，但实际它上可以表示三种不同形状的物体。又如图 5-20b、c、d 所示的三个物体，它们的主、俯视图都相同（图 5-20a），但由于左视图没有画出，它可表示三种不同的形状。实际上不仅如此，根据图 5-19 中的主视图以及图 5-20 中的主、俯视图还可以分别想象出更多种不同形状的物体，请读者自行练习。由此可见，读图时必须将所给出的全部视图联系起来分析识读，才能想象出组合体的正确、完整形状。

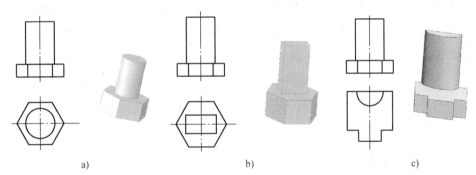

图 5-19　一个视图不能唯一确定组合体形状

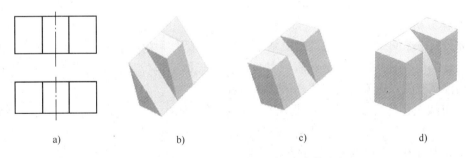

图 5-20　两个视图不能唯一确定组合体形状

3. 从反映形体特征的视图入手

形体特征是指形状特征和位置特征。

（1）抓住形状特征视图　能清楚表达物体形状特征的视图，称为形状特征视图。通常主视图能较多反映组合体整体的形体特征，所以读图时常从主视图入手。但组合体中各基本体的形状特征不一定都集中在主视图上，如图 5-18 所示组合体由三部分叠加而成，主视图反映竖板的形状特征以及竖板与底板、肋板的相对位置，而底板和肋板的形状特征分别在俯、左视图上反映。因此，读图时若先找出各基本体的形状特征视图，再配合各基本体的其他视图识读，就能正确地想象出该组合体的空间形状。

（2）抓住位置特征视图 能清楚表达构成组合体的各形体之间相互位置关系的视图，称为位置特征视图。如图 5-21 所示的两个物体，主视图中的线框 Ⅰ 内的小线框 Ⅱ、Ⅲ，它们的形状特征很明显，但相对位置不清楚。因为线框内有小线框，则表示物体上不同位置上的两个表面。对照俯视图可以看出，线框 Ⅱ 和线框 Ⅲ 其中一个为孔，另外一个则向前凸出，但无法确定哪个是孔，哪个向前凸出。图 5-21a、b 所示的左视图是凸块和孔的位置特征视图，抓住它就能够确定凸块和孔的位置。读懂各基本体之间的相对位置，结合形状特征就能想出该组合体的整体形状。

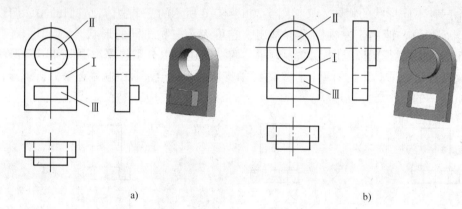

a)   b)

图 5-21　基本体的位置特征视图

5.3.2　读组合体视图的基本方法

绘制组合体视图的基本方法为形体分析法和线面分析法，读图的基本方法也同样是这两种方法。

1. 形体分析法

形体分析法是阅读组合体视图的最基本方法。一般从反映组合体形状特征较多的主视图入手，结合其他视图，通过"分线框、对投影，识形体、定位置，综合起来想整体"的方法，达到读懂视图、想象出组合体整体形状的目的。

（1）分线框、对投影 从主视图入手，联系其他视图，把视图分成若干线框，每一个线框反映一个基本体，根据投影关系分析组合体各部分的形状特征，分析视图中线和线框的含义，从而理解该组合体的各基本体形状。

（2）识形体、定位置 "识形体"，即由划分的线框通过"联读视图"想象出各基本体的形状。为想象出各部分的形状，首要任务是从各投影图中找出反映其形状特征的框线，同时结合另两个视图中与之对应的线框，就可以得出基本形体的形状。

想象出基本形体的形状之后，要"定位置"，即确定各基本体之间的相对位置。位置的确定应从最能反映组合体各基本体相对位置的那个视图入手，对应另两个视图，确定各部分之间的相对位置。

（3）综合起来想整体 经过上述对线框、投影的分析，清楚了组合体的构成，以及各个组成部分的形状和位置关系，最后通过综合想象，得出组合体的整体形状。

2. 线面分析法

线面分析法通常用做形体分析法的辅助方法。在阅读一些较复杂的组合体视图的时候，通常在形体分析的基础上，对不易读懂的局部用线面分析法进行仔细的推敲，结合线、面投影分析，一条线、一个线框地分析其线面的空间含义，来帮助读懂和想象出这些局部的形状和相对位置。

在进行线面分析的时候，常用到平面的投影特性：平面的投影除了成为具有积聚性的线段外，其他投影应与其实形有类似性或实形性，根据平面图形投影的类似性和线、面的投影规律可以帮助进行形象构思并判断其正确性。

下面通过例题来说明上面两个方法在组合体读图中的应用。

例5-4 如图5-22所示，已知支架的主、左视图，补画其俯视图。

分析：由已知两视图求作第三视图或补全视图的投影，是培养分析问题和解决问题的一个重要方法。由已知两视图求作第三视图，一般是在采用形体分析法看懂视图的基础上进行的。所给视图也要能完全确定物体的形状。

将主视图划分为三个封闭线框，看作组成支架的三个部分的投影，如图5-23所示。其中，1′是下部倒凹字形线框，2′是上部矩形线框，3′是同心圆线框。对照左视图，一边想象每个线框对应的形状，一边补画俯视图。然后，分析它们之间的相对位置和表面连接关系，综合想出支架的整体形状。最后，从整体出发，校核和加深已补出的俯视图。

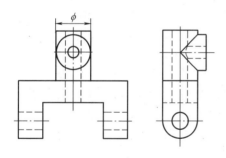

图5-22　支架的主、左视图

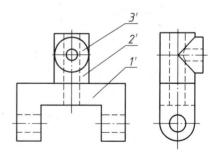

图5-23　支架的线框划分

作图：

1）如图5-23所示，在主视图上分离出底板的线框1′，由主、左视图对投影，可看出它是一块倒凹字形底板，左右两侧有带圆孔的下端为半圆形的耳板。画出底板的俯视图，如图5-24a所示。

2）在主视图上分离出上部矩形线框2′，由于在图5-22中标注了直径符号φ，对照左视图可知，它是轴线垂直于水平面的圆柱体，中间有穿通底板的圆柱孔，圆柱与底板的前后端面相切。画出具有穿通底板的圆柱孔的铅垂圆柱体的俯视图，如图5-24b所示。

3）在主视图上分离出同心圆线框3′，对照左视图可知，它是一个中间有圆柱通孔、轴线垂直于正面的圆柱体，其直径与垂直于水平面的圆柱体直径相等，而孔的直径比铅垂的圆柱孔小，它们的轴线垂直相交，且都平行于侧面。画出具有通孔的正垂圆柱的俯视图，由于倒凹字形底板的俯视图有一部分前壁的积聚性投影被正垂圆柱所遮挡，已画出的实线要改成

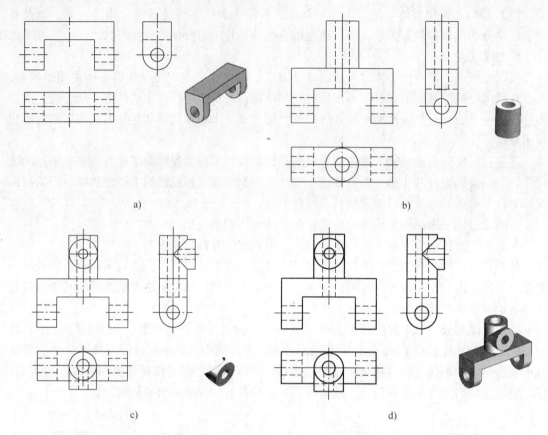

图 5-24　想象支架的形状和补画俯视图

细虚线，如图 5-24c 所示。

4）根据底板和两个圆柱体的形状，以及它们之间的相对位置，可以想象出支架的整体形状。最后，按想出的整体形状校核补画支架的俯视图，并按规定的线型加深，如图 5-24d 所示。

例 5-5　如图 5-25a 所示，补画组合体三视图中所缺的图线。

分析：从已知三视图的三个外形轮廓分析，该组合体是一个长方体被几个不同位置的平面切割而成的。结合形体分析和线面分析，采用边想象切割、边补线的方法逐个画出三个视图中的漏线。在补图过程中，应充分运用"长对正、高平齐、宽相等和前后对应"的投影关系，并徒手画出立体草图，逐个记录构思想象的过程。

作图：

1）由图 5-25a 中左视图上的一条斜线可以想象出，长方体被侧垂面切去前上角，如图 5-25b 所示。然后，在主、俯视图上补画因切角而产生的图线，同时画出长方体的徒手立体草图，并在其上也切去前上角。

2）由图 5-25a 中主视图上的凹口可知，长方体上部中间挖了一个正垂的矩形槽，如图 5-25c 所示。然后补画俯、左视图上因开槽而产生的图线，同时继续在已画的徒手立体草图上也画出矩形槽。

3）从图 5-25a 中俯视图前方左、右两侧分别有左右对称的缺角可知，长方体前方的左

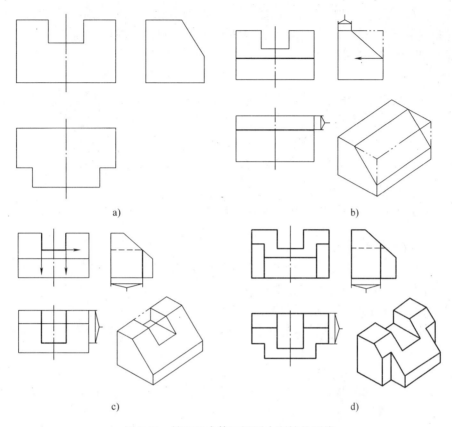

图 5-25　补画组合体三视图中所缺的图线

右两侧分别被正平面和侧平面对称地各切去一块，如图 5-25d 所示。然后补画主、左视图中的漏线。同样，继续在徒手立体草图中切去这两块。最后，按徒手画出的立体草图对照校核补全图线的三视图，作图结果如图 5-25d 所示。

5.4　组合体构型设计

　　根据已知条件构思组合体的形状、大小并表达成图的过程称为组合体的构形设计。组合体的构形设计能把空间想象、构思形体和表达三者结合起来。这不仅能促进画图、读图能力的提高，还能发展空间想象能力，同时在构形设计中还有利于发挥构思者的创造性，进一步强化空间思维能力的培养，为今后的工程构型设计打下基础。本节将主要讨论组合体构型设计的原则和方法。

5.4.1　构型原则

1. 以几何体构型为主

　　组合体构型设计的目的，主要是培养利用基本几何体构造组合体的方法。一方面提倡所设计的组合体应尽可能体现工程产品或零部件的结构形状和功能，以培养观察、分析、综合能力；另一方面又不强调必须工程化，所设计的组合体也可以是凭自己想象的，更有利于开拓思维路径，培养创造力和想象力。例如，图 5-26a 所示的组合体基本上表现了一辆货车的外形，但并不是所有细节都完全逼真。图 5-26b 所示是圆柱、圆球、圆锥组成了一个组合体，体现了特殊的相贯形式。

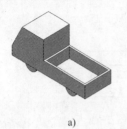

a)   b)

图 5-26　几何体构型

2. 多样、变异、新颖

构成一个组合体所用的基本体类型、组合方式和相对位置应尽可能多样和变化，并力求构想出打破常规，与众不同的新颖方案。

3. 体现稳定、平衡、动、静等造型艺术法则

这种要求，如图 5-27 所示。非对称形体（图 5-28）应注意形体分布，以获得力学和视觉上的稳定和平衡感。

图 5-27　对称形体的构型设计　　　　　图 5-28　非对称形体的构型设计

4. 符合工程实际和便于成形

工程实际中对组合体构型的基本要求：

1）两个形体组合时，不能出现点接触和线连接。

2）一般采用平面或回转曲面造型，便于绘图、标注尺寸和制作。

3）考虑到成形制造的因素，构型时尽量不采用封闭的内腔。

5.4.2　构型方法

组合体构型的基本方法是切割和叠加，在具体进行切割和叠加构型时，还要考虑表面的凹凸、平曲和正斜以及形体之间不同的组合方式等因素。根据所给组合体的一个视图构思组合体，通常不止一个结果。读者应设法多构思出几种，以使构思出的组合体新颖、独特。由不充分的条件构思出多种组合体是思维发散的结果。

1. 凹凸、平曲、正斜构思

如图 5-29 所示，根据给定的单面视图，依据凹凸、平曲、正斜可构思出许多不同的组合体。

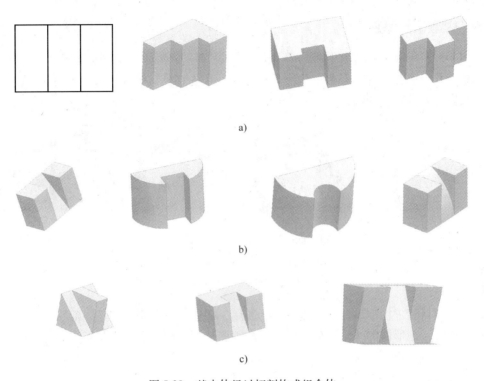

图 5-29　基本体经过切割构成组合体
a）凹凸构思　b）平曲构思　c）正斜构思

2. 不同组合方式构思

由已知的基本形体，根据叠加的位置不同、方式不同，可以构思出许多的组合体，如图 5-30 和图 5-31 所示。

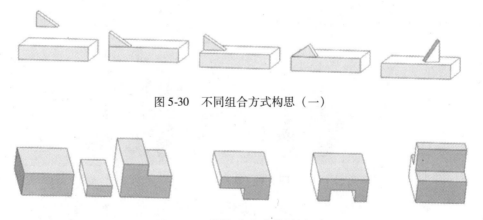

图 5-30　不同组合方式构思（一）

图 5-31　不同组合方式构思（二）

3. 虚实线重影构思

由图 5-29 给出的单面视图，如考虑虚实线重影，还可以构思出许多种形体，请读者自行完成。

5.4.3　构型设计举例

如图 5-32a 所示，根据图中所给的立体图，设计一个物体分别可以堵住三个孔而不漏光。其中三孔分别是圆孔、等腰三角形孔和方孔。孔的直径、等腰三角形的高和底边、正方形的边长尺寸相同。

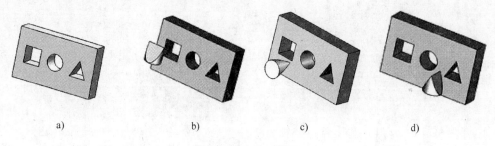

图 5-32　三孔立体图

a）三孔模型　b）方孔　c）圆孔　d）三角形孔

分析：题目要求构型设计的形体对三孔通用，即能用它分别堵塞不同形状的三孔，且尺寸应完全相等。把形体的外轮廓分别看作三个视图，想象出物体的形状即为构型体的形状。

设计过程如下：

1）考虑满足方孔构型体的形状，如图 5-32b 所示。

2）考虑满足圆孔构型体的形状，如图 5-32c 所示。

3）考虑满足三角形孔构型体的形状，如图 5-32d 所示。

4）最后结构如图 5-33 所示。

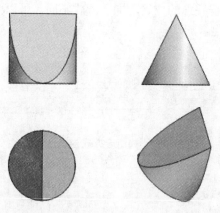

图 5-33　构型结果

第6章 轴 测 图

6.1 轴测图的基本知识

工程制图中一般采用多面正投影法绘制物体的投影图，如图 6-1a 所示。该投影图可以完全确定物体的形状和大小，并且具有作图简便和度量性好的优点，但二维平面图形的直观性差，缺乏立体感。为了帮助看懂图样，在工程中经常采用三维立体感较强的轴测投影图（简称轴测图，如图 6-1b 所示）来表达物体的结构形状、工作原理及使用说明，以弥补正投影图的不足。但是轴测投影图一般不易反映物体各表面的实形，且度量性差，作图较正投影图复杂。因此，在工程设计和工业生产中常作为辅助图样。学会画轴测图对后续课程的学习和将来的工作实践都是很有益的。

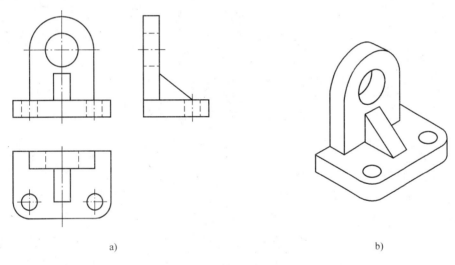

a)   b)

图 6-1 三面投影图与轴测投影图的对比

6.1.1 轴测图概述

1. 轴测图的形成

用平行投影法将物体连同确定在物体上的直角坐标系一起沿不平行于任一坐标平面的方向投射到一个投影面上，所得到的图形，称为轴测图。如图 6-2 所示，用平行投影法将物体连同确定其空间位置的直角坐标系，沿不平行于任一坐标轴的方向 S，向投影面 P 投影，在平面 P 上所得的投影称为轴测图，平面 P 称为轴测投影面。

2. 轴间角和轴向伸缩系数

如图 6-2 所示，O_1X_1、O_1Y_1、O_1Z_1 分别是空间直角坐标轴 OX、OY、OZ 在轴测投影面 P 上的投影，称为轴测轴。轴测轴之间的夹角 $\angle Y_1O_1Z_1$、$\angle X_1O_1Y_1$、$\angle Z_1O_1X_1$ 称为轴间角。在空间直角坐标轴 OX、OY、OZ 上各取单位长度向轴测投影面 P 进行投射，投影长度和实际长度的比值称为轴向伸缩系数，分别用 p_1、q_1、r_1 表示 OX、OY、OZ 轴方向的轴向伸缩系数。

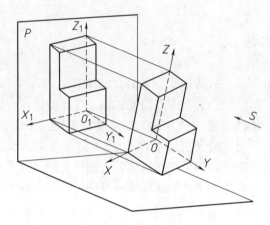

图 6-2　轴测图的形成

6.1.2　轴测图的种类

（1）根据空间物体的位置以及轴测投射方向分类

1）正轴测图。当物体的三个坐标面与轴测投影面都倾斜，投射方向垂直于轴测投影面时，所得到的投影称为正轴测图。

2）斜轴测图。将物体和轴测投影面都放正，使投射方向倾斜于轴测投影面，这样得到的投影图称为斜轴测图。

（2）根据轴间角和各轴向伸缩系数分类

1）正（或斜）等测图。三个轴向伸缩系数均相等，即 $p_1 = q_1 = r_1$。

2）正（或斜）二测图。两个轴向伸缩系数相等，即 $p_1 = q_1 \neq r_1$ 或 $p_1 \neq q_1 = r_1$ 或 $p_1 = r_1 \neq q_1$。

3）正（或斜）三测图。三个轴向伸缩系数均不相等，即 $p_1 \neq q_1 \neq r_1$。

为了使轴测图能表现出具有较强的三维立体感和便于作图，三测图因作图较繁，在实际中很少采用。工程上常用正等轴测图（简称正等测）及斜二轴测图（简称斜二测）两种。

6.2　正等轴测图

6.2.1　正等轴测图的形成及参数

正等轴测图是使三条坐标轴对轴测投影面处于倾角都相等的位置所得到的轴测图。如图 6-3 所示，正等测的轴间角都是 120°；各轴向伸缩系数都相等，即 $p_1 = q_1 = r_1 \approx 0.82$，为了作图简便起见，常采用简化系数，即 $p = q = r = 1$。采用简化系数作图时，沿各轴向的所有尺寸都用真实长度量取，简捷方便。由于画出的图形沿各轴向的长度都分别放大了 $1/0.82 \approx$

1.22 倍，因此，这个图形与用各轴向伸缩系数 0.82 画出的轴测图是相似的图形，于是通常都直接用简化系数来画正等轴测图。

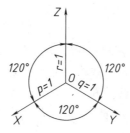

图 6-3　正等测的轴间角和轴向伸缩系数

6.2.2　基本体的正等轴测图

1. 平面立体正等轴测图的画法

在一般情况下，常用正等测来绘制物体的轴测图，画轴测图的方法有坐标法、切割法和综合法三种。通常可按下列步骤作出物体的正等测：

1）对物体进行形体分析，确定坐标轴。

2）作轴测轴，按坐标关系画出物体上点和线，从而连成物体的正等测。

应该注意，在确定坐标轴和具体作图时，要考虑作图简便，有利于按坐标关系定位和度量，因轴测图不画被遮挡的轮廓线（细虚线），通常将坐标原点选在可见表面上，可减少作图线。

（1）坐标法　坐标法就是根据物体上各点的坐标，根据轴向的变形系数，直接量取到轴测轴上，求出各点的轴测投影，并依次连接，得到物体的轴测投影图，这种方法就是坐标法。它是轴测图绘制的最基本的方法，也是其他各种绘制方法的基础。

例 6-1　如图 6-4a 所示，作出正六棱柱的正等测图。

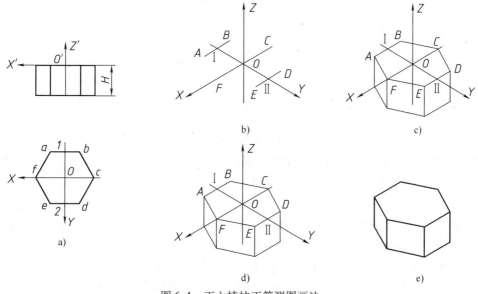

图 6-4　正六棱柱正等测图画法

分析：画轴测图时，虚线投影通常省略不画，因此为减少不必要的作图线，该正六棱柱的轴测图最好先从顶面开始。

作图：

1）在两面投影图上建立坐标系 $OXYZ$，坐标原点取在上表面上，如图 6-4a 所示。

2）画出正等测中的各轴测轴，如图 6-4b 所示。

3）在 OY 轴上，以 O 为圆心，截取线段 ⅠⅡ 与线段 12 长度相等，得到两点 Ⅰ 和 Ⅱ，沿 OX 轴量取 $OC=Oc$、$OF=Of$，得两点 C 和 F。

4）分别过点 Ⅰ 和 Ⅱ 作 OX 的平行线，截取 $AB=ab$ 和 $ED=ed$，得 A、B、E、D 四点，如图 6-4b 所示。

5）连接各点 A、B、C、D、E、F，得正六棱柱顶面的正等测投影，如图 6-4c 所示。

6）过顶面各点向下作 OZ 轴的平行线，长度均为棱柱的高 H。依次连接底面各可见点，如图 6-4d 所示。

7）擦除作图辅助线，加深可见轮廓线，完成轴测图，如图 6-4e 所示。

（2）切割法　对不完整的形体，可先按完整形体画出，然后用切割的方法画出其不完整部分，这种作图方法称为切割法。

例 6-2　如图 6-5a 所示，用且切割法画其轴测图。

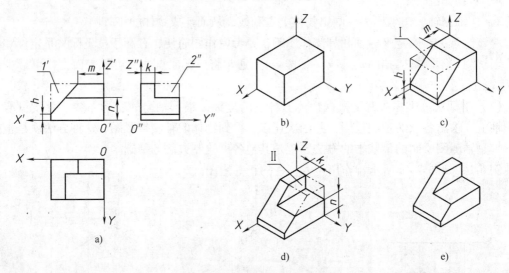

图 6-5　切割体的正等测图画法

分析：形体分析，确定坐标轴。该物体可以看成是由一个四棱柱经几次切割而成的。左上方被一个正垂面切割，右前方被一个正平面和一个水平面切割。画图时可先画出完整的四棱柱，然后逐步进行切割。

作图：

1）在所给三视图上建立直角坐标系 $OXYZ$，如图 6-5a 所示。

2）画各轴测轴，首先画出完整四棱柱的正等测图，如图 6-5b 所示。

3）依据尺寸 h、m，完成切去左上角后的正等测图，如图 6-5c 所示。

4）依据尺寸 n，平行 XOY 面向后切；再由尺寸 k，平行 XOZ 面向下切，两平面相交切去第Ⅱ块，如图 6-5d 所示。

5）擦去多余图线并描深，完成该切割体的正等测，如图 6-5e 所示。

（3）综合法　有些平面立体也可采用形体分析的方法，先将其分成若干基本形体，然后再逐个将形体组合在一起或进一步切割，此方法称为综合法。

例 6-3　如图 6-6a 所示，用综合法画其轴测图。

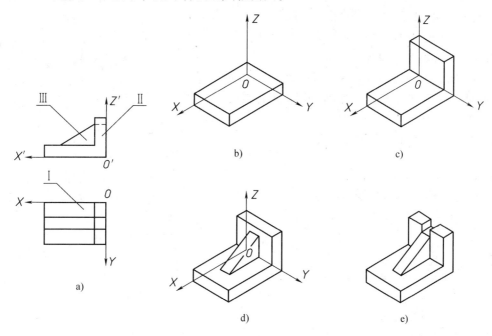

图 6-6　用综合法作正等轴测图

分析：形体分析，确定坐标轴。如图 6-6a 所示，可将该立体按照形体分析法的原理分解成Ⅰ、Ⅱ、Ⅲ三部分，然后逐个画出各部分的正等测图即可，画图过程中要注意各部分间的位置关系。

作图：

1）在所给图形上，建立直角坐标系 *OXYZ*。

2）画出各轴测轴，完成第Ⅰ部分的轴测图，如图 6-6b 所示。

3）第Ⅱ部分与第Ⅰ部分前面、后面及右侧面共面，依据两者的位置关系完成第Ⅱ部分的正等测，如图 6-6c 所示。

4）第Ⅲ部分下面与第Ⅰ部分上面共面，右面与第Ⅱ部分的左面共面，依据两者的位置关系完成第Ⅲ部分的图形，如图 6-6d 所示。

5）对第Ⅱ部分进行挖切，擦去形体间不应有的交线和被遮挡的轮廓线；最后描深可见轮廓线，完成作图。作图结果如图 6-6e 所示。

2. 回转体正等轴测图的画法

（1）圆的正等测图画法　要绘制回转体的轴测图，首先要掌握最基本的圆的正等测画法。图 6-7 所示为一个在正面、顶面和左侧面上分别画有内切圆的正立方体的正等测图。由图可知，每个正方形都变成了菱形，而内切圆变为椭圆并与菱形相切，切点仍在各边的中点。由此可见，平行于坐标面的圆的正等测图都是椭圆，椭圆的短轴方向与相应菱形的短对角线重合，即与相应的轴测轴方向一致，该轴测轴就是垂直于圆所在平面的坐标轴的投影，长轴则与短轴相互垂直。如水平圆的投影椭圆的短轴与 Z 轴方向一致，而长轴则垂直于短轴。

下面以水平圆为例，说明圆的正等测画法。

1）通过圆心 O 作坐标轴和圆的外切正方形，切点为 A、C、B、D，如图 6-8a 所示。

2）作出轴测轴和各切点 A_1、C_1、B_1、D_1，通过这些点分别作 Y、X 轴的平行线，得到外切正方形的正等轴测图——菱形，并作对角线；菱形的对角线分别为椭圆长轴、短轴的方向，如图 6-8b 所示。

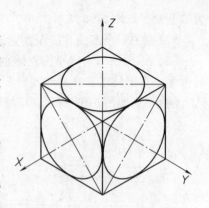

图 6-7　平行于坐标面的圆的正等测图

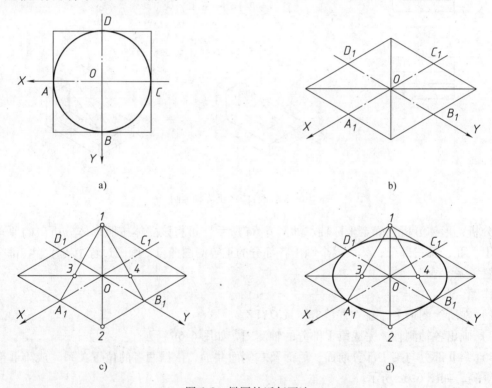

a)

b)

c)

d)

图 6-8　椭圆的近似画法

3）1、2 点为菱形的顶点，分别连接 $1A_1$、$1B_1$，交长轴于点 3、4，则 1、2、3、4 为圆心，如图 6-8c 所示。

4）分别以 1、2 为圆心，以 $1B_1$（或 $1A_1$）为半径画大圆弧 $\overset{\frown}{A_1B_1}$、$\overset{\frown}{C_1D_1}$；以 3、4 为圆心，以 $3A_1$（或 $4B_1$）为半径画小圆弧 $\overset{\frown}{A_1D_1}$、$\overset{\frown}{B_1C_1}$，如此连成近似椭圆，如图 6-8d 所示。

（2）圆柱体的正等测图的画法　如图 6-9a 所示，取顶圆中心为坐标原点，建立直角坐标系，并使 Z 轴与圆柱的轴线重合，其作图步骤如下：

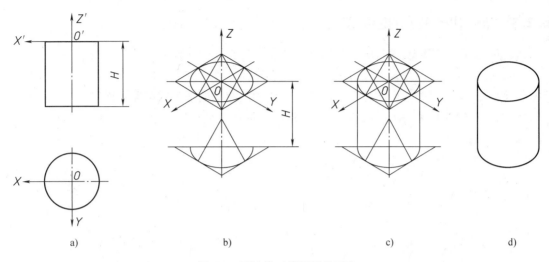

图 6-9　圆柱体正等测图的画法

1）作轴测轴，用近似画法画出圆柱顶面的近似椭圆，再把连接圆弧的圆心沿 Z 轴方向下移圆柱高度 H，以顶面相同的半径画弧，作底面近似椭圆的可见部分，如图 6-9b 所示。

2）过两长轴的端点作两近似椭圆的公切线，如图 6-9c 所示。

3）擦去多余图线并描深，得到圆柱体的正等测图，如图 6-9d 所示。

（3）圆角的正等测图的画法　在图 6-7 所示圆的正等轴测图中，圆角是圆的 1/4，其正等测画法与圆的正等测画法相同，即作出对应的 1/4 菱形，画出对应部分的近似圆弧即可。

圆角的正等测图近似画法如图 6-10 所示。

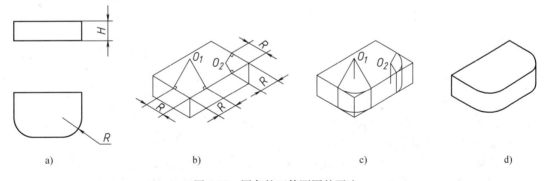

图 6-10　圆角的正等测图的画法

1）由圆角半径 R 确定各切点位置，如图 6-10b 所示；在切点处作各边垂线，相邻两边垂线交点 O_1、O_2 即为两段椭圆弧的圆心。

2）分别以两垂线交点为圆心，垂线长为半径画弧，所得弧即为轴测图上的圆角。

3）画底面圆角。将切点、圆心均沿 Z 轴方向下移板厚尺寸 H，以顶面对应半径画弧，即可完成圆角的作图，如图 6-10c 所示。

4）作右侧两圆弧的公切线。

5）擦除作图辅助图线，加深可见轮廓，完成作图，如图 6-10d 所示。

6.2.3 组合体的正等测图的画法

画组合体的正等轴测图时应当使用前面介绍的综合法。先对组合体进行形体分析，弄清形体的组成情况，遵循先画主体后画细节，先画整体后作挖切的原则，按它们的相对位置关系逐一画出，最后擦去各形体之间不该有的交线和被遮挡的线，即可完成作图。

例如，对图 6-11 所示组合体进行形体分析，明确该组合体是由底板、圆柱体和肋板三部分组合而成的。

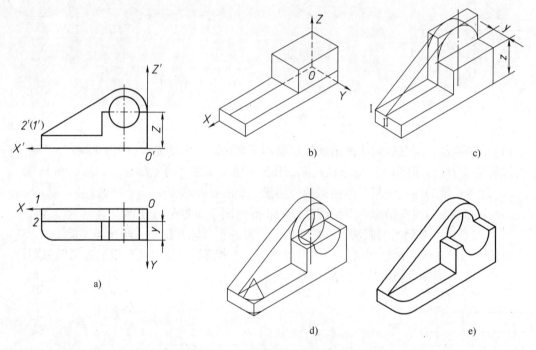

图 6-11　组合体的轴测图画法

作图：

1）在所给视图上选定坐标轴，如图 6-11a 所示。

2）作轴测轴，画出底板和右侧长方体部分的主要轮廓，如图 6-11b 所示。

3）根据题中所给 y、z 尺寸，完成后面圆柱体部分的轴测图；然后在 Y 轴方向上确定底板上两点Ⅰ、Ⅱ，并由这两点分别作近似椭圆的公切线，如图 6-11c 所示。

4）完成右侧圆柱孔和底板圆角的正等测，如图 6-11d 所示。

5）擦去多余图线，描深可见轮廓，完成该组合体的正等测图形。作图结果如图 6-11e 所示。

6.3　斜二轴测图

6.3.1　斜二轴测图的形成及参数

斜轴测图是将物体和轴测投影面都放正，使投射方向倾斜于轴测投影面所得到的投影图。当两个轴向伸缩系数相等，即 $p_1 = q_1 \neq r_1$ 或 $p_1 \neq q_1 = r_1$ 或 $p_1 = r_1 \neq q_1$ 时，即为斜二轴测图，如图 6-12 所示。在斜二轴测图中，为方便起见，在轴测投影图中，常使轴测投影面 P 平行于坐标面 XOZ 或坐标面 XOY。这样，就能使平行于该坐标面的图形的轴测投影反映出实形。

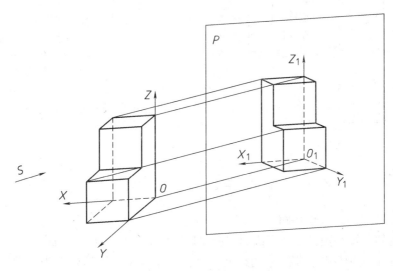

图 6-12　斜二轴测图的形成

如图 6-13 所示，将坐标轴 OZ 放置成铅垂位置，并使坐标面 XOZ 平行于轴测投影面，当投射方向与三个坐标轴都不相平行时，则形成正面斜轴测图。在这种情况下，轴测轴 X 和 Z 仍为水平方向和铅垂方向，轴向伸缩系数 $p_1 = r_1 = 1$，物体上平行于坐标面 XOZ 的直线、曲线和平面图形在正面斜轴测图中都反映真长和真形；而轴测轴 Y 方向的伸缩系数 q_1 可随着投射方向的变化而变化，当取 $q_1 \neq 1$ 时，即为正面斜二测。

本节只介绍一种常用的正面斜二测。如图 6-13 所示，表示了这种斜二测的轴间角和各轴向的伸缩系数：$\angle XOZ = 90°$，$\angle XOY = \angle YOZ = 135°$；$p_1 = r_1 = 1$，$q_1 = 1/2$。

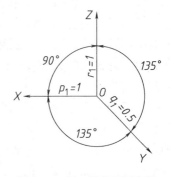

图 6-13　斜二测的画图参数

6.3.2　基本体的斜二轴测图

1. 平面立体的斜二轴测图画法

斜二轴测图的基本画法仍然采用坐标法。复杂形体的画法，与正等轴测图相似。

由于平面立体是由平面图形围成的，故作其斜二测图形关键是确定其各顶点的位置，然后依次连接各点成直线则得平面立体的斜二轴测图，具体作图步骤如下：

1）在所给图形上确定坐标系 XOZ，如图 6-14a 所示。

2）根据斜二轴测图的轴间角画出轴测轴，如图 6-14b 所示。

3）根据各轴向伸缩系数，确定各顶点的斜二轴测图位置。

4）依次连接各顶点，完成平面立体斜二轴测图，如图 6-14c 所示。

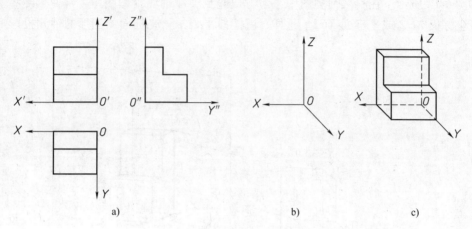

图 6-14　平面立体斜二测图画法

2. 基本回转体的斜二轴测图

（1）圆的斜二轴测图的画法　由斜二测投影的特点可知，在坐标面 XOZ 上或平行于坐标面 XOZ 的圆的投影反映实形。在另外两个坐标面上或平行于这两个坐标面的圆的投影为椭圆。

应该注意，在斜二轴测图中，这两椭圆的长短轴方向与相应的轴测轴既不垂直也不平行，具体作图时可用共轭直线法或作出圆上各点轴测投影的方法解决。具有单向圆的零件，运用正面斜二测图作图甚为简捷。

平行于三个坐标面圆的斜二测图画法如图 6-15 所示。凡是在或平行于正面（坐标面 XOZ）的圆的轴测图仍为圆，直径为原来圆的直径。在或平行于水平面（坐标面 XOY）的圆的轴测图为椭圆，长轴方向与 X 轴偏 7°。在或平行于侧面（坐标面 YOZ）的圆的轴测图也为椭圆，长轴方向与 Z 轴偏 7°。

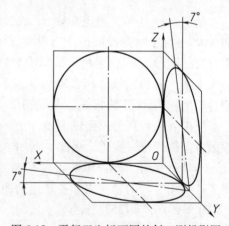

图 6-15　平行于坐标面圆的斜二测投影图

（2）圆台的斜二轴测图画法　如图 6-16a 所示，圆台的轴线垂直于正平面，顶面和底面都是正平面，取顶面圆心为坐标原点，Y 轴与圆台的轴线重合，其作图步骤如下：

1）确定参考坐标系，如图 6-16a 所示。

2）作轴测轴，在 OY 轴上量取 $L/2$，定出前端面圆的圆心，如图 6-16b 所示。

3）画出前后两个端面圆的斜二轴测图，仍为反映实形的圆，如图 6-16c 所示。

4）作出两圆的公切线及前后孔口圆的可见部分，如图 6-16d 所示。

5）擦去多余的线、描深，便得到该圆台的斜二轴测图，如图 6-16e 所示。

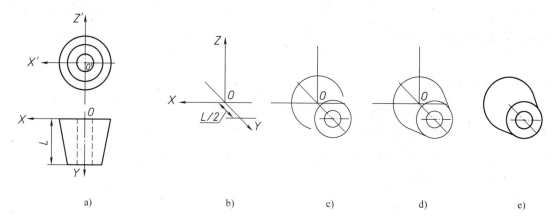

图 6-16 带圆柱孔的圆台斜二测图画法

6.3.3 组合体的斜二轴测图

如图 6-17 所示，求作该组合体的斜二轴测图，其作图步骤如下：

1）确定参考坐标系，如图 6-17 所示。

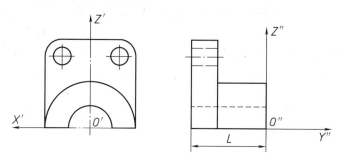

图 6-17 组合体三视图

2）作轴测轴及实心半圆柱，如图 6-18a 所示。

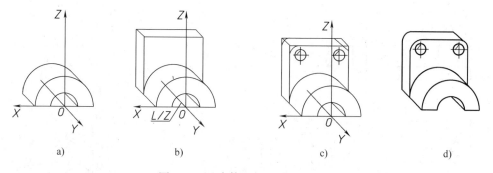

图 6-18 组合体的斜二轴测图画法

3）画竖板外形长方体，并画半圆柱槽（该槽深为 $L/2$），如图 6-18b 所示。

4）画竖板上的圆角和小孔，如图 6-18c 所示。

5）擦去多余的线、描深，完成该组合体的斜二轴测图，如图 6-18d 所示。

6.4　轴测图的徒手绘制

6.4.1　轴测草图的作用

轴测草图也称轴测徒手图，是不借助任何绘图仪器、工具，用目测、徒手绘制的轴测图。徒手画轴测草图是表达设计构思、帮助空间想象的一种有效手段。在学习投影制图过程中，常常借助徒手画轴测草图表达空间构想的模型。在产品开发、技术交流和产品介绍等过程中，也常常用到轴测草图，

6.4.2　轴测草图的绘制

要熟练、清晰、准确地画出轴测草图，必须具备一定的绘图技巧和正确的绘图方法。

1. 绘制轴测草图的方法

1）熟练掌握各种轴测图的基本理论和画图方法，如各种轴测图的轴间角、轴向伸缩系数（或简化系数）、各坐标面上轴测椭圆的长短轴的方向和大小。

2）在画较复杂的机件时，要进行形体分析，把机件划分成一些简单的基本几何体，以便画出各部分的结构。还要分析机件整体及各组成部分长、宽、高的比例关系，使画出的轴测草图准确无误。

3）在画图中要熟练运用轴测投影的基本特性，如平行性等，它们是准确绘制轴测草图的重要依据，又是提高画图速度的好帮手。

2. 轴测草图的绘图举例

下面以图 6-19a 所示组合体为例说明轴测草图的作图过程。

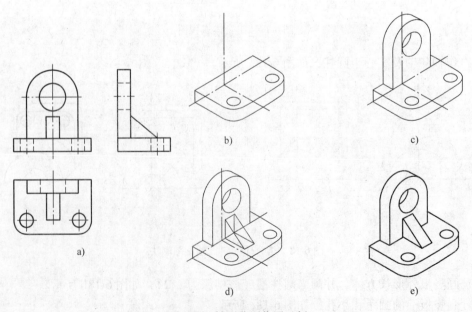

图 6-19　轴测草图作图示例

1）形体分析。根据形体三视图分析可知，该形体是由三部分组成。底板：两前角圆形，板上带两圆孔；竖板：上半部分半圆形，带一圆孔；支承板：三棱柱。根据该形体特征，确定画其正等轴测图。

2）确定参考坐标系，给出轴测轴方向，画出底板及圆角的正等测投影，如图 6-19b 所示。

3）根据底板和竖板的位置关系，先绘制竖板后表面正等测投影，用四心法绘制上部半圆和圆孔的正等测投影，如图 6-19c 所示。

4）根据支承板与底板和竖板的相对位置，绘制支承板——三棱柱的正等测投影，如图 6-19d 所示。

5）擦除不可见图线和作图辅助图线，加深可见轮廓，完成该形体的正等测图，如图 6-19e 所示。

在绘制轴测草图时应注意三点：① 同方向图线要平行；② 明确不同方向圆的长、短轴方向；③ 掌握各部分的大致比例。

6.5　轴测剖视图的画法

6.5.1　轴测图的剖切方法

在轴测图中为了表达机件内部结构，可假想用剖切平面将机件的一部分剖去，这种剖切后的轴测图称为轴测剖视图。为使图形清晰、立体感强，一般用两个互相垂直的轴测坐标面（或其平行面）进行剖切，并使剖切平面通过机件的主要轴线或对称平面，从而较完整地显示该机件的内外形状，如图 6-20a 所示。应尽量避免用一个剖切平面剖切整个机件（图 6-20b）或选择不正确的剖切位置（图 6-20c）。

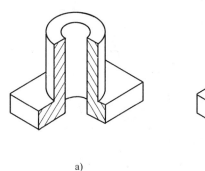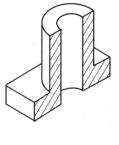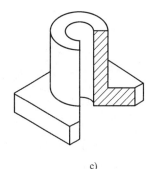

a)　　　　　　　　　　b)　　　　　　　　　c)

图 6-20　轴测剖切方法的正误对比

a) 正确　b) 不好　c) 错误

轴测剖视图中的剖面线方向，应按图 6-21 所示方向画出，正等测如图 6-21a 所示，斜二测如图 6-21b 所示。

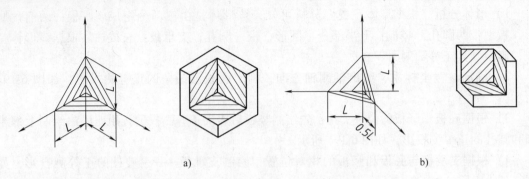

图 6-21　轴测剖视图中的剖面线画法

6.5.2　轴测剖视图的画法

轴测剖视图有两种画法：

1）先把物体完整的轴测外形图画出，然后在轴测图上确定剖切平面的位置，画出剖面，擦除剖切掉的部分，并补画内部看得见的结构和形状。

如图 6-22a 所示机件，要求画出它的正等测剖视图。先画它的外形轮廓，如图 6-22b 所示，然后沿 *XOZ* 和 *YOZ* 轴测坐标面分别画出其剖面形状，擦去被剖切掉的那部分轮廓，再补画上剖切后下部孔的轴测投影，并画上剖面线，即完成该机件的轴测剖视图，如图 6-22c 所示。

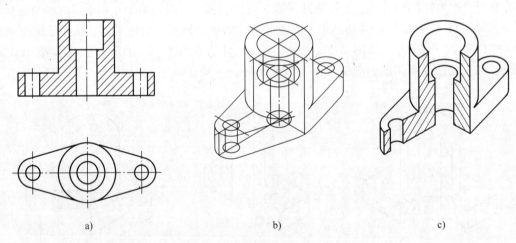

图 6-22　轴测剖视图画法（一）

2）先画出剖面的轴测投影，然后再画出剖切后看得见轮廓的投影。

这样可减少不必要的作图线，使作图更为迅速。图 6-23a 所示为机件斜二测剖视图的画法。由于该机件的轴线处在正垂线位置，故采用通过该轴线的水平面及侧平面将其左上方剖切掉 1/4。先分别画出水平剖切平面及侧平剖切平面剖切所得剖面的斜二测，如图 6-23b 所示，在细点画线上确定前后各表面上各个圆的圆心位置。然后再通过各圆心作出各表面上未被剖切的 3/4 部分的圆弧，并画上剖面线，即完成该机件的轴测剖视图，如图 6-23c 所示。

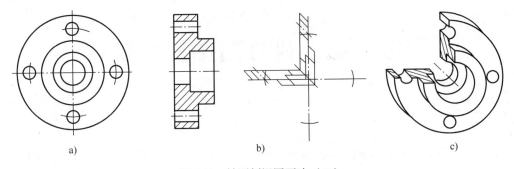

a)　　　　　　　　　　　b)　　　　　　　　　　　c)

图 6-23　轴测剖视图画法（二）

第7章 机件的图样画法

7.1 视图

在生产实际中，机械零件的结构及形状多种多样，对于复杂的零件仅采用三视图无法完整清晰地表达。因此，为了使图样能够正确、完整、清晰地表达机件的内部和外部结构及形状，国家标准规定了各种图样的画法。GB/T 17451—1998《技术制图 图样画法 视图》和 GB/T 4458.1—2002《机械制图 图样画法 视图》规定了视图的基本表示法。

在多投影面体系中，用正投影法绘制出机件的图形称为视图。视图主要用来表达机件的外部结构和形状，一般只画出机件的可见部分，必要时采用细虚线表达不可见部分。

视图通常有基本视图、向视图、局部视图和斜视图。

7.1.1 基本视图

对于结构不太复杂的机件，三视图基本可以表达清楚其结构形状，可是对于较复杂的机件，三视图就表达不清楚了。为了能够清楚地表达机件上下、左右、前后六个基本方向的结构形状，可在原有的三个投影面的基础上对应地再增加三个投影面，形成一个正六面体，如图 7-1 所示。正六面体的六个面称为基本投影面，将机件放在正六面体中，分别向基本投影面投射所得到的视图称为基本视图。即：

主视图——将机件由前向后投射得到的视图；俯视图——将机件由上向下投射得到的视图；左视图——将机件由左向右投射得到的视图；右视图——将机件由右向左投射得到的视图；仰视图——将机件由下向上投射得到的视图；后视图——将机件由后向前投射得到的视图。

六个投影面的展开方法如图 7-2 所示，即正投影面不动，其余各基本投影面按照箭头所示方向旋转，使其与正投影面共面，展开后的六个基本视图按图 7-3 所示的位置配置。按此位置配置的视图，不需标注视图的名称，但仍要保持"长对正、高平齐、宽相等"的投影规律。

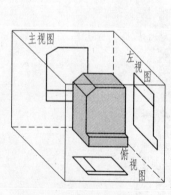

图 7-1 六个基本投影面

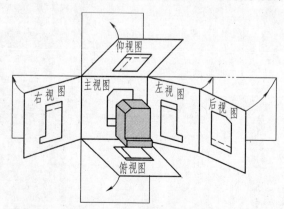

图 7-2 基本视图展开

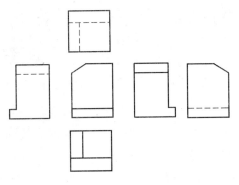

图 7-3　六个视图的配置

在实际绘图时，并不是所有机件都需要六个基本视图，而是根据机件的结构特点选用必要的基本视图，一般优先选用主、俯、左三个视图。

7.1.2　向视图

在实际绘图过程中，为了合理地利用图纸和使图样布局美观，可以自由地配置基本视图，这种自由配置的基本视图称为向视图，如图 7-4 中的 A 视图。画向视图时应标注，如图 7-4 所示，在视图上方用大写拉丁字母标出向视图名称"×"，在相应的视图附近用箭头指明投射方向，并注明相同的字母"×"。

向视图的标注应该注意以下两点。

1）向视图的名称"×"为大写拉丁字母，无论是箭头旁的字母还是向视图上方的字母，均应与正常的读图方向相一致，以便于识别。

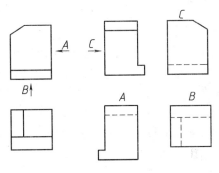

图 7-4　向视图

2）因向视图是基本视图的平移配置，所以表示投射方向的箭头应尽可能配置在主视图上；只有表示后视图的投射方向的箭头才配置在其他视图上，但不要配置在其仰视图上。

7.1.3　局部视图

当机件的某一部分形状未表达清楚，又没有必要画出其整个基本视图时，可以将机件的某一部分结构形状向基本投影面投射，这样所得的视图称为局部视图，如图 7-5 所示的机件，在画出主、俯视图后，仍有左、右两侧的凸台形状没有表达清楚，因此，需要画出表达该部分形状的局部视图 A 和局部视图 B。

局部视图的画法和标注应注意：

1）局部视图通常用大写的字母"×"和箭头指明表达部位和投射方向，并在相应的局部视图的上方用相同的字母"×"注明名称。

2）局部视图的断裂边界通常用波浪线或双折线表示。但当局部视图表示的局部结构形状完整，且外轮廓线又成封闭的独立结构形状时，波浪线可省略不画，如图 7-5 中的 B 局部视图。

3）局部视图可按基本视图的形式配置，如图 7-5 中的 B 局部视图；也可按向视图的配

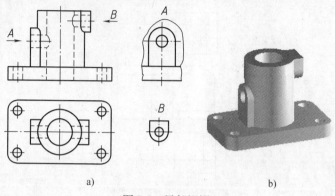

图 7-5　局部视图

置形式配置，如图 7-5 中的 A 局部视图。

4）当局部视图按基本视图的形式配置，其中间又没有其他图形隔开时，可省略标注，如图 7-5 所示的 A 局部视图是可以可省略标注的。

7.1.4　斜视图

当零件上具有不平行于基本投影面的倾斜部分时，为了表达倾斜部分的真实形状，可以采用斜视图。按照换面法的原理，增加一个与机件倾斜部分平行，且垂直于某一个基本投影面的辅助投影面，将该倾斜部分的结构形状向辅助投影面投射，得到的视图称为斜视图。如图 7-6a 所示弯板的立体图，右上部分的倾斜结构形状在主、俯视图中均不能反映该部分的实形，可将弯板向平行于斜板且垂直于正立投影面的辅助投影面 P 投射，画出斜板的投影图，再将其展平与正投影面重合，得到斜板的斜视图。

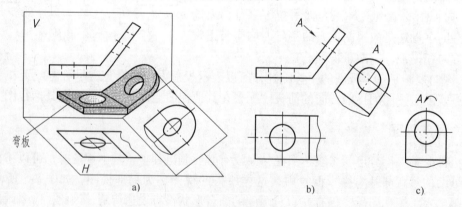

图 7-6　斜视图

a）投射图　b）按投射方向配置　c）旋转配置

斜视图的画法与标注应注意：

1）斜视图通常按投射方向配置和标注，如图 7-6b 所示。

2）必要时允许将斜视图旋转配置并标注，如图 7-6c 所示。旋转时，表示视图名称的字母应该靠近旋转符号的箭头端，也允许将旋转角度值标注在字母后，旋转符号的方向应与实际旋转方向一致。旋转符号的画法如图 7-7 所示。

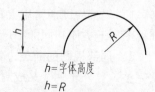

h=字体高度

h=R

笔画宽度=1/10h 或 1/14h

图 7-7　旋转符号的画法

3）斜视图只表达机件倾斜部分的结构形状，其他已表达清楚的结构，可以省略不画，其断裂边界用波浪线或双折线表示。

7.2　剖视图

视图主要表达机件的外部结构形状，而机件的内部结构形状，在视图中是用细虚线表示的。当机件的内部结构比较复杂时，在视图中就会出现许多的虚线，如图 7-8 所示，既影响图形的清晰，又给读图和标注尺寸带来不便。因此，为了清晰地表达机件的内部结构，避免视图中出现过多的细虚线，国家标准 GB/T 4458.6—2002 规定了用剖视图的画法来表达机件的内部结构形状。

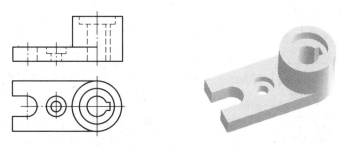

图 7-8　视图

7.2.1　剖视图的基本概念及画法

1. 剖视图的基本概念

如图 7-9a 所示，假想用剖切面剖开物体，将处在观察者和剖切面之间的部分移去，而将其余部分向投影面投射，所得的图形称为剖视图，如图 7-9b 所示。

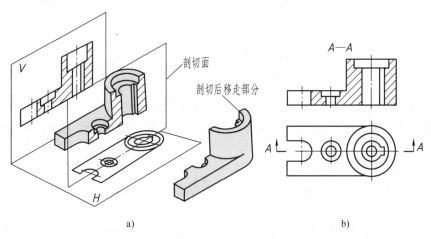

a)　　　　　　　　　　　　　　b)

图 7-9　剖视图的形成

2. 剖视图的画图步骤

（1）确定剖切面的位置　剖切平面的位置应尽可能表达机件内部结构的真实形状，一般应通过机件的对称面或回转轴线，并与基本投影面平行（或垂直），如图 7-9a 中的剖切面就通过机件的对称面。

（2）画剖视图　想象剖切后哪部分移走了，哪部分留下了，用粗实线绘制出剖切平面和剖切平面后面所有可见部分的投影。

（3）画剖面符号　剖切面与机件接触的部分称为剖面区域，在剖面区域内绘制剖面符号，以表示该机件的材料类别，常用材料的剖面符号见表 7-1。

表 7-1　常用材料的剖面符号（GB/T 4457.5—1984）

金属材料（已有规定剖面符号者除外）	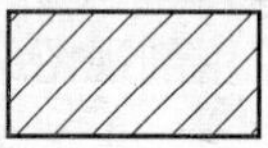	木质胶合板（不分层数）		玻璃及供观察用的其他透明材料	
线圈绕组元件	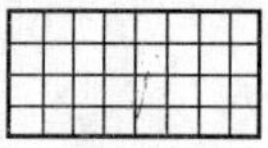	基础周围的泥土		木材	纵剖面
转子、电枢、变压器和电抗器等的叠钢片		混凝土	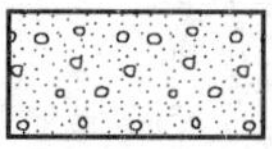		横剖面
非金属材料（已有规定剖面符号者除外）	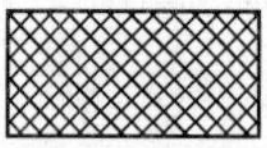	钢筋混凝土	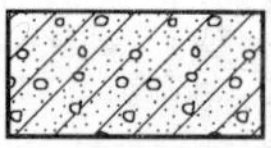	格网（筛网、过滤网等）	
型砂、填砂、粉末冶金、砂轮、陶瓷刀片、硬质合金刀片等	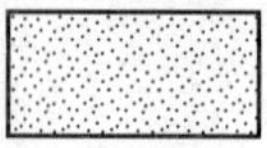	砖	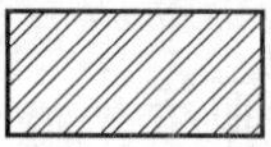	液体	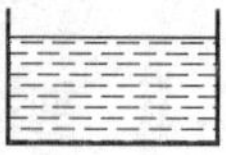

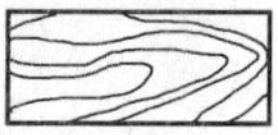

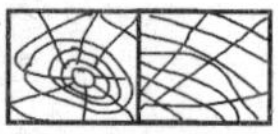

注：1. 剖面符号仅表示材料的类别，材料名称和代号必须另行注明。
2. 由不同材料嵌入或粘贴在一起的物体，用其中主要材料的剖面符号表示。例如：夹丝玻璃的剖面符号用玻璃的剖面符号表示，复合钢板的剖面符号用钢板的剖面符号表示。
3. 除金属材料外，在装配图中相邻物体的剖面符号相同时，应采用疏密不一的方法以示区别。
4. 叠钢片的剖面线方向，应与束装中叠钢片的方向一致。
5. 液面用细实线绘制。
6. 窄剖面区域不宜画剖面符号时，可不画剖面符号。
7. 木材、玻璃、液体、叠钢片、砂轮及硬质合金刀片等剖面符号，也可在外形视图中画出部分或全部，作为材料的标志。

在同一张图样上，同一机件在各视图上的剖面符号应相同。

金属材料的剖面符号应画成间隔相等、方向相同、与主要轮廓或剖面区域的对称线成 45°角的细实线。

3. 剖视图的标注

为了能正确表达剖视的剖切面位置和剖视图的名称，并使读图更为方便，剖视图一般需要标注下列内容。

（1）剖切线　用剖切线指示剖切面的位置，剖切线用细点画线画出，如图 7-10a 所示，剖切线也可省略不画，如图 7-10b 所示。

（2）剖切符号　在相应的视图上用剖切符号表示剖切面的起、讫和转折位置（用粗短画）及投射方向（用箭头表示），并在剖切符号旁标注大写拉丁字母"×"，如图 7-9b 所示。

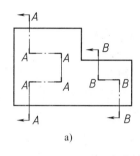 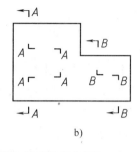

图 7-10　剖切符号、剖切线和字母的组合标注

（3）剖视图的名称　一般应在剖视图的上方用和剖切符号旁一样的大写拉丁字母"×"标出剖视图的名称"×—×"，字母一律水平书写，如图 7-9b 所示。

下列情况可省略标注。

1）剖视图按基本视图关系配置，且中间没有其他图形隔开时，可省略表示投射方向的箭头。

2）当单一剖切面通过机件的对称面或基本对称面，且剖视图按基本视图关系配置，中间没有其他图形隔开时，可以不加标注。

4. 画剖视图应该注意的问题

1）剖视图只是假想把机件剖开，因此除剖视图外，其他视图仍应该按照完整的机件绘出，如图 7-9b 中所示的俯视图。

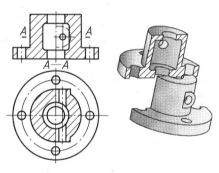

2）为了使剖视图清晰，凡是其他视图上已表达清楚的结构形状，此部分结构在该视图上为细虚线时，其细虚线可省略不画。但没有表示清楚的结构，允许画少量细虚线，如图 7-11 所示。

3）在剖视图中剖切面之后的可见结构或交线不要漏画，如图 7-12 和图 7-13 所示。

图 7-11　剖视图中允许少量细虚线情况

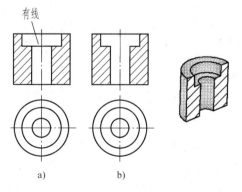

图 7-12　不要漏画台阶面
a）正确　b）错误

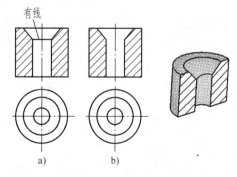

图 7-13　不要漏画交线
a）正确　b）错误

7.2.2　剖视图的种类

剖视图可分为全剖视图、半剖视图和局部剖视图三类。

1. 全剖视图

用剖切面完全剖开机件所得的剖视图称为全剖视图。

全剖视图适用于外形简单、内形比较复杂的不对称机件或不需表达外形的对称机件。前述的剖视图都是全剖视图。

2. 半剖视图

当机件具有对称平面，在向垂直于对称平面的投影面上投射所得的图形，可以对称中心为分界，一半画成剖视图，另一半画成视图，这样得到的图形称为半剖视图，如图 7-14 所示。

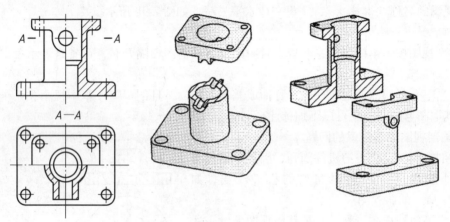

图 7-14　半剖视图

半剖视图的半个剖视图表达了机件的内部结构，另半个视图表达了机件的外形，因此，半剖视图主要用于内、外形均需要表达，且机件的对称面垂直于投影面的情况。当机件的形状接近于对称，且不对称部分已在其他视图表达清楚时，也可画成半剖视图，如图 7-15 所示。

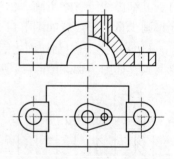

图 7-15　接近于对称的机件图半剖视图

半剖视图的标注方法与全剖视图的标注方法相同。

画半剖视图时应该注意以下两个问题。

1）在半个剖视图上已表达清楚的内部结构，在另半个视图上，表示该部分结构的细虚线省略不画，如图 7-15 所示左边凸台上的小孔。

2）半个剖视与半个视图的分界线为细点画线，不要画成粗实线或其他类型的线。

3. 局部剖视图

用剖切面局部地剖开物体所得的剖视图称为局部剖视图，如图 7-16 所示，局部剖视图通常用波浪线或双折线表示剖切范围。

局部剖视图一般用于内、外形均需要表达的不对称机件，局部剖视图是一种比较灵活的

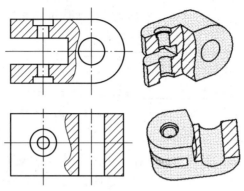

图 7-16　局部剖

表达方法，不受图形是否对称的限制，其剖切范围也可以根据实际需要选取。但在一个视图中过多地选用局部剖视图，会使视图支离破碎，给看图带来困难，因此选用时应考虑看图的方便。

（1）局部剖视图的应用范围

1）当机件只有局部内形需要剖切表示，而又不宜采用全剖视时，宜采用局部剖视图，如图 7-17 所示。

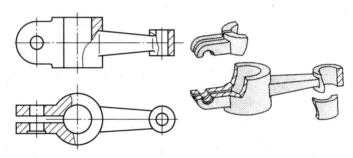

图 7-17　局部剖视图（一）

2）当不对称机件的内外形都需要表达时，可画局部剖视图，如图 7-18 所示。

3）当视图为对称图形，但其对称中心线与其他图线重合时，则应画局部剖视图，如图 7-19 所示。

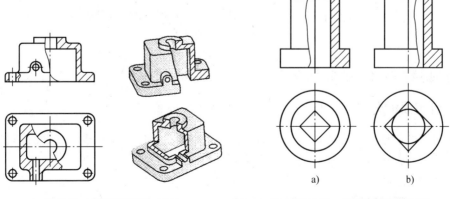

a)　　　　　　b)

图 7-18　局部剖视图（二）　　　　　图 7-19　局部剖视图（三）

4）当实心件（如轴、杆、手柄等）上的孔、槽等内部结构需剖开表达时，可画局部剖视图，如图7-20所示。

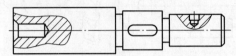

图7-20　局部视图表达实心件上的孔和槽

（2）画局部剖视图时应该注意的问题

1）表示剖切范围的波浪线或双折线不能与图形上其他图线重合，也不能用其他图线代替，如图7-21所示。仅当被剖切的结构为回转体时，允许将该结构的中心线作为局部剖视图与视图的分界线，如图7-22所示。

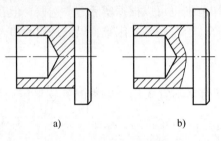

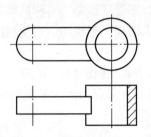

图7-21　波浪线不应与轮廓线重合
a）错误　b）正确

图7-22　中心线作为分界线

2）遇到孔、槽时，波浪线不能穿空而过，如图7-23所示。

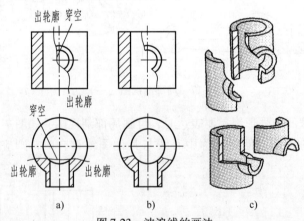

图7-23　波浪线的画法
a）错误　b）正确　c）立体图

3）波浪线不能超出视图的轮廓线，如图7-23所示。

7.2.3　剖切面的分类

剖切面是剖切被表达机件的假想平面或柱面。根据机件的结构特点，表达其形状所采用的剖切面、剖切方法也不一样。通常用下列剖切形式剖开机件。

1. 单一剖切面

单一剖切面通常指用一个剖切面剖切机件。

（1）单一剖切平面　用平行于某一基本投影面的平面剖切。在前面介绍的各种剖视图例中，所选用的剖切面都是这种剖切平面。

（2）单一斜剖切平面　用不平行于任何基本投影面的平面剖切。图 7-24a 中 *A—A* 是用一个不平行于任何基本投影面，但平行于机件的倾斜结构，且垂直于正投影面的剖切平面完全剖开机件，将该倾斜结构向平行于该剖切平面的平面投射所得的全剖视图。

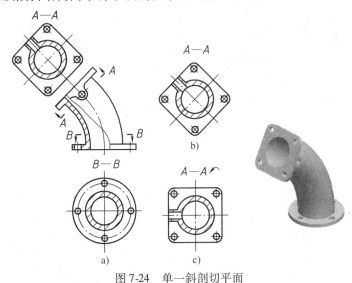

图 7-24　单一斜剖切平面

a）按投射方向配置　b）移到其他适当位置　c）转正配置

用单一斜剖切平面剖切机件所画的剖视图一般应按投射方向配置，并应将剖切符号、投射方向、剖视图名称完整地标注，如图 7-24a 所示。但有时为了合理地利用图纸和绘图方便，可将其平移到其他适当位置，如图 7-24b 所示；也可将图形转正，但要在剖视图的上方用旋转符号指明旋转方向并标注字母（图 7-24c），表示剖视图名称的大写拉丁字母应靠近旋转符号的箭头端。

（3）单一的剖切柱面　用一个柱面剖切机件，如图 7-25 所示。采用柱面剖切机件时，剖视图应按展开绘制，标注时应加注"展开"二字。

2. 几个平行的剖切平面

如图 7-26 所示，机件左侧的两个圆柱孔和右侧的圆柱孔不在同一个平面内，用一个剖切平面不能同时表达清楚它们的结构。假想用两个或多个互相平行的剖切平面来剖切机件（一个剖切左侧台阶孔，一个剖切右侧圆柱孔），所得到的视图习惯上称之为阶梯剖视图。

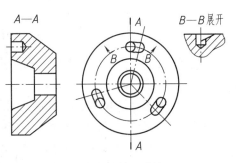

图 7-25　用柱面剖切

用几个平行的剖切平面剖开机件的方法绘制剖视图时，在剖切平面的起、迄和转折处应画上剖切符号，并标注相同的拉丁字母，在剖视图的上方用相同的字母注出剖视图的名称"×—×"，如图 7-26 所示。

用几个平行的剖切平面剖切机件绘制剖视图时应该注意以下几个问题。

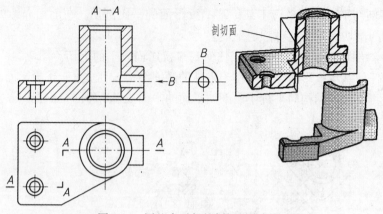

图 7-26　用几个平行的剖切平面剖切

1）因为剖切面是假想的，所以不应在剖视图中画出各剖切平面的界线，如图 7-27a 所示。

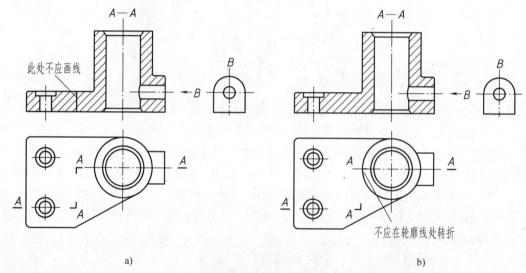

a)　　　　　　　　　　　　　　　　b)

图 7-27　容易出现的错误

2）为避免误解，转折处不要与机件的轮廓线重合，如图 7-27b 所示。

3）要正确选择剖切平面的位置，应避免在剖视图上出现不完整要素，仅当两个要素在图形上具有公共对称中心线或轴线时，可以各画一半，并以对称中心线或轴线为分界线，如图 7-28 所示。

3. 几个相交的剖切面（交线垂直于某一基本投影面）

当机件的内部结构形状用一个剖切面不能表达完全，而机件的这些结构又具有公共的回转轴时，可采用几个相交的剖切面剖开机件。如图 7-29 所示，用两个相交的剖切平面剖切机件，两相交的剖切平面的交线与中间大孔轴线重合。用两相交的剖切平面可以同时剖到三个孔，然后将与投影面倾斜的剖切面上剖到的结构绕轴线旋转到与投影面平行后再进行投射，用这种方法得到的剖视图习惯上称为旋转剖视图。

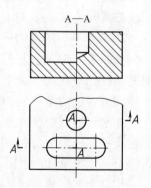

图 7-28　具有公共对称中心线或轴线时的画法

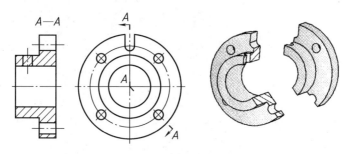

图 7-29　用两相交的剖切平面剖切

如图 7-29 所示，用几个相交的剖切面剖切机件时，应在剖切面的起、迄、转折处画上剖切符号和表示投射方向的箭头，并标注大写的拉丁字母，在剖视图上方用相同的字母注出剖视图名称"×—×"。

用几个相交的剖切面剖切机件时应注意：

1）应该按"先剖切，后旋转"的方法绘制剖视图，如图 7-30 所示。

2）位于剖切平面后且与所表达的结构关系较密切，或一起旋转容易引起误解的结构，一般应按原来的位置投射，如图 7-31 所示的油孔。

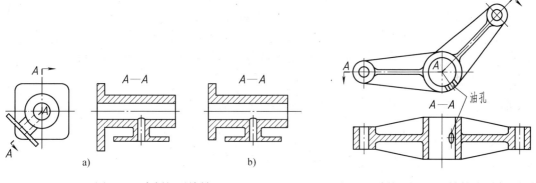

图 7-30　先剖切后旋转
a）正确　b）错误

图 7-31　剖切平面后的结构按原位置投射

3）当剖切后产生不完整要素时，应将此部分按不剖绘制，如图 7-32 所示的臂按不剖绘制。

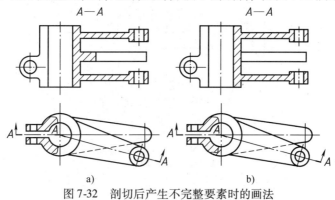

图 7-32　剖切后产生不完整要素时的画法
a）错误　b）正确

7.3　断面图

7.3.1　断面图的定义

假想用剖切面将机件的某处切断，仅画出该剖切面与机件接触部分的图形称为断面图，简称断面，如图 7-33a 所示。

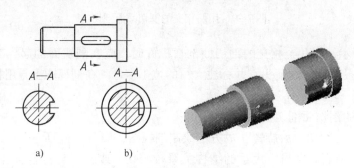

图 7-33　断面图与剖视图的区别

a）断面图　b）剖视图

断面图常用来表示机件上某一局部的断面形状或轴上面的孔、槽等结构。

断面图与剖视图（图 7-33b）的区别是：剖视图除了要画出断面的形状外，还要画出在投射方向上断面后部的投影，而断面图只需画出断面的形状。由此可见，断面图要比剖视图简洁。

断面图按配置位置不同，可分为移出断面图和重合断面图两种。

7.3.2　移出断面图

画在视图外面的断面图称为移出断面图。

1. 移出断面图的画法

移出断面图的轮廓线用粗实线绘制，一般只画出断面的形状，如图 7-34a 所示。

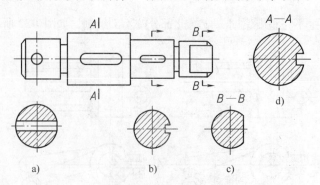

图 7-34　移出断面图

画移出断面图时应该注意以下问题。

1）移出断面图应尽量配置在剖切线的延长线上，如图 7-34b 所示，也可以配置在其他适当的位置，如图 7-34c 所示。

2）剖切面通过回转面形成的孔或凹坑的轴线时，这些结构应该按剖视图绘制出剖切面上的结构，如图 7-35a 和 7-36a 所示。

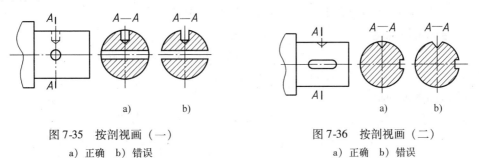

图 7-35　按剖视画（一）　　　　　　图 7-36　按剖视画（二）
a）正确　b）错误　　　　　　　a）正确　b）错误

3）当剖切面通过非圆孔，会导致完全分离的两个断面时，这些结构应按剖视图绘制出剖切面上的结构，如图 7-37a 所示。

4）用两个或多个相交的剖切平面剖切得出的移出断面图，其中间一般应断开，如图 7-38 所示。

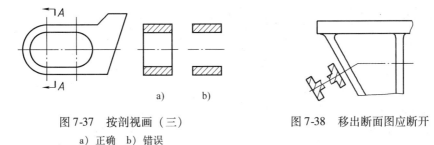

图 7-37　按剖视画（三）　　　　　　图 7-38　移出断面图应断开
a）正确　b）错误

5）当断面图形对称时，断面图可画在视图的中断处，如图 7-39 所示。

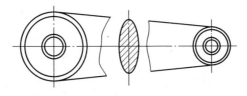

图 7-39　移出断面图画在中断处

2. 移出断面图的标注

移出断面图的标注与剖视图的标注基本相同，一般应在断面图上方用大写拉丁字母注出断面图的名称，在相应的视图上用剖切符号表示剖切位置及投射方向，并标上相同的字母，如图 7-34c 中的 *B—B* 断面图。

但实际绘图实践中有些标注可省略：

1）配置在剖切线延长线上的不对称的移出断面图，可省略字母，如图 7-34b 所示。

2）没有配置在剖切线延长线上的对称移出断面，以及按投影关系配置的不对称的移出断面图，可省略箭头，如图 7-34d 所示。

3）配置在剖切线的延长线上或视图中断处的对称的移出断面图，不必标注，如

图 7-34a 及图 7-39 所示。

7.3.3　重合断面图

画在视图内的断面图称为重合断面图，如图 7-40 所示。

1. 重合断面图的画法

重合断面图的轮廓线用细实线绘制。当视图中的轮廓线与重合断面图的图形重合时，视图中的轮廓线仍应连续画出，不可间断，如图 7-40 所示。

2. 重合断面图的标注

对称的重合断面图不必标注，其对称中心线就是剖切线，如图 7-41 所示；不对称的重合断面图应画剖切符号，表示剖切平面的位置，画出箭头表示投射方向，不必标注字母，如图 7-42 所示。

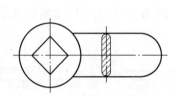
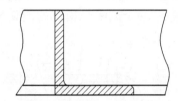

图 7-40　重合断面图　　　图 7-41　对称的重合断面图　　　图 7-42　不对称的重合断面图

7.4　局部放大图

1. 局部放大图概念

当机件上部分细小结构在图上表达不够清楚，或不便于标注尺寸时，如图 7-43 中 I 部位，可将该结构用大于原图形所采用的比例画出，这样所得到的图形称为局部放大图。

2. 局部放大图画法及注意问题

1）局部放大图可根据需要画成视图、剖视图或断面图，它与被放大部分的表达方式无关。

2）局部放大图应尽量配置在被放大部分的附近，一般除螺纹的牙型、齿轮、链轮的齿形外，其余要用细实线圈出被放大部位，并在局部放大图上方注明所采用的比例，如图 7-44 所示。

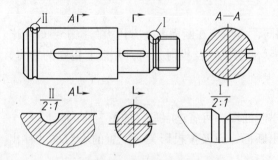
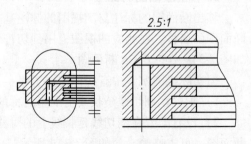

图 7-43　局部放大图画法（一）　　　　　图 7-44　局部放大图画法（二）

3）当同一机件上有几个被放大的部分时，还必须用大写罗马数字依次标明被放大的部位，并在局部放大图的上方标出相应的罗马数字和所采取的比例，如图 7-43 所示。

4）局部放大图上标注的比例，是指该图形中机件要素的线性尺寸与机件相应要素的实际线性尺寸之比，而不是与原图之比。

7.5　简化画法

GB/T 16675.1—2012《技术制图　简化表示法　第 1 部分：图样画法》中规定了一些表达机件的简化画法。本节只介绍其中常用的一些简化画法，以便读者使用。

1. 机件上的肋板、轮辐及薄壁的简化画法

1）对于机件上的肋板、轮辐及薄壁等，如按纵向剖切（剖切平面平行于它们的厚度表面），这些结构都不画剖面符号，而用粗实线将它与其相邻接部分分开，如图 7-45 中左视图所示。

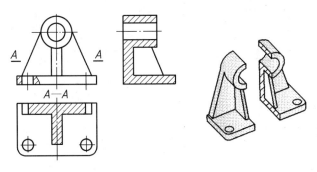

图 7-45　薄壁的简化画法

2）当回转体机件上均匀分布的肋板、孔和轮辐等结构不处于剖切平面上时，可将这些结构旋转到剖切平面上画出，如图 7-46 和图 7-47 所示。

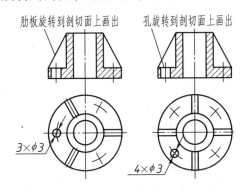

图 7-46　均匀分布的肋板及孔的简化画法

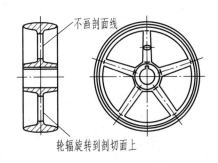

图 7-47　轮辐的剖切画法

2. 相同结构的简化画法

1）当机件上具有若干相同结构（如齿、槽），并按一定规律分布时，只需画出几个完整的结构，其余用细实线连接，但在零件图上必须注明该结构的总数，如图 7-48 所示。

2）当机件上有若干个直径相同且成规律分布的孔（如圆孔、螺纹孔、沉孔等）时，可以只画出一个或几个，其余用细点画线表示其中心位置，在尺寸标注中注明孔的总数，如图 7-49 所示。

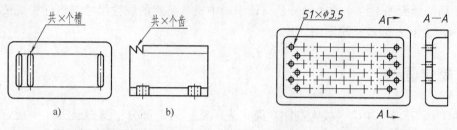

图 7-48　相同结构的简化画法（一）　　　　图 7-49　相同结构的简化画法（二）

3）物体上的滚花部分及网状物、编织物等，可在轮廓线附近用粗实线局部示意画出，并在零件图的图形上或技术要求中注明这些结构的具体要求，如图 7-50 所示。

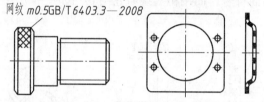

图 7-50　滚花及网状物的简化画法

3. 较小结构和斜度的简化画法

1）机件上较小的结构，如在一个视图中已表示清楚，则在其他视图中可以简化或省略不画，如图 7-51 所示。

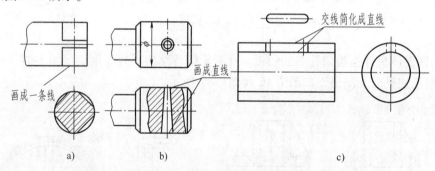

图 7-51　较小结构的简化画法

2）机件上斜度不大的结构，如在一个视图中已表示清楚时，其他图形可按小端绘制，如图 7-52 所示。

3）在不致引起误解时，零件图中的小圆角、锐边的小倒圆或 45°的小倒角允许省略不画，但必须注明尺寸或在技术要求中加以说明，如图 7-53 所示。

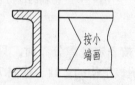
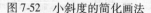

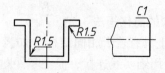

图 7-52　小斜度的简化画法　　　　图 7-53　小圆角和倒角的简化画法

4）与投影面倾角小于或等于 30° 的圆或圆弧，其投影可用圆或圆弧代替，如图 7-54 所示。

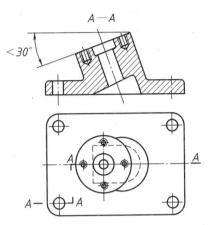

图 7-54　小倾斜圆的简化画法

4. 较长物体的简化画法

对于较长的机件（如轴、杆、型材及连杆等），其沿长度方向的形状一致或按一定的规律变化时，可断开绘制，其断裂边界用波浪线或双折线绘制，但标注尺寸时仍标注其实际长度，如图 7-55 所示。

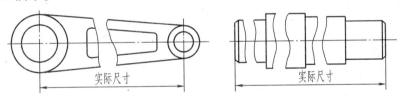

图 7-55　较长物体的简化画法

5. 对称结构的简化画法

在不致引起误解时，对于对称机件的视图可只画一半或四分之一，并在对称中心线的两端画出两条与其垂直的平行细实线，如图 7-56 所示。

6. 其他简化画法

1）圆柱形法兰和类似机件上均匀分布的孔，可按图 7-57 的画法表示。

2）当回转体零件上的平面在图形中不能充分表达时，可用平面符号（相交的两条细实线）表示，如图 7-58 所示。

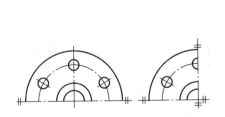
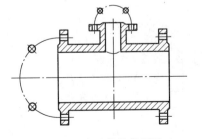
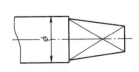

图 7-56　对称结构的简化画法图　　　图 7-57　法兰的简化画法　　　图 7-58　平面的表示法

7.6　机件的图样画法综合应用举例

前面介绍了物体的各种表达方法，在实际应用中，对于各种各样的零件，选择哪些表达方式，应根据零件的结构形状进行具体分析，从视图、剖视图、断面图和简化画法等表达方式中选择适当的方式表达零件，使所选择的方案能完整、清晰、简明地表示出零件的内外结构形状。在选择视图时，要注意使每一个视图、剖视图和断面图等具有明确的表达内容，又要注意它们之间的互相联系，以便读图。同时，要避免过多的重复表达，力求简化绘图工作。同一个零件的视图表达方案可以有多种，尽可能选择最优方案。下面举例说明。

例7-1　图7-59所示为一阀体的结构图。此阀体内外结构较为复杂，大致由左上法兰、顶法兰、阀体主体、右前法兰和底法兰五部分构成。从立体图上分析，阀体的前后、左右、上下均不对称。

图7-60所示为阀体视图表达方案之一。

该方案共采用了五个视图来表达机件的结构形状。

主视图——因左上部法兰与主体在同一正平面内，而右前法兰向前倾斜45°，所以主视图采用了两个相交平面进行剖切的全剖视图，表达了阀体内腔结构形状，反映了各部分之间的相对位置及其连接关系，如图7-60中的 *A—A* 所示。

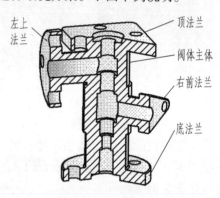

图7-59　阀体结构

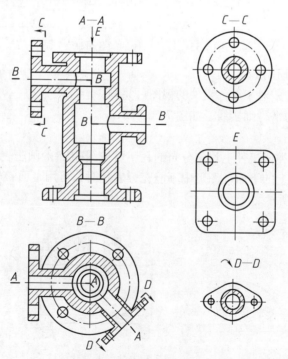

图7-60　阀体视图表达方案

俯视图——为了表达左上法兰、右前法兰与主体的连接以及内部贯通情况，同时表达左上法兰、右前法兰上孔和底部法兰上孔的分布情况，俯视图采用两个平行的剖切平面，分别从左上法兰和右前法兰的轴线水平剖切而得出，如图 7-60 中的 *B—B* 所示。

主视图和俯视图已将零件各部分的结构及其相互位置基本表达清楚。尚未表达清楚的结构，分别由另外三个图形补充表达。

为了表达左上法兰的形状及螺孔的形状和相对位置，采用了 *C—C* 全剖视图，如图 7-60 中的 *C—C* 所示。

为了表达右前法兰的形状及螺孔的形状和相对位置，采用 *D—D* 斜剖视图，按旋转配置，如图 7-60 中的 *D—D* 所示。

为了表达顶部方板及其上孔的形状和位置，采用一个 *E* 向局部视图，如图 7-60 中的 *E* 所示。

7.7　第三角画法简介

世界上大部分国家都采用正投影法来绘制机械图样。国家标准规定，在表达机件结构时，第一角画法和第三角画法等效使用。我国标准规定工程制图采用第一角画法，但世界上一些国家（如美国）采用第三角画法，为了便于国际间工程技术的交流与贸易往来，工程技术人员有必要对第三角画法进行了解。

1. 第三角画法的基本概念

三个相互垂直的投影面将空间分为八个分角，分别称为第Ⅰ角、第Ⅱ角、第Ⅲ角、……、第Ⅷ角，如图 7-61 所示。第三角画法是将物体放在第三分角内，并使投影面处于观察者与物体之间而得到的多面正投影的方法，如图 7-62 所示。

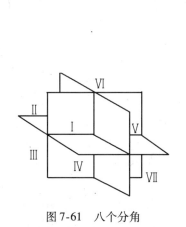

图 7-61　八个分角

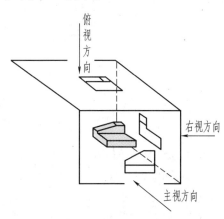

图 7-62　第三分角的画法

2. 第三角画法基本视图的形成及配置

按照第三角投影理论，使投影面处于人和物体之间（假设投影面是透明的），然后向各投影面作正投影，按照图 7-63 所示的方法展开各投影面，得到第三角画法的六个基本视图（图 7-64），分别是：

主视图——由后向前投射所得的视图；

俯视图——由下向上投射所得的视图，配置在主视图的上方；

右视图——由左向右投射所得的视图，配置在主视图的右方；

左视图——由右向左投射所得的视图，配置在主视图的左方；

仰视图——由上向下投射所得的视图，配置在主视图的下方；

后视图——由前向后投射所得的视图，配置在右视图的右方。

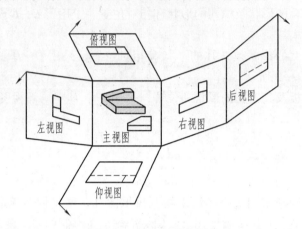

图 7-63　第三角投影展开

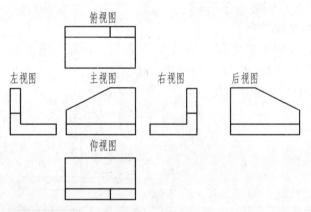

图 7-64　第三角画法的六个基本视图

3. 第三角画法和第一角画法的区别

1）两种画法都保持"长对正、高平齐、宽相等"的投影规律。

2）两种画法的方位关系："上下、左右"的方位关系判断方法一样，容易判断；不同的是"前后"的方位关系判断，第一角画法以"主视图"为基准，除后视图以外的其他基本视图，远离主视图的一方为机件的前方，反之为机件的后方，简称"远离主视是前方"，第三角画法以"主视图"为基准，除后视图以外的其他基本视图，远离主视图的一方为机件的后方，反之为机件的前方，简称"远离主视是后方"。两种画法的前后方位关系刚好相反。

3）为了识别第三角画法与第一角画法，国家标准规定了相应的识别符号。一般必要时在图纸标题栏中的右下角处，标注如图 4-8 和图 4-9 所示的投影识别符号。

第8章　常用的标准件、齿轮与弹簧

8.1　标准件和常用件

在机器、仪器或部件的装配和安装中，广泛使用螺纹紧固件及其他联接件，在机械传动、支承等方面，经常用到齿轮、轴承、弹簧等零件，由于这些零件应用广泛，需求量大，为了便于制造和使用，提高生产效率，已经将这些零件的结构、形式、画法、尺寸精度等全部或部分地进行了标准化。如螺栓、螺钉、螺母、键、销、轴承等，它们的结构、尺寸、画法等各方面全部标准化，称为标准件。还有些零件，如齿轮、弹簧等，它们的部分参数已标准化、系列化，通常称为常用件。

8.2　螺纹

螺纹是一种常见的设计结构，它是在圆柱或圆锥表面上沿螺旋线所形成的具有规定牙型的连续凸起。螺纹在螺钉、螺栓、螺母和丝杠上起联接或传动作用。在圆柱或圆锥外表面所形成的螺纹称为外螺纹；在圆柱或圆锥内表面所形成的螺纹称为内螺纹。

螺纹的加工方法很多，如图8-1所示，可在车床上车削内、外螺纹，也可用成形刀具（如板牙、丝锥）加工。对于加工直径比较小的内螺纹，先用钻头钻出光孔，再用丝锥攻螺纹，因钻头的钻尖顶角为118°，所以不通孔的锥顶角应画成120°，如图8-2所示。

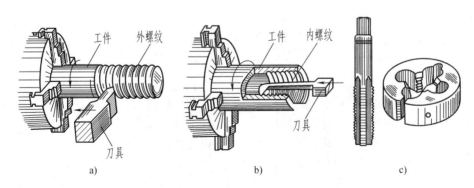

图8-1　螺纹加工方法
a）车床加工外螺纹　b）车床加工内螺纹　c）丝锥和板牙

车削螺纹时，由于刀具和工件的相对运动而形成圆柱螺旋线，动点的等速运动由车床的主轴带动工件的转动而实现；动点沿圆柱素线方向的等速直线运动由刀尖的移动来实现。螺纹的形成也可看做一个平面图形沿圆柱螺旋线运动而形成。

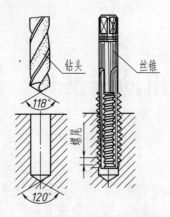

图 8-2　丝锥加工内螺纹

8.2.1　螺纹的要素

螺纹由牙型、直径、线数、螺距和导程、旋向五个要素组成。内、外螺纹要成对使用，在内、外螺纹相互旋合时，内、外螺纹的五个要素必须完全相同，否则不能旋合。

1. 牙型

螺纹的牙型是指通过螺纹轴线剖切面上所得到的断面轮廓形状，螺纹的牙型标志着螺纹的特征。常见的螺纹牙型有三角形、梯形、锯齿形等，如图 8-3 所示。

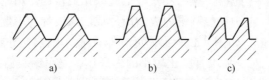

图 8-3　螺纹的牙型

a）三角形　b）梯形　c）锯齿形

2. 螺纹的直径

螺纹的直径有大径、小径、中径之分，如图 8-4 所示。

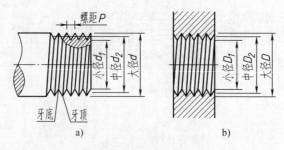

图 8-4　螺纹的直径

（1）螺纹的大径　是指与外螺纹牙顶或内螺纹牙底相切的假想圆柱或圆锥的直径，又称公称直径。内螺纹的大径用 D 来表示；外螺纹的大径用 d 来表示。

（2）螺纹的小径　是指与外螺纹牙底或内螺纹牙顶相切的假想圆柱或圆锥的直径。内

螺纹的小径用 D_1 来表示；外螺纹的小径用 d_1 来表示。

（3）螺纹的中径　是指母线通过牙型上沟槽和凸起宽度相等处的假想圆柱或圆锥的直径。内螺纹的中径用 D_2 来表示；外螺纹的中径用 d_2 来表示。

3. 线数

螺纹有单线和多线之分。沿一条螺旋线形成的螺纹称单线螺纹；沿两条或两条以上、在轴上等距分布的螺旋线形成的螺纹称为多线螺纹，如图 8-5 所示，螺纹的线数用 n 来表示。

4. 螺距和导程

（1）螺距　相邻两牙在螺纹中径线上对应两点间的轴向距离叫螺距，用 P 表示。

（2）导程　同一条螺纹上相邻两牙在中径线上对应两点间的轴向距离称导程，用 P_h 表示。如图 8-5 所示，对单线螺纹，$P_h = P$；对多线螺纹，导程＝螺距×线数。即

$$P_h = Pn$$

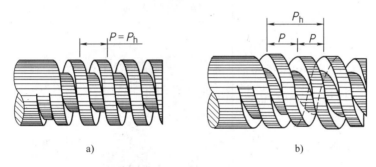

图 8-5 螺纹的线数、导程和螺距

a）单线　b）双线

5. 旋向

螺纹按其形成时的旋向，分为右旋螺纹和左旋螺纹两种，顺时针旋转时旋入的螺纹，称为右旋螺纹，逆时针旋转时旋入的螺纹，称为左旋螺纹，工程上常用右旋螺纹。如图 8-6 所示，左、右旋螺纹分别符合左、右手规则，即大拇指指向旋进方向，四指的方向为旋转方向。

在螺纹五个要素中，凡是螺纹牙型、公称直径和螺距都符合标准的螺纹称为标准螺纹；螺纹牙型符合标准，而公称直径、螺距不符合标准的称为特殊螺纹；若螺纹牙型不符合标准，则称为非标准螺纹。

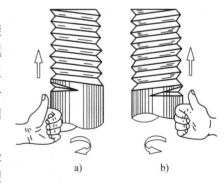

图 8-6　螺纹的旋向

a）左旋　b）右旋

8.2.2　螺纹的分类

螺纹按用途分为两大类，即联接螺纹和传动螺纹。联接螺纹有普通螺纹和管螺纹两类，主要用于联接；传动螺纹有梯形螺纹和锯齿形螺纹等，主要用于传递动力和运动。常用螺纹的种类、特征代号、牙型和用途见表 8-1。

表 8-1　常用螺纹的种类、特征代号、牙型和用途

螺纹分类及特征符号			牙型及牙型角	用　途
连接螺纹	普通螺纹	粗牙普通螺纹（M）	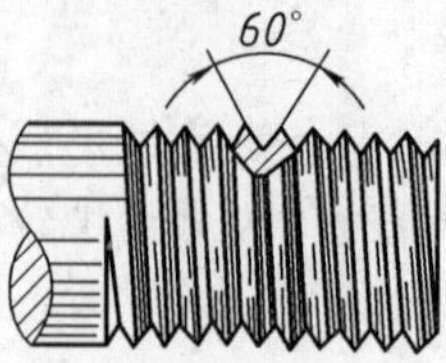 60°	用于一般零件的联接，是应用最广泛的联接螺纹
		细牙普通螺纹（M）		对同样的公称直径，细牙螺纹比粗牙螺纹的螺距要小，多用于精密零件、薄壁零件的联接。螺纹代号都用"M"表示
	管螺纹	55°非密封管螺纹（G）	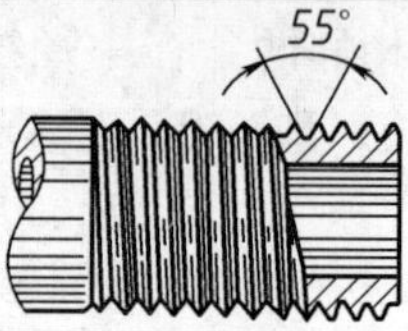 55°	常用于低压管路系统联接的旋塞等管件附件中
		55°密封管螺纹	圆锥外螺纹（R₁、R₂）	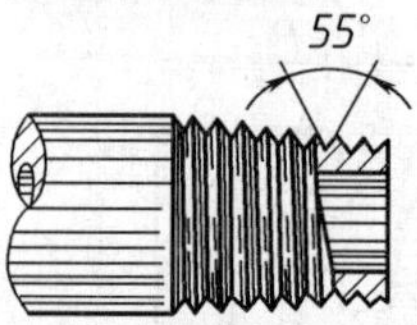 55°	适用于密封性要求高的水管、油管、煤气管等中、高压的管路系统中
			圆锥内螺纹（Rc）		
			圆柱内螺纹（Rp）		
传动螺纹	梯形螺纹（Tr）		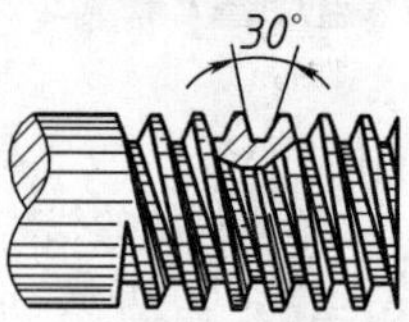 30°	用于须承受两个方向轴向力的场合，例如各种机床的传动丝杆等
	锯齿形螺纹（B）		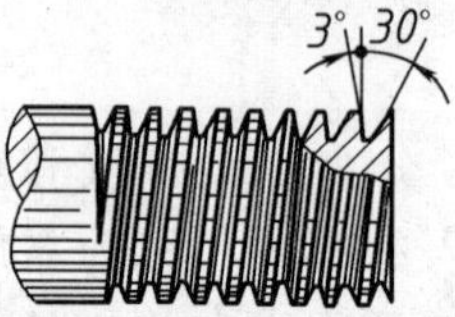 3°　30°	用于只承受单向轴向力的场合，例如台虎钳、千斤顶的丝杠等

8.2.3　螺纹的规定画法

由于螺纹的真实投影比较复杂，为了便于设计和制造，简化作图，提高工作效率，GB/T 4459.1—1995《机械制图　螺纹及螺纹紧固件表示法》规定了螺纹及螺纹紧固件在图样中的画法。

1. 外螺纹的画法

1）螺纹的大径和螺纹终止线用粗实线绘制，螺纹的小径用细实线绘制，倒角或倒圆的细实线也应画出，如图 8-7a 所示。

2）在投影为圆的视图中，大径用粗实线画圆，小径通常画成 $0.85d$，用细实线画约 3/4圆，倒角圆省略不画，如图 8-7a、b 所示。

3）在剖视图中，螺纹终止线只画出大径和小径之间的部分，剖面线应画到粗实线处，如图 8-7b 所示。

螺尾部分一般不必画出，当需要表示螺尾时，螺尾部分的牙底用与轴线成 30°的细实线绘制，如图 8-7c 所示。

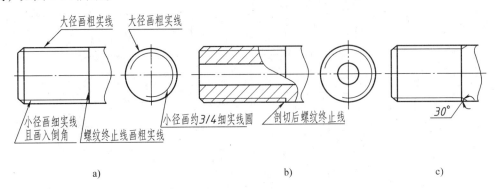

图 8-7　外螺纹的画法

2. 内螺纹的画法

1）内螺纹（螺孔）一般用剖视图表示，如图 8-8a 所示。在剖视图中，内螺纹的大径用细实线来绘制，小径和螺纹终止线用粗实线绘制，剖面线必须终止于粗实线。在投影为圆的视图中，小径画粗实线圆，大径画细实线圆，只画约 3/4 圈，倒角圆省略不画。

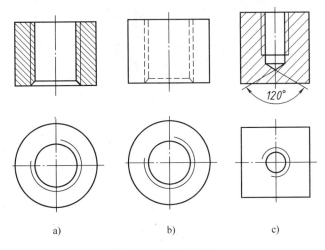

图 8-8　内螺纹的画法

2）内螺纹未被剖切时，其大径、小径和螺纹终止线均用虚线来表示，如图 8-8b 所示。

3）绘制不穿通的螺孔时，一般应将钻孔深度与螺纹部分的深度分别画出，钻孔顶端应画成 120°，如图 8-8c 所示。

3. 螺纹副的画法

当内、外螺纹联接构成螺纹副时，在剖视图中，如图 8-9 所示，其旋合部分应按外螺纹的画法绘制，其余部分仍按各自的画法来表示。画图时应使内螺纹的大径与外螺纹的大径、内螺纹的小径与外螺纹的小径分别对齐，剖面线画至粗实线处。

4. 螺纹孔相贯线的画法

两螺纹孔或螺纹孔与光孔相贯时，其相贯线的投影按螺纹的小径画出，如图 8-10 所示。

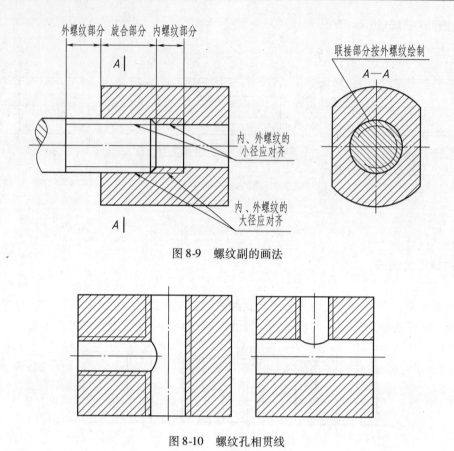

图 8-9　螺纹副的画法

图 8-10　螺纹孔相贯线

8.2.4　螺纹的标注

螺纹在按照规定画法绘制后，并没有反映出螺纹的五个要素，为识别螺纹的种类和要素，螺纹必须按规定标注。

1. 普通螺纹的标注

普通螺纹的标记内容：

螺纹代号 – 螺纹公差带代号 – 旋合长度代号 – 旋向

1）螺纹代号包括的要素及书写格式：

螺纹特征代号 M 公称直径 × 螺距

粗牙普通螺纹的螺距省略。

2）螺纹公差带代号包括中径公差带代号与顶径公差带代号。螺纹公差带代号由公差等级数字和基本偏差字母组成，小写字母表示外螺纹，大写字母表示内螺纹，如 6H、6g 等。中径公差带代号与顶径公差带代号不相同则要分别标注，如 M20-5g6g；若两者相同，则只标注一个代号，如 M20-6g。

有关公差带的知识详见第 9 章。

3）旋合长度代号。螺纹旋合长度是指两个相互旋合的螺纹，沿螺纹轴线方向相互联接的长度。普通螺纹旋合长度有短（S）、中（N）、长（L）三组。当旋合长度为 N 时，省略标注。

4）旋向。当螺纹为左旋时，用"LH"表示；右旋螺纹的旋向省略标注。

例如，M20-5g6g-S 表示公称直径为 20mm 的粗牙普通螺纹（外螺纹），中径公差带代号为 5g，顶径公差带代号为 6g，短旋合长度，右旋。

例如，M10×1-6H-LH 表示公称直径为 10mm，螺距为 1mm 的细牙普通螺纹（内螺纹），中径和顶径公差带代号都为 6H，中等旋合长度，左旋。

内、外螺纹旋合构成螺纹副时，其标记一般不需标出。如需标注，注写形式为：内螺纹的公差带在前，外螺纹的公差带在后，两者中间用"/"分开。如 M20-5H/5g6g-S。

普通螺纹各部分尺寸可参阅附表 A-1。普通螺纹的标注如图 8-11 所示，将其标记直接标注在大径的尺寸线或其引出线上。

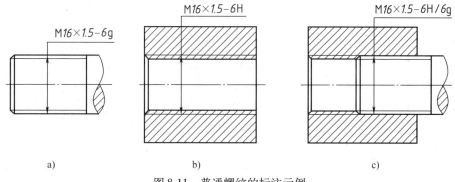

M16×1.5-6g　　　　M16×1.5-6H　　　　M16×1.5-6H/6g

a)　　　　　　　　b)　　　　　　　　c)

图 8-11　普通螺纹的标注示例

2. 管螺纹的标注

管螺纹的标记内容：

$$螺纹特征代号\ 尺寸代号\ 公差等级\ 旋向$$

管螺纹的螺纹特征代号见表 8-1 所示，不同的管螺纹代号分别为 G、R_1、R_2、Rc、Rp；尺寸代号是指管子通径数值，不是螺纹大径；对 55°非螺纹密封的外管螺纹可标注公差等级，公差等级有 A、B 两级，其他管螺纹的公差等级只有一种，可省略标注；旋向代号中，若为右旋可不标注，若为左旋，用"LH"来注明。

例如，G1/2LH 表示 55°非密封的圆柱内管螺纹，尺寸代号为 1/2，左旋。

例如，Rc1/2LH 表示 55°密封的圆锥内管螺纹，尺寸代号为 1/2，左旋。

管螺纹各部分尺寸可参阅附表 A-2。

1）在对管螺纹标注时，其标记一律注在引出线上，引出线应从大径线上引出，且不得与剖面线平行，如图 8-12a、b 所示。

2）内、外管螺纹构成的螺纹副将标记注在外螺纹大径处，如图 8-12c 所示。

3. 梯形螺纹的标注

梯形螺纹的标注内容：

$$螺纹代号-螺纹公差带代号-螺纹旋合长度代号$$

梯形螺纹的螺纹代号由特征代号 Tr 和尺寸代号及旋向组成，若为右旋，"旋向"省略标注，若为左旋，用"LH"来注明。单线梯形螺纹尺寸代号用"公称直径×螺距"来表示，多线梯形螺纹尺寸代号用"公称直径×导程（P 螺距）"来表示。梯形螺纹公差带代号

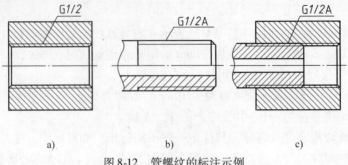

图 8-12　管螺纹的标注示例

只标注中径公差带代号。按尺寸和螺距的大小分为中等旋合长度（N）和长旋合长度（L）。当旋合长度为 N 组时，省略标注。

例如，Tr40×7-7H 表示公称直径为 40mm，螺距为 7mm 的单线右旋梯形螺纹（内螺纹），中径公差带代号为 7H，中等旋合长度。

例如，Tr40×14（P7）LH-8e-L 表示公称直径为 40mm，导程为 14mm，螺距为 7mm 的双线左旋梯形螺纹（外螺纹），中径公差带代号为 8e，长旋合长度。

梯形螺纹的标注方法与普通螺纹一样，将其标记注在大径尺寸线或其引出线上。

4. 锯齿形螺纹的标注

锯齿形螺纹的标记内容和梯形螺纹基本相同。

例如，B40×14（P7）LH-8e-L 表示公称直径尺寸为 40mm，导程为 14mm，螺距为 7mm 的双线左旋锯齿形螺纹（外螺纹），中径公差带代号为 8e，长旋合长度。

梯形螺纹和锯齿形螺纹的螺纹副标记示例：Tr40×7-7H/7e；B40×7-7H/7e。

8.3　螺纹紧固件及其联接的画法

8.3.1　常用螺纹紧固件及其标记

用螺纹起联接和紧固作用的零件称为螺纹紧固件。螺纹紧固件的种类很多，如图 8-13 所示，常用的有螺栓、双头螺柱、螺母、螺钉、垫圈等，它们的结构形式及尺寸均已标准化，一般由标准件厂专业生产，使用单位可按需要根据有关标准选用。在国家标准中，螺纹紧固件均有相应规定的标记，其完整的标记由名称、标准编号、螺纹规格、性能等级或材料等级、热处理、表面处理组成，一般主要标记前四项。

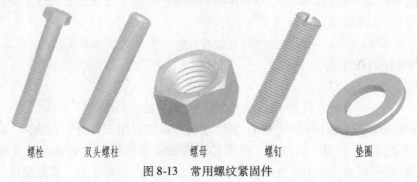

螺栓　　双头螺柱　　　螺母　　螺钉　　　垫圈

图 8-13　常用螺纹紧固件

　　表 8-2 列出了部分常用螺纹紧固件及其规定标记，螺纹紧固件的详细结构尺寸见附录 B。

表 8-2　常用螺纹紧固件及其简化标记

名称及标准编号	图　　例	标记示例及说明
六角头螺栓— A 级和 B 级 GB/T 5782—2000	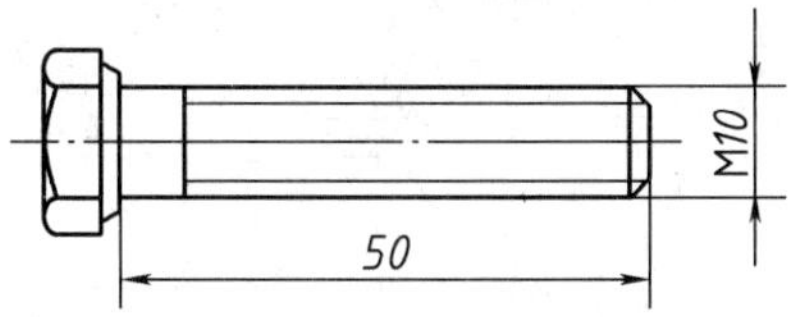	螺栓　GB/T 5782　M10×50 表示 A 级六角头螺栓，螺纹规格 M10，公称长度 50mm
双头螺柱 GB/T 897—1988	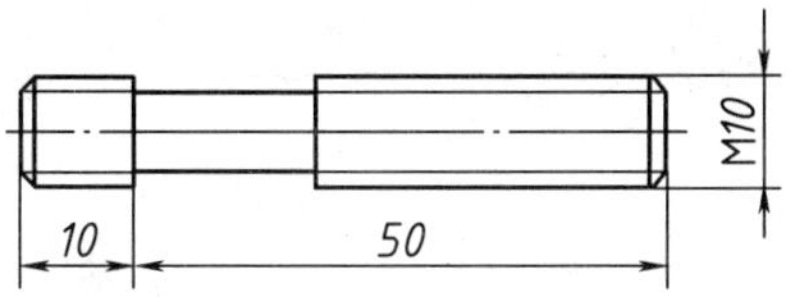	螺柱　GB/T 897　M10×50 表示两端均为粗牙普通螺纹，螺纹规格 M10，公称长度 50mm，B 型、$b_m = d$ 的双头螺柱
开槽沉头螺钉 GB/T 68—2000	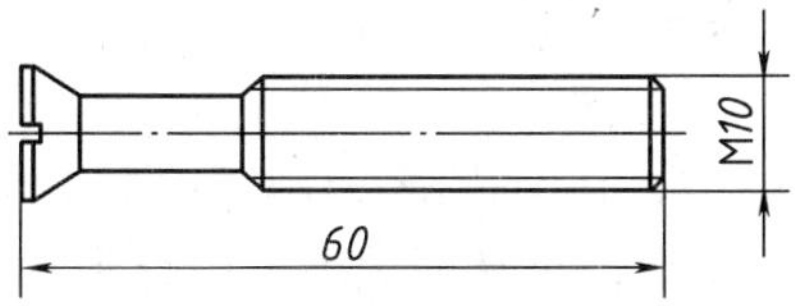	螺钉　GB/T 68　M10×60 表示开槽沉头螺钉，螺纹规格 M10，公称长度 60mm
开槽长圆柱端紧定螺钉 GB/T 75—1985	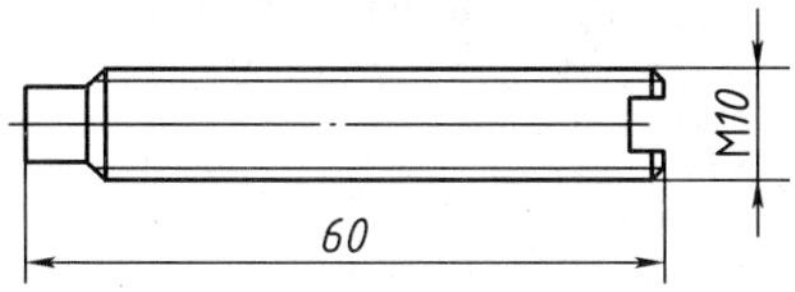	螺钉　GB/T 75　M10×60 表示开槽长圆柱端紧定螺钉，螺纹规格 M10，公称长度 60mm
1 型六角螺母 A 级和 B 级 GB/T 6170—2000	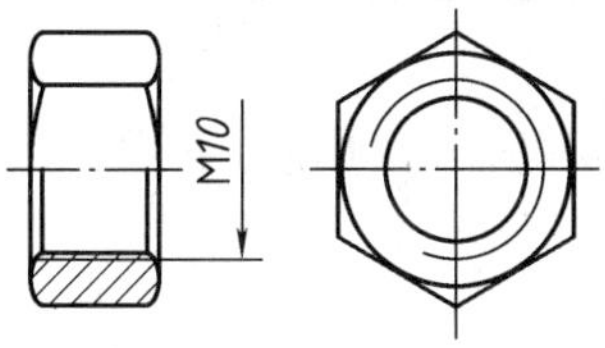	螺母　GB/T 6170　M10 表示 A 级 1 型六角螺母，螺纹规格 M10
1 型六角开槽螺母 —A 级和 B 级 GB/T 6178—1986	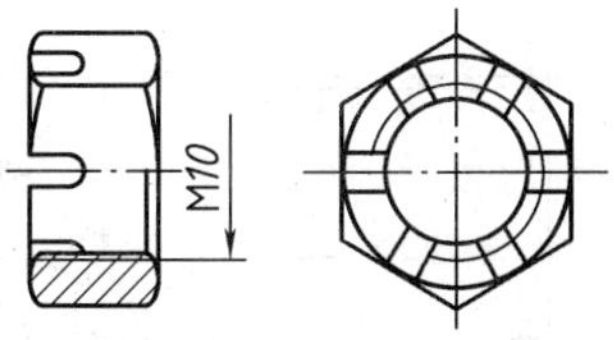	螺母　GB/T 6178　M10 表示 A 级 1 型六角开槽螺母，螺纹规格 M10
平垫圈 GB/T 97.1—2002	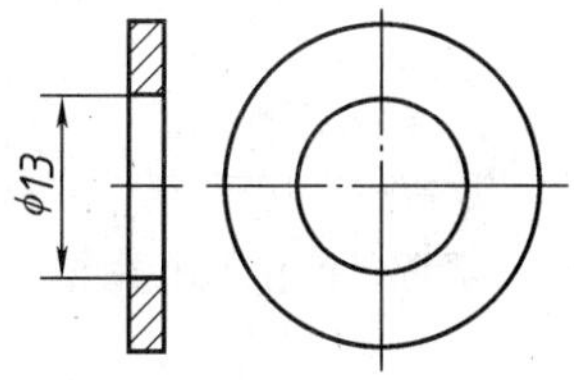	垫圈　GB/T 97.1　12 表示 A 级平垫圈，与螺纹规格 M12 配用，由钢制造的硬度等级为 140HV 级、不经表面处理、产品等级为 A 级

（续）

名称及标准编号	图　　例	标记示例及说明
弹簧垫圈 GB/T 93—1987	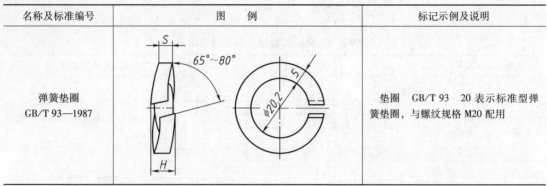	垫圈　GB/T 93　20 表示标准型弹簧垫圈，与螺纹规格 M20 配用

8.3.2　常用螺纹紧固件的画法

绘制螺纹紧固件，一般有查表画法和比例画法两种：

1. 查表画法

根据已知螺纹紧固件的规格尺寸，从相应的附表或国家标准中查出各部分的具体尺寸。如绘制螺栓 GB/T 5782　M20 × 60 的图形，可从附表 B-1 中查到各部分尺寸为：螺栓直径 $d = 20$mm，螺栓头厚 $k = 12.5$mm，螺纹长度 $b = 46$mm，公称长度 $l = 60$mm，六角头对边距 $s = 30$mm，六角头对角距 $e = 33.53$mm。

根据以上尺寸即可绘制螺栓零件图。

2. 比例画法

在实际画图中常常根据螺纹公称直径 d、D 按比例关系计算出各部分的尺寸，近似画出螺纹紧固件。

1）六角头螺栓的比例画法如图 8-14b 所示，其中，d 和 l 由结构确定，$b = 2d$（$l \leqslant 2d$ 时 $b = l$），$e = 2d$，$k = 0.7d$，$c = 0.15d$。

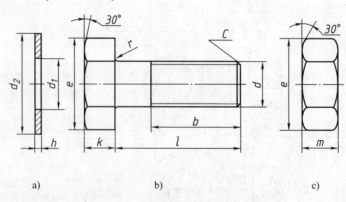

图 8-14　螺纹紧固件的比例画法

2）六角螺母的比例画法如图 8-14c 所示，$e = 2d$，$m = 0.8d$。

3）垫圈的比例画法如图 8-14a 所示，$d_2 = 2.2d$，$h = 0.15d$，$d_1 = 1.1d$。

用比例关系计算各部分尺寸作图比较方便，但如需在图中标注尺寸时，其数值仍需从相应的标准中查得。

螺栓及螺母头部有 30°倒角，因而六棱柱表面产生截交线，其在空间的形状为双曲线，为绘制图形方便，一般用圆弧近似地代替，其画法如图 8-15 所示。

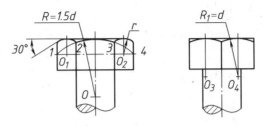

图 8-15　螺栓及螺母头部的比例画法

螺钉头部与螺纹直径成比例的画法如图 8-16 所示。

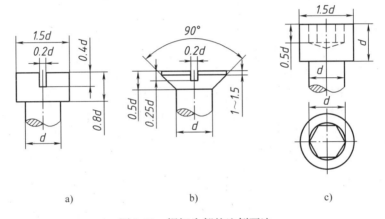

a)　　　　　　　　　b)　　　　　　　　　c)

图 8-16　螺钉头部的比例画法

8.3.3　螺纹紧固件联接的画法

螺纹紧固件联接的基本形式有：螺栓联接、双头螺柱联接、螺钉联接，如图 8-17 所示。采用哪种联接按实际需要选定。

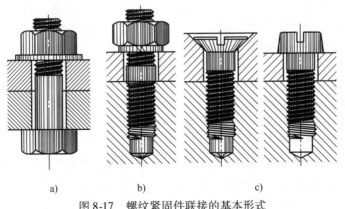

a)　　　　　　　　　b)　　　　　　　　　c)

图 8-17　螺纹紧固件联接的基本形式

a）螺栓联接　b）双头螺柱联接　c）螺钉联接

画螺纹紧固件及装配图时，两零件的接触面画一条线，不接触面画两条线；相邻两零件的剖面线应不同（方向相反或间隔不等）；在剖视图中，若剖切平面通过螺纹紧固件或实心零件的轴线时，它们按不剖绘制。

1. 螺栓联接及其装配画法

螺栓联接常用的紧固件有螺栓、螺母和垫圈，用于被联接件都不太厚，能加工成通孔且要求联接力较大的情况。如图 8-18 所示，在被联接零件上预先加工出螺栓孔，孔径 d_0 应大于螺栓直径，一般为 $1.1d$，装配时，将螺栓插入螺栓孔中，垫上垫圈，拧上螺母，完成螺栓联接。

（1）螺栓联接装配画法及步骤

1）根据螺纹紧固件螺栓、螺母、垫圈的标记，由附录查得或按照比例画法确定它们的全部尺寸。通常为方便都按比例画法确定其尺寸。

2）确定螺栓的公称长度 l。由图 8-18 所示，螺栓的公称长度 l 可按下式估算：

$$l \geqslant \delta_1 + \delta_2 + h + m + a$$

式中，a 一般取 $0.3d$，δ_1、δ_2 已知，其他尺寸可查标准。由 l 的初算值，参阅附表 B-1，在螺栓标准的公称系列值中，选取一个与之接近的值。

（2）画螺栓联接装配图应注意的问题

1）被联接件的孔径必须大于螺栓的大径，$d_0 = 1.1d$。

2）在螺栓联接剖视图中，被联接零件的接触面画到螺栓大径处，如图 8-19 所示。

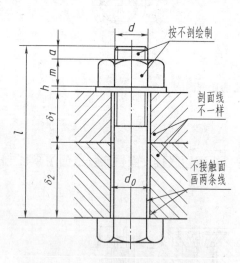

图 8-18　螺栓联接的装配画法

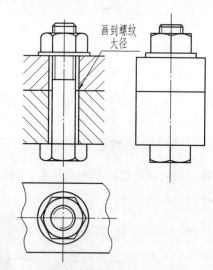

图 8-19　螺栓联接的三视图

3）螺母及螺栓六角头的三个视图应符合投影关系。

4）螺栓的螺纹终止线必须画到垫圈之下、被联接两零件接触面之上，如图 8-19 所示。

2. 螺钉联接及其装配画法

螺钉联接多用于受力不大的零件之间的联接。用螺钉联接两个零件时，如图 8-20 所示，螺钉杆部穿过一个被联接零件的通孔而旋入另一个被联接零件的螺孔，将两个零件固定在一起。被联接零件的通孔通常画成 $1.1d$。

螺钉根据头部形状不同有许多型式，可参考附表 B-2 ~ 表 B-4。其他各部分尺寸如

图 8-20 所示。

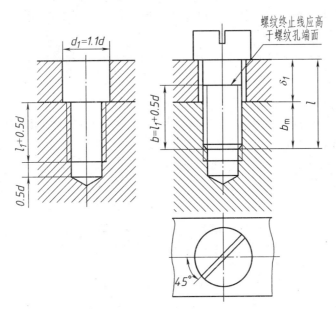

图 8-20　螺钉联接的装配画法

螺钉的有效长度 l 可按下式估算：

$$l = \delta_1 + b_m$$

式中，b_m 为螺钉旋入部分的长度，b_m 与带螺孔的被联接件的材料有关，可参考表 8-3 选取。

表 8-3　双头螺柱旋入深度参考值

被旋入零件的材料	旋入端长度 b_m
钢、青铜	$b_m = d$
铸铁	$b_m = (1.25 \sim 1.5)d$
铝	$b_m = 2d$

根据初步算出的 l 值，参考附表 B-2 ~ 表 B-4，在相应螺钉的标准中，选取与其近似的标准值，作为最后确定的 l。

零件上螺孔的螺纹深度应大于旋入端螺纹长度 b_m，画图时，螺孔的螺纹深度可按 $b_m + 0.5d$ 画出，钻孔深度可按 $b_m + d$ 画出。

螺钉联接的装配画法应注意以下几点：

1）为使螺钉联接牢靠，螺钉的螺纹长度和螺孔的螺纹长度都应大于旋入深度 b_m。螺孔的螺纹长度可取 $b_m + 0.5d$。

2）为了使螺钉头能压紧被联接零件，螺钉的螺纹终止线应高出螺孔的端面，或在螺杆的全长上都有螺纹。

3）螺钉头部的一字槽，在俯视图上画成与中心线成 45°，若槽宽小于或等于 2mm 时，则应涂黑。

3. 双头螺柱联接及其装配画法

双头螺柱联接常用的紧固件有双头螺柱、螺母、垫圈，一般用于被联接件之一较厚，不适合加工成通孔，其上部较薄零件加工成通孔，且要求联接力较大的情况。用螺柱联接零件时，先将螺柱的旋入端旋入一个零件的螺孔中，再将另一个带孔的零件套入螺柱，然后放入垫圈，用螺母旋紧。

双头螺柱联接的装配画法如图 8-21 所示，双头螺柱的公称长度可参考螺栓联接先按下式估算：

$$l \geqslant \delta_1 + h + m + a$$

式中，a 取 $0.3d$，然后查附表 B-5，从中选取与估算值 l 相近的标准长度。双头螺柱联接的画法特点是：以两个被联接零件的接触面为界限，上部分按照螺栓画法，下部分按照螺钉画法。画图时，双头螺柱下部螺纹终止线应与螺孔顶面重合。

4. 螺纹紧固件的简化画法

标准规定，在装配图中，螺纹紧固件的某些结构允许按简化画法绘制，如螺栓、螺柱、螺钉末端的倒角、螺栓头部和螺母的倒角可省略不画，如图 8-22 所示；未钻通的螺孔，可以不画出钻孔深度，仅按螺纹部分的深度（不包括螺尾）画出等。

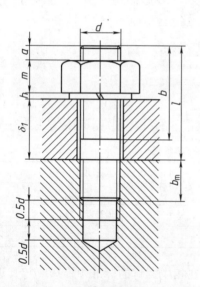

图 8-21　双头螺柱联接的装配画法

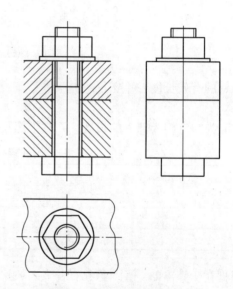

图 8-22　螺纹紧固件的简化画法

8.4　齿轮

齿轮是机器中的重要传动零件，应用非常广泛。在机器中齿轮的作用是将主动轴的转动传送到从动轴上，以完成传递动力、改变转速或方向。

常用的齿轮可分为三大类：

（1）圆柱齿轮　用于传递两平行轴之间的运动，如图 8-23a、b 所示。

（2）锥齿轮　用于传递两相交轴之间的运动，如图 8-23c 所示。

（3）蜗杆蜗轮　用于传递两交错轴之间的运动，如图 8-23d 所示。

按齿轮轮齿方向的不同可分为直齿、斜齿、人字齿等。

图 8-23　常见的齿轮传动

a）直齿圆柱齿轮　b）斜齿圆柱齿轮　c）锥齿轮　d）蜗杆蜗轮

8.4.1　圆柱齿轮

1. 直齿圆柱齿轮各部分名称和尺寸关系

直齿圆柱齿轮的齿向与齿轮轴线平行。图 8-24 所示为相互啮合的两直齿圆柱齿轮各部分名称和代号。

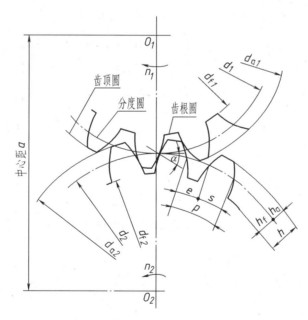

图 8-24　圆柱齿轮各部分名称和代号

（1）齿顶圆直径 d_a　齿顶圆柱面被垂直于其轴线的平面所截的截线称为齿顶圆，其直径用 d_a 表示。

（2）齿根圆直径 d_f　齿根圆柱面被垂直于其轴线的平面所截的截线称为齿根圆，其直径用 d_f 表示。

（3）分度圆直径 d　分度圆柱面与垂直于其轴线的一个平面的交线称为分度圆，其直径用 d 表示。

当一对齿轮啮合时，在理想状态下，其两个分度圆是相切的，此时的分度圆也称为节圆。

（4）齿高 h 齿顶圆与齿根圆之间的径向距离，用 h 表示；齿顶高 h_a 是齿顶圆与分度圆之间的径向距离；齿根高 h_f 是齿根圆与分度圆之间的径向距离，$h = h_a + h_f$。

（5）齿距 p 分度圆上相邻两齿的对应点之间的弧长称为齿距，用 p 表示。

（6）压力角 α 在端平面内，过端面齿廓与分度圆交点的径向直线与齿廓在该点的切线所夹的锐角，用 α 表示。我国采用的压力角为 $20°$。

（7）模数 m 若齿轮的齿数用 z 表示，则分度圆的周长为 $\pi d = pz$，即 $d = pz/\pi$，其中 π 为无理数，为了计算和测量方便，令 $m = p/\pi$，称 m 为模数，其单位为 mm。

模数是设计和制造齿轮的一个重要参数。模数越大，轮齿越厚，齿轮的承载能力越大。为了便于设计和加工，国家标准已经把齿轮模数标准化、系列化。表 8-4 列出了通用机械和重型机械用圆柱齿轮模数。

表 8-4   圆柱齿轮的标准模数（GB/T 1357—2008）   （单位：mm）

第一系列	1 1.25 1.5 2 2.5 3 4 5 6 8 10 12 16 20 25 32 40 50
第二系列	1.125 1.375 1.75 2.25 2.75 3.5 4.5 5.5 (6.5) 7 9 11 14 18 22 28 36 45

注：1. 对斜齿轮是指法向模数。
　　2. 应优先选用第一系列，其次选用第二系列，括号内的模数尽量不用。

（8）传动比 i 主动齿轮转速 n_1（r/min）与从动齿轮转速 n_2（r/min）之比称为传动比，即 $i = n_1/n_2$。由于主动齿轮和从动齿轮单位时间里转过的齿数相等，即 $n_1 z_1 = n_2 z_2$，因此，传动比 i 也等于从动齿轮齿数 z_2 与主动齿轮齿数 z_1 之比，即

$$i = \frac{n_1}{n_2} = \frac{z_2}{z_1}$$

（9）中心距 a 两啮合齿轮中心之间的距离。

标准直齿圆柱齿轮各部分的尺寸都与模数有关，设计齿轮时，先确定模数 m 和齿数 z，然后根据表 8-5 计算出各部分尺寸。

表 8-5   直齿圆柱齿轮各基本尺寸的计算公式

名　称	代　号	计 算 公 式
分度圆直径	d	$d_1 = mz_1$；$d_2 = mz_2$
齿顶圆直径	d_a	$d_{a1} = m(z_1 + 2)$；$d_{a2} = m(z_2 + 2)$
齿根圆直径	d_f	$d_{f1} = m(z_1 - 2.5)$；$d_{f2} = m(z_2 - 2.5)$
齿高	h	$h = h_a + h_f = 2.25m$
齿顶高	h_a	$h_a = m$
齿根高	h_f	$h_f = 1.25m$
齿距	p	$p = \pi m$
中心距	a	$a = \frac{1}{2}(d_1 + d_2) = \frac{m}{2}(z_1 + z_2)$
传动比	i	$i = \frac{n_1}{n_2} = \frac{d_2}{d_1} = \frac{z_2}{z_1}$

注：表中 d_a、d_f、d 的计算公式适用于外啮合直齿圆柱齿轮传动。

2. 斜齿圆柱齿轮各部分名称和尺寸关系

斜齿圆柱齿轮的轮齿做成螺旋形状，这种齿轮传动平稳，适用于较高转速的传动。斜齿轮的轮齿倾斜以后，它在端面上的齿形和垂直轮齿方向法面上的齿形不同。斜齿轮的分度圆柱面的展开图如图 8-25 所示，图中 πd 为分度圆周长，β 为螺旋角，表示轮齿倾斜程度。

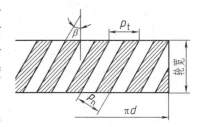

图 8-25 斜齿轮在分度圆上的展开图

斜齿轮在端面方向（垂直于轴线）上有端面齿距 p_t 和端面模数 m_t，而在法面方向（垂直于螺旋线）上有法向齿距 p_n 和法向模数 m_n，由图 8-25 可知：$p_n = p_t\cos\beta$，因此，$m_n = m_t\cos\beta$。

加工斜齿轮的刀具，其轴线与轮齿的法线方向一致，为了和加工直齿圆柱齿轮的刀具通用，将斜齿轮的法向模数 m_n 取为标准模数，取表 8-4 中的标准值。齿高也由法向模数确定。标准斜齿圆柱齿轮法向压力角 $\alpha = 20°$，其各部分尺寸的计算公式见表 8-6。

表 8-6 斜齿圆柱齿轮的尺寸计算公式

名　称	代　号	计　算　公　式
分度圆直径	d	$d_1 = \dfrac{m_n z_1}{\cos\beta}$；$d_2 = \dfrac{m_n z_2}{\cos\beta}$
齿顶圆直径	d_a	$d_{a1} = d_1 + 2m_n$；$d_{a2} = d_2 + 2m_n$
齿根圆直径	d_f	$d_{f1} = d_1 - 2.5m_n$；$d_{f2} = d_2 - 2.5m_n$
齿高	h	$h = h_a + h_f = 2.25m_n$
齿顶高	h_a	$h_a = m_n$
齿根高	h_f	$h_f = 1.25m_n$
法向齿距	p_n	$p_n = \pi m_n$
端面齿距	p_t	$p_t = \dfrac{\pi m_n}{\cos\beta}$
中心距	a	$a = \dfrac{1}{2}(d_1 + d_2) = \dfrac{m_n}{2\cos\beta}(z_1 + z_2)$

3. 圆柱齿轮的规定画法

（1）单个直齿圆柱齿轮的画法　单个齿轮画法遵循轮齿部分的规定画法，其他部分按齿轮的实际结构绘制的原则。表示轴孔有键槽的齿轮可采用两个视图，或者用一个视图和一个局部视图（即左视图中只画内孔形状）。在齿轮轴线所平行的投影面，齿顶圆、分度圆、齿根圆的投影分别称为齿顶线、分度线、齿根线，如图 8-26 所示，齿顶圆和齿顶线用粗实线绘制；分度圆和分度线用细点画线绘制；齿根圆和齿根线用细实线绘制，也可省略不画；在剖视图中，齿根线用粗实线绘制。

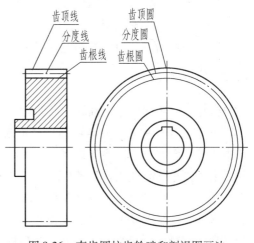

图 8-26 直齿圆柱齿轮啮和剖视图画法

（2）直齿圆柱齿轮啮合图的画法 在齿轮转动的绘制中，为了表达传动关系和齿轮的结构，通常画成剖视图形式，如图 8-27a 所示，在平行于齿轮轴线的投影面上，当剖切平面通过两啮合齿轮的轴线时，在啮合区内，将一个齿轮的齿顶线用粗实线绘制，另一个齿轮的齿顶线被遮挡的部分用细虚线绘制，节线用一条细点画线绘制，被遮挡的齿顶线也可省略不画，其他同单个齿轮画法。

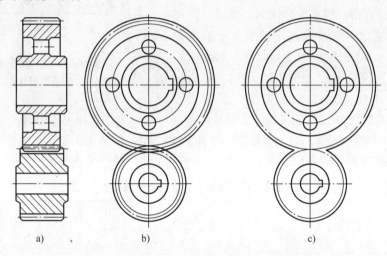

a) b) c)

图 8-27 直齿圆柱齿轮啮合画法

在垂直于齿轮轴线的投影面上的视图中，齿顶圆、分度圆、齿根圆的绘制和单个齿轮一样，在啮合区内的齿顶圆均用粗实线绘制，如图 8-27b 所示，齿顶圆和齿根圆在啮合区的部分也可省略不画，如图 8-27c 所示。

在平行于齿轮轴线的投影面上的外形视图中，啮合区只用粗实线画出节线，齿顶线和齿根线均不画。在两齿轮其他处的节线仍用细点画线绘制，如图 8-28a 所示。其他部分同单个齿轮的绘制。需要表示轮齿的方向时，用三条与轮齿方向一致的细实线表示，如图 8-28b、c 所示。

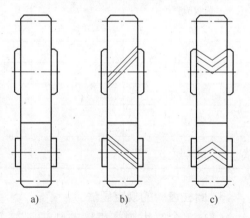

a) b) c)

图 8-28 直齿圆柱齿轮啮合外形画法

8.4.2 锥齿轮

锥齿轮用于传递两相交轴间的回转运动，以两轴相交成直角的锥齿轮传动应用最广泛。

1. 直齿锥齿轮的各部分名称和尺寸关系

由于锥齿轮的轮齿位于圆锥面上，因此，其轮齿一端大，另一端小，其齿厚和齿槽宽等也随之由大到小逐渐变化，其各处的齿顶圆、齿根圆和分度圆也不相等，而是分别处于共顶的齿顶圆锥面、齿根圆锥面和分度圆锥面上。

国家标准规定，以大端的模数和分度圆来决定其各部分的尺寸。如图 8-29 所示，锥齿轮的齿顶圆直径 d_a、齿根圆直径 d_f、分度圆直径 d、齿顶高 h_a、齿根高 h_f 和齿高 h 等都是对大端而言的。锥齿轮的大端模数 m 系列数值见表 8-7。

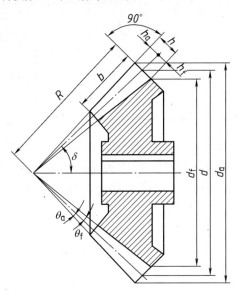

图 8-29　直齿圆锥齿轮的结构要素

表 8-7　锥齿轮模数（GB/T 12368—1990）　　　（单位：mm）

1	1.125	1.25	1.375	1.5	1.75	2	2.25	2.5	2.75	3	3.25	3.5	3.75
4	4.5	5	5.5	6	6.5	7	8	9	10	11	12	14	16
	18	20	22	25	28	30	32	36	40	45	50		

　　锥齿轮轴线和包含根锥母线的分锥母线之间的夹角称为分锥角，用 δ 表示。分锥顶点沿分锥母线至背锥的距离称为锥距，用 R 表示。

　　模数 m、齿数 z、压力角 α 和分锥角 δ 是直齿锥齿轮的基本参数，是决定其他尺寸的依据。只有模数和压力角分别相等，且两齿轮分锥角之和等于两轴线间夹角的一对直齿锥齿轮才能正确啮合。标准直齿锥齿轮各基本尺寸的计算公式见表 8-8。

表 8-8　标准直齿锥齿轮的计算公式

名　称	代　号	计　算　公　式
分度圆锥角	δ_1（小齿轮）； δ_2（大齿轮）	$\tan\delta_1 = \dfrac{z_1}{z_2}$；　$\tan\delta_2 = \dfrac{z_2}{z_1}$ （$\delta_1 + \delta_2 = 90°$）
分度圆直径	d	$d = mz$
齿顶圆直径	d_a	$d_a = m(z + 2\cos\delta)$
齿根圆直径	d_f	$d_f = m(z - 2.4\cos\delta)$
齿高	h	$h = h_a + h_f = 2.2m$
齿顶高	h_a	$h_a = m$
齿根高	h_f	$h_f = 1.2m$
外锥距	R	$R = \dfrac{mz}{2\sin\delta}$

（续）

名　称	代　号	计算公式
齿顶角	θ_a	$\tan\theta_a = \dfrac{2\sin\delta}{z}$
齿根角	θ_f	$\tan\theta_f = \dfrac{2.4\sin\delta}{z}$
齿宽	b	$b \leqslant \dfrac{R}{3}$

2. 直齿锥齿轮的画法

（1）单个直齿锥齿轮的画法　单个直齿锥齿轮的画法与圆柱齿轮的画法基本相同。主视图多采用全剖视图，左视图中大端、小端齿顶圆用粗实线画出，大端分度圆用细点画线画出，齿根圆和小端分度圆规定不画，如图8-30所示。

（2）直齿锥齿轮啮合的画法　如图8-31所示，直齿锥齿轮啮合的画法与圆柱齿轮啮合的画法规定一样，一般采用过轴线的剖视图作为主视图，在啮合区内，将一个齿轮的齿顶线用粗实线绘制，另一个齿轮的齿顶线被遮挡的部分用细虚线绘制，节线用一条细点画线绘制，其他同单个齿轮画法。

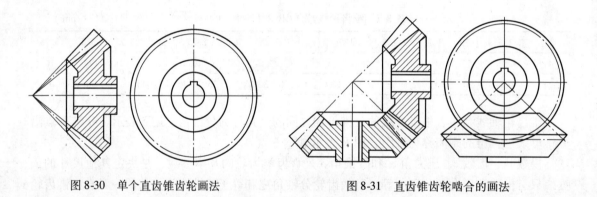

图8-30　单个直齿锥齿轮画法　　　　图8-31　直齿锥齿轮啮合的画法

8.5　键与销

8.5.1　键联接

键是机器上常用的标准件，用来联接轴和装在轴上的零件（如齿轮、带轮等），使轴与传动件之间不发生相对转动，起传递转矩的作用。

1. 键的类型和规定标记

键的种类很多，常用的有：普通型平键、半圆键和钩头型楔键等，普通型平键分A型、B型和C型三种，如图8-32所示。

常用键的类型、尺寸、标记和画法见表8-9，选用时可根据轴的直径查附表B-9和表B-10。

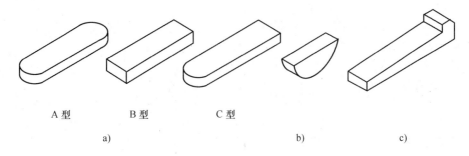

图 8-32　常用键的类型

a）普通型平键　b）半圆键　c）钩头型楔键

表 8-9　常用键的类型和标记

名称及标准编号	图　例	标　记
普通型平键 A 型 GB/T 1096—2003		GB/T 1096 键 $b \times h \times L$
半圆键 GB/T 1099.1—2003		GB/T 1099.1 键 $b \times h \times D$
钩头型楔键 GB/T 1565—2003		GB/T 1565 键 $b \times L$

2. 键联接的画法

普通型平键和半圆键的两个侧面是工作面，这两个侧面与键槽侧面接触，所以画图时，键与键槽侧面之间应不留间隙；而键顶面是非工作面，与轮毂的键槽顶面为非接触面，画图时，它与轮毂的键槽顶面之间应留有间隙，如图 8-33 和图 8-34 所示。

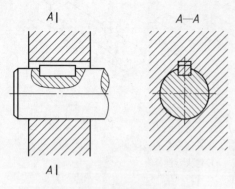

图 8-33　普通型平键联接的画法

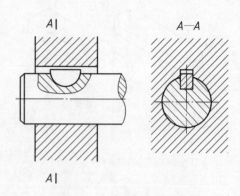

图 8-34　半圆键联接的画法

钩头型楔键的顶面有 1∶100 的斜度，联接时将键打入键槽。因此，键的顶面和底面为工作面，画图时，上、下表面与键槽接触，绘制一条线，而两个侧面与键槽之间不留间隙，也是绘制一条线，如图 8-35 所示。

3. 轴和轮毂上键槽的画法和尺寸标注

绘制键联接的轴和被联接的零件图样时，轴和轮毂上键槽的画法和尺寸标注如图 8-36 所示，键和键槽上的相应尺寸可根据轴的直径在附表 B-9 和表 B-10 中查得。

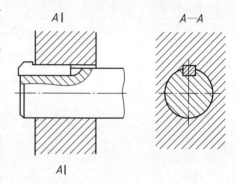

图 8-35　钩头型楔键联接的画法

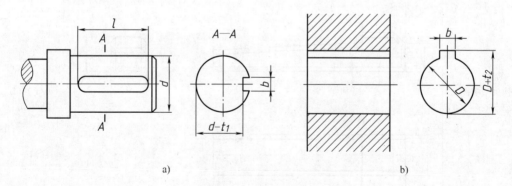

图 8-36　键槽尺寸标注

8.5.2　销联接

1. 销的型式和规定标记

销是标准件，主要用于零件间的联接或定位。常用的销有圆柱销、圆锥销和开口销等，它们的类型和标记见表 8-10。

表 8-10　销的类型和规定的简化标记

名称及标准编号	图　例	标　记
圆柱销 GB/T 119.1—2000		销　GB/T 119.1d m6 $\times l$
圆锥销 GB/T 117—2000		销　GB/T 117　$d \times l$
开口销 GB/T 91—2000		销　GB/T 91　公称规格 $\times l$

2. 销联接的画法

销联接的画法如图 8-37 所示，当剖切平面通过销的轴线时，销按不剖绘制，轴用局部剖。另外，用销联接的两个零件上的销孔通常需要一起加工，因此，在图样中标注销孔尺寸时一般要注写"配作"。销联接时，销孔应尽量设计成通孔，以方便拆卸。

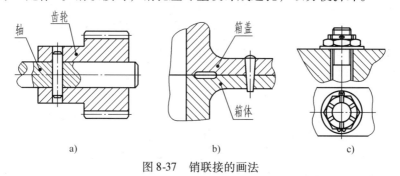

a)　　　　　　　　　b)　　　　　　　　　c)

图 8-37　销联接的画法

a）圆柱销联接　b）圆锥销联接　c）开口销联接

8.6　滚动轴承

8.6.1　滚动轴承的结构、分类和代号

滚动轴承是一种支承旋转轴的组件。由于它具有结构紧凑，摩擦力小，能在较大的载荷、转速及较高精度范围内工作等优点，已被广泛应用在机器、仪表等多种产品中。

1. 滚动轴承的结构和分类

滚动轴承的种类很多，但它们的结构相似，一般由外圈、内圈、滚动体和保持架所组成，如图 8-38 所示。一般情况下，轴承外圈装在机座的孔内，内圈套在轴上，外圈固定不动而内圈随轴转动。

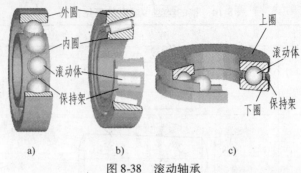

图 8-38 滚动轴承

1) 滚动轴承的分类方法有多种，如图 8-39 所示，按照滚动轴承所能承受的载荷方向或公称接触角 α（公称接触角 α 是指滚动轴承中套圈与滚动体接触处的法线和垂直于轴承轴心线的平面间的夹角）的不同分为：

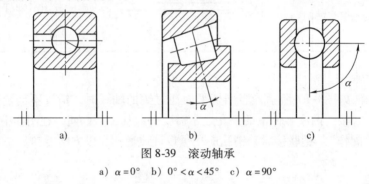

图 8-39 滚动轴承

a) $\alpha = 0°$ b) $0° < \alpha < 45°$ c) $\alpha = 90°$

① 向心轴承。主要用于承受径向载荷的滚动轴承，其公称接触角从 0° 到 45°。按公称接触角不同又分为：径向接触轴承，其公称接触角为 0°；向心角接触轴承，其公称接触角大于 0° 到 45°。

② 推力轴承。主要用于承受轴向载荷的滚动轴承，其公称接触角大于 45° 到 90°。按公称接触角不同又分为：轴向接触轴承，其公称接触角为 90°；推力角接触轴承，其公称接触角大于 45° 但小于 90°。

2) 轴承按其滚动体的种类可分为：

① 球轴承。滚动体为球体。

② 滚子轴承。滚动体为滚子。按滚子种类，又分为圆柱滚子轴承、滚针轴承、圆锥滚子轴承、调心滚子轴承。

3) 常用的滚动轴承有：

① 深沟球轴承。适用于承受径向载荷，如图 8-39a 所示。

② 圆锥滚子轴承。适用于同时承受径向载荷和轴向载荷，如图 8-39b 所示。

③ 推力球轴承。适用于承受轴向载荷，如图 8-39c 所示。

2. 滚动轴承的代号

滚动轴承是一种标准件，它的结构特点、类型和内径尺寸等均采用代号来表示，轴承代号由前置代号、基本代号、后置代号构成，其排列顺序如下：

| 前置代号 | 基本代号 | 后置代号 |

其中，基本代号是轴承代号的基础，前置代号、后置代号是补充代号，其内容含义和标注见 GB/T 272—1993。

基本代号由轴承类型代号、尺寸系列代号和内径代号构成。其中，尺寸系列代号由轴承的宽（高）度系列代号和直径系列代号组成。现举例说明轴承基本代号的含义。

例如，圆锥滚子轴承 31307。

其中，"07"表示轴承内径的两位数字，从"04"开始用这组数字乘以 5，即为轴承内径的尺寸（单位为 mm）。在上例中 $d = 07 \times 5mm = 35mm$，即为轴承内径尺寸。

"13"表示尺寸系列代号，"13"表示宽度系列代号为 1，直径系列代号为 3。

"3"为轴承类型，"3"表示圆锥滚子轴承。

表示轴承内径的两位数字，在"04"以下时，标准规定：00 表示 $d = 10mm$；01 表示 $d = 12mm$；02 表示 $d = 15mm$；03 表示 $d = 17mm$。

规定标记为：滚动轴承　31307　GB/T 297—1994

8.6.2　滚动轴承的画法

滚动轴承是标准件，不需要画零件图，在装配图中，轴承内径 d、外径 D、宽度 B 等几个主要尺寸根据轴承代号查附表 B-14 ~ 表 B-16 或有关手册确定，用规定画法或简化画法表示。简化画法绘制应采用通用画法或特征画法，但在同一图样中，一般只采用其中一种画法。

通用画法是在剖视图中，当不需要确切地表示滚动轴承的外形轮廓、载荷特性、结构特征时，轴承可用矩形线框及位于线框中央正立的十字形符号表示，如表 8-11 中各轴承规定画法的下半部分。

特征画法是在剖视图中，如需较形象地表示滚动轴承的结构特征时，轴承采用在矩形线框内画出其结构要素符号的方法表示。如表 8-11 所示，特征画法应绘制在轴的两侧。

规定画法如表 8-11 中各轴承规定画法的上半部分，各种轴承的具体结构可查 GB/T 4459.7—1998。规定画法一般绘制在轴的一侧，另一侧按照通用画法绘制。

表 8-11 中列举了三种常用滚动轴承的画法及有关尺寸比例。

表 8-11　常用滚动轴承的画法

名　　称	主要尺寸	规　定　画　法	特　征　画　法
深沟球轴承	D、d、B	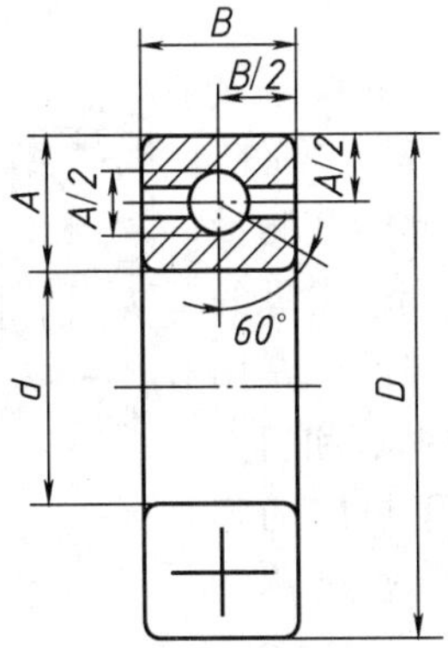	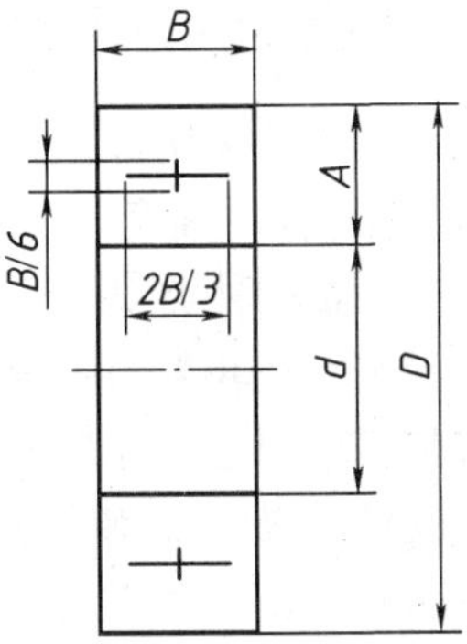

（续）

名　称	主要尺寸	规定画法	特征画法
推力球轴承	D、d、T		
圆锥滚子轴承	D、d、T、B、C		

8.7　弹簧

8.7.1　弹簧的用途和类型

弹簧是一种常用件，是一种能储存能量的零件，在机器、仪表和电器等产品中起到减振、储能和测量等作用。弹簧的种类很多，根据外形的不同，常见的有螺旋弹簧（图8-40）和涡卷弹簧（图8-41）。常用的螺旋弹簧按用途又分为压缩弹簧、拉伸弹簧和扭力弹簧。圆柱螺旋压缩弹簧是常见的、应用较广的弹簧，下面介绍圆柱螺旋压缩弹簧的有关参数名称和画法。

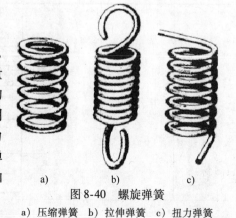

a)　　　　　b)　　　　　c)

图 8-40　螺旋弹簧

a）压缩弹簧　b）拉伸弹簧　c）扭力弹簧

图 8-41　涡卷弹簧

8.7.2　圆柱螺旋压缩弹簧的术语和尺寸关系

圆柱螺旋压缩弹簧由钢丝绕成，一般将两端并紧后磨平，使其端面与轴线垂直，便于支承，并紧磨平的若干圈不产生弹性变形称为支承圈，通常支承圈圈数有 1.5、2、2.5 三种。

圆柱螺旋压缩弹簧的参数如图 8-42 所示。

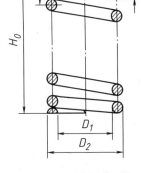

图 8-42　圆柱螺旋压缩弹簧的参数

1）弹簧材料直径 d。

2）弹簧外径 D_2。

3）弹簧内径 D_1，$D_1 = D_2 - 2d$。

4）弹簧中径 D，$D = D_2 - d$。

5）弹簧节距 t：螺旋弹簧两相邻有效圈截面中心线的轴向距离。

6）有效圈数 n：用于计算弹簧总变形量的簧圈数量。

7）总圈数 n_1：沿螺旋线两端间的螺旋圈数，$n_1 = n + n_2$，其中，n_2 为支承圈数。

8）自由高度 H_0：弹簧无负荷作用时的全部高度。

支承圈为 2.5 时，$H_0 = nt + 2d$；支承圈为 2 时，$H_0 = nt + 1.5d$；支承圈为 1.5 时，$H_0 = nt + d$。

9）弹簧展开长度 L

$$L = n_1 \sqrt{(\pi D)^2 + t^2}$$

圆柱螺旋压缩弹簧的尺寸系列参阅附表 B-17。

8.7.3　弹簧的规定画法及示例

（1）绘制弹簧的注意事项

1）螺旋弹簧在平行于轴线的投影面上所得的图形，可画成视图，也可画成剖视图，如图 8-42 所示，其各圈的螺旋线应画成直线。

2）螺旋弹簧均可画成右旋，对必须保证的旋向要求应在"技术要求"中注明。

3）有效圈数在 4 圈以上时，可只画出两端的 1～2 圈，中间各圈可省略不画。省略中间各圈后，允许缩短图形长度，并将两端用细点画线连起来，如图 8-42 所示。

4）弹簧画法实际上只起一个符号的作用，因此不论支承圈是多少，均可按支承圈为 2.5 圈绘制。

5）在装配图中，被弹簧遮挡的结构一般不画出，可见部分应从弹簧的外轮廓线或从弹簧钢丝剖面的中心线画起，如图 8-43a 所示。当弹簧被剖切时，若剖面直径或厚度在图形上等于或小于 2mm，其剖面也可用涂黑表示，如图 8-43b 所示。也允许用示意画法，如图 8-43c 所示。

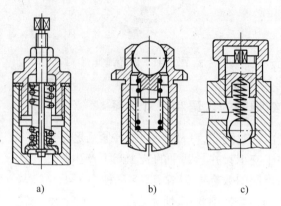

图 8-43   装配图中弹簧画法

（2）圆柱螺旋压缩弹簧零件图示例   例如，已知钢丝直径 d，弹簧外径 D_2，弹簧节距 t，有效圈数 n，支承圈数 n_2，右旋，画图步骤如下：

1）根据计算出的弹簧中径及自由高度 H_0，用细点画线画出矩形 $ABCD$，如图 8-44a 所示。

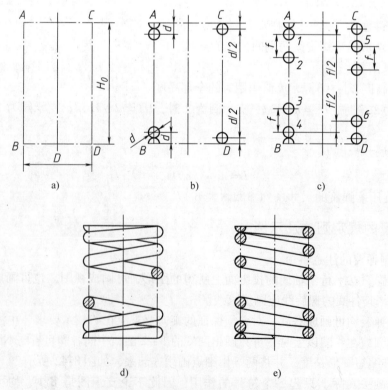

图 8-44   圆柱螺旋压缩弹簧画图步骤

2）在 AB、CD 中心线上画出弹簧支承圈的圆，如图 8-44b 所示。

3）画出两端有效圈弹簧丝的剖面，在 AB 上由 1 点和 4 点量取节距 t 得到 2、3 两点，然后从线段 12 和 34 的中点作水平线与对边 CD 相交于 5、6 两点；以 2、3、5、6 点为中心，以钢丝直径画圆，如图 8-44c 所示。

4）按右旋方向作相应圆的公切线，即完成作图，如图 8-44d 所示。图 8-44e 所示为剖视图。

圆柱螺旋压缩弹簧的零件图中，图形一般采用两个或一个视图表示，如图 8-45 所示。弹簧的参数应直接标注在图形上，当直接标注有困难时，可在"技术要求"中注明。当需要表明弹簧的力学性能时，可以在主视图的上方用图解方式表示，圆柱螺旋压缩弹簧的力学性能曲线画成了直线，即图中直角三角形的斜边，它反映了外力与弹簧变形之间的关系，代号 F_1、F_2 为工作负荷，F_n 为最大工作负荷。

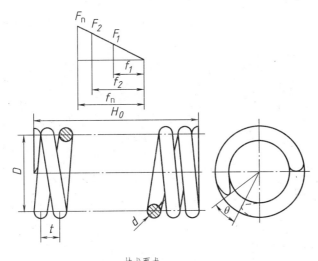

技术要求
1.展开长度 $L \approx 863$。
2.旋向：右旋。
3.有效圈数 $n = 6$，总圈数 $n_1 = 8.5$。
4.热处理后硬度为 $44 \sim 50$ HRC。

标题栏

图 8-45 圆柱螺旋压缩弹簧零件图格式

第9章 零 件 图

9.1 零件图的作用和内容

9.1.1 零件图的作用

零件是组成机器和部件的最小单元，生产机器必须先制造零件。如图 9-1 所示，表达零件结构、尺寸大小及技术要求的图样称为零件图。零件图是制造和检验机械零件的主要依据，是设计和生产部门的主要技术文件之一。

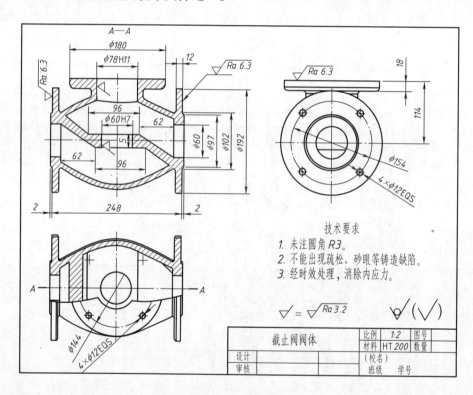

图 9-1　截止阀阀体零件图

9.1.2 零件图的内容

在生产实践中，零件图是用于指导制造和检验零件的主要图样，因此，零件图必须详尽地反映零件的结构形状、尺寸和有关制造该零件的技术要求等。如图 9-1 所示，一张完整的零件图应具备以下四个方面的内容。

1. 一组视图

使用国家制图标准规定的图样表示法，用一组视图把零件结构、形状完整地表达清楚。

这组视图应使用尽可能少的视图将零件结构及各组成部分之间相对位置关系表达清楚的基础上。如图 9-1 所示，用三个视图表达清楚截止阀阀体的内外结构。

2. 完整的尺寸

正确、完整、清晰、合理地标出零件制造和检验时所需的全部尺寸。综合考虑加工要求，从定形尺寸、定位尺寸和总体尺寸三个方面入手进行尺寸标注，缺一不可。

3. 技术要求

用规定的代号、符号、数字、字母和文字注解，简明准确地给出零件在加工、制造、检验、装配时应达到的技术要求，如尺寸公差、几何公差、表面粗糙度、材料和热处理以及其他特殊要求等。技术要求一般注写在图样右侧标题栏之上的空白处。

4. 标题栏

在标题栏中，要填写零件的名称、数量、材料、比例、图号以及设计、制图、审核等人员的签名和日期等项内容。

9.2 零件图的视图选择

零件图的视图选择就是根据零件的结构形状、加工方法以及它在机器或部件中的位置和作用等因素，选择一组合适的视图（前述视图、剖视图、断面图、局部放大图等），将零件的内外结构、形状完全、正确、清晰、合理地表达出来。视图选择的原则是：在完整表达零件结构形状的前提下，应尽量减少视图数量，力求一个制图简捷、看图方便的表达方案。视图选择一般按如下步骤进行：

1）分析零件的形体及功用。通过分析可以了解零件的结构、作用、工作状态或加工方法。

2）选择主视图。

3）选择其他视图。根据零件内外结构的特点，选择所需要的其他视图，来补充主视图尚未表达清楚的结构。

4）方案对比与调整。通过方案对比，选择一个最优方案来表达零件。

下面重点介绍一下主视图和其他视图的选择原则。

9.2.1 主视图的选择

1. 确定零件的摆放状态

主视图在表达零件的视图中处于核心地位，画图和看图时，一般应从主视图开始，因此，在表达一个零件时，应首先选择好主视图的表达方案。选择主视图时，应先确定零件的摆放状态，然后再确定主视图的投射方向。主视图选择得恰当与否，直接影响到其他视图的选择、画图和看图的方便性，以及图幅的合理利用等。

确定零件的摆放状态时需符合以下原则：

（1）加工状态原则 零件图的作用是用于指导零件的加工与检验，因此主视图所表示的零件位置应尽量和该零件主要加工工序的安放状态一致，以便于加工者读图。

（2）工作状态原则 工作状态是指零件在机器或部件工作时所处的状态。对于多种加工状态的零件，应尽量与零件在机器或部件中的工作状态相一致，这样便于理解零件的工作情况。

（3）其他状态原则　有些零件的工作状态是倾斜的，若选择其工作状态作为主视图位置不便于绘图和看图，对于此类零件，一般应选择摆正的状态或零件的主要部分处于摆正状态绘制主视图。

2. 确定主视图的投射方向

即选择零件哪一个方向的投影作主视图的问题。在确定了零件摆放状态后，一般选择最能反映零件的形状、结构特征以及各形体间相互位置关系的方向作为主视图的投射方向。

9.2.2　其他视图的选择

主视图确定后，根据零件形状的特点，以完整、清晰、唯一确定其形状为目标，采用形体分析与功能分析（即分析零件所具有的特定用途）相结合的方法，按自然结构（如腔体、底板、支承孔、座板、肋、凸台等）逐个分析所需视图及其表达方法，最后综合形成一个简洁合理的表达方案。通常，优先采用基本视图表达零件的主要结构和主要形状，应尽量使用在基本视图上作剖视的方法表达零件的内部结构，在基本视图中没有表达或不够清晰的次要结构、细部或局部形状用局部视图、局部放大图、断面图等方法表达。

在基本视图中，若左视与右视、俯视与仰视的表达内容相同，应优先选用左视和俯视。布局图样时，有关的视图尽可能按投影关系配置。

在所选择的一组视图中，应尽可能使每个视图都有表达的重点，各个视图相互配合、补充而不重复，在零件结构表达清楚的前提下，使视图数量最少。

9.2.3　典型零件的视图选择

根据零件的结构形状，零件大致可分成轴套类、盘盖类、叉架类和箱体类四类。

1. 轴套类零件

（1）分析了解零件　轴套类零件包括各种转轴、销轴、衬套、轴套等。从结构上看，该类零件各部分由回转体组成，零件的轴向尺寸比径向尺寸大，常有轴肩、倒角、键槽、螺纹、退刀槽、砂轮越程槽、销孔和中心孔等结构，套类零件是中空的。

（2）安放状态　如图9-2所示，一般常把零件按加工状态摆放。

（3）表达方案　主视图表达零件的主体结构，用断面图、局部剖视图、局部放大图表达零件的某些局部结构，对于中空的套类零件，其主视图一般取剖视。平键键槽放在中心线上，方向朝前；半圆键键槽朝上，采用局部剖来表达。

2. 盘盖类零件

（1）分析了解零件　盘盖类零件包括各种齿轮、带轮、手轮、法兰盘、端盖和压盖等。这类零件的主体部分常由共轴线的回转体组成，其轴向尺寸比径向尺寸小，有键槽、轮辐、均匀分布的孔等结构，往往有一个端面与其他零件接触。

（2）安放状态　以车削加工为主的零件，按主要加工状态将轴线水平放置；不以车削加工为主的零件，按工作状态放置。

（3）表达方案　如图9-3所示，一般采用两个基本视图，主视图常采用剖视图以表达内部结构；另一视图则表达其外形轮廓和各组成部分，如孔、肋、轮辐等的相对位置，并常采用简化画法。

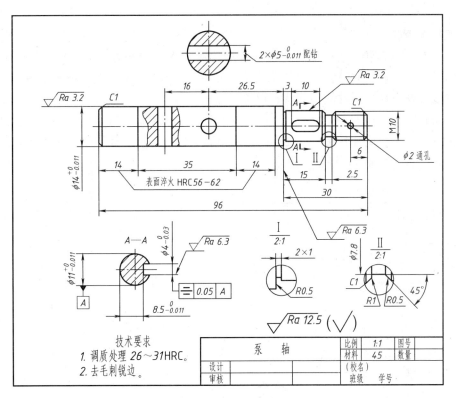

图 9-2　泵轴零件图

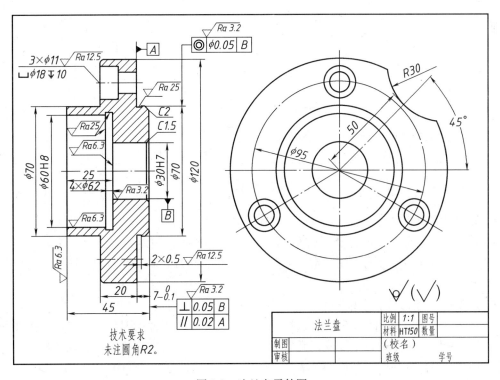

图 9-3　法兰盘零件图

3. 叉架类零件

（1）分析了解零件　叉架类零件包括各种拨叉、连杆、支架、支座等。叉架类零件通常由工作部分、支承（或安装）部分及连接部分组成，常有螺孔、肋、槽等结构。

（2）安放状态　以零件的工作状态放置。

（3）表达方案　如图9-4所示，选择主视图时，为反映零件的形状特征，一般需要两个以上的视图，零件的倾斜部分用斜视图或斜剖视表达，内部结构常采用局部剖视图表达，薄壁和肋板的断面形状常采用断面图表达。

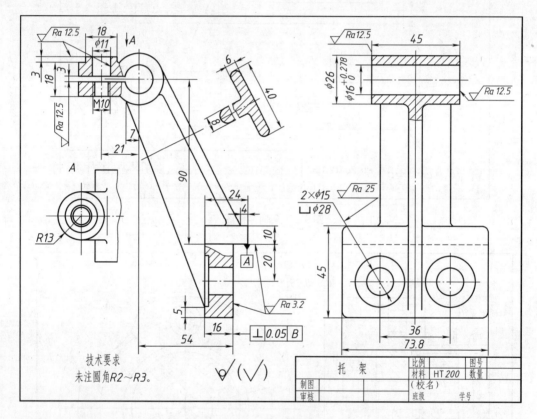

图 9-4　托架零件图

4. 箱体类零件

（1）分析了解零件　箱体类零件包括各种箱体、壳体、阀体、泵体等。箱体类零件主要起包容、支承其他零件的作用，常有内腔、轴承孔、凸台、肋、安装板、圆孔、沉孔、螺孔等结构。

（2）安放状态　以零件的工作状态放置。

（3）表达方案　如图9-5所示，选择主视图时，为反映零件的形状特征，一般需要两个以上的基本视图，采用通过主要支承孔轴线的剖视图表达其内部结构形状，一些局部结构常用局部视图、局部剖视图、断面图等表达。

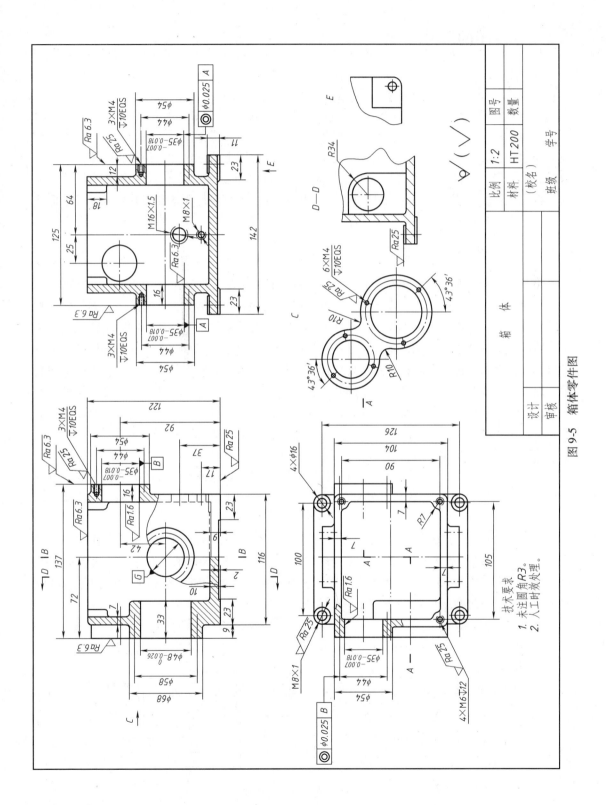

图 9-5　箱体零件图

9.3 零件图的尺寸标注

9.3.1 零件图尺寸标注的基本要求

零件图是零件加工制造、检验的依据。在零件图上，视图只能表达零件的结构形状，尺寸才能确定零件的大小和各部分之间准确的相对位置关系。零件图尺寸标注的基本要求是标注的尺寸应正确、完整、清晰、合理。正确，就是零件图上所注尺寸必须符合国家制图标准中的有关规定；完整，就是应注全零件各部分结构的定形尺寸、定位尺寸和总体尺寸；清晰，就是配置尺寸便于看图；合理，就是所标注的尺寸满足设计要求和工艺要求。尺寸标注的基本规定和基本要求已在前面第 5 章中作了详细介绍，下面主要介绍尺寸标注的合理性。

9.3.2 合理选择尺寸基准

为了满足标注尺寸的合理性，应选择零件的设计基准或工艺基准作为它的尺寸基准。零件设计时，根据零件的结构和设计要求而选定标注尺寸的起点称为设计基准。在零件图上常以零件的底面、端面、对称平面、回转体的轴线作为设计基准。零件在加工时用以加工定位和检验而选定的基准称为工艺基准。标注尺寸的一般原则是：将重要的尺寸从设计基准出发进行标注，以保证设计要求；一些次要的尺寸则从工艺基准出发进行标注，以利于加工和测量。在标注尺寸时，最好是把设计基准和工艺基准统一起来，这样，既能满足设计要求，保证工作性能，又能满足工艺要求，保证加工测量方便。当两者不能统一时，应以保证设计要求为主。即在满足设计要求的前提下，力求满足工艺要求，通常，以设计基准为主要基准，以工艺基准为辅助基准。但在两基准之间必须标注一个联系尺寸。

从设计基准出发标注尺寸，可以直接反映设计要求，能保证所设计的零件在机器或机构中的位置和功能；从工艺基准出发标注尺寸，可便于加工和测量操作及保证加工和测量质量。

如图 9-6 所示，销轴的轴线既是径向设计基准，也是径向工艺基准，由此标注的一系列径向尺寸，如 $\phi25$、$\phi18$ 和 M12 都满足合理性的要求；把 $\phi25$mm 轴段右端面作为轴向主要尺寸基准，标注尺寸 35 以满足性能要求，以销轴右端面作为轴向辅助基准，标注尺寸 20 以便于测量，两者之间用尺寸 58 联系起来。

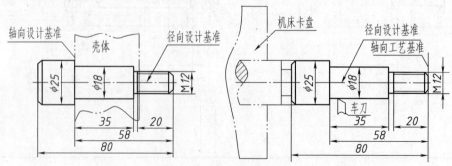

图 9-6 尺寸基准的选择

9.3.3　合理标注尺寸要注意的问题

1）主要尺寸应根据设计基准直接标注。主要尺寸是指会影响零件工作性能的尺寸，如配合关系表面的尺寸、零件各结构间的重要相对位置尺寸以及零件的安装位置尺寸等。主要尺寸应由设计基准直接注出，如图9-7a 所示，Ⅰ、Ⅱ、Ⅲ分别为轴承架长宽高方向的尺寸基准，轴承架的主要尺寸直接从设计基准标注，而不能像图9-7b 所示那样间接标注。

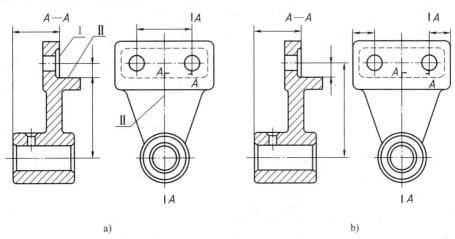

图 9-7　主要尺寸从设计基准标出

a）合理　b）不合理

2）尺寸标注应符合加工顺序。如图 9-8 所示，阶梯轴的加工顺序是先加工长度为40mm 的圆柱体，然后加工长度为 24mm 的圆柱体，再加工退刀槽，最后是右侧的外螺纹，所以尺寸标注的顺序应该与加工顺序一致。

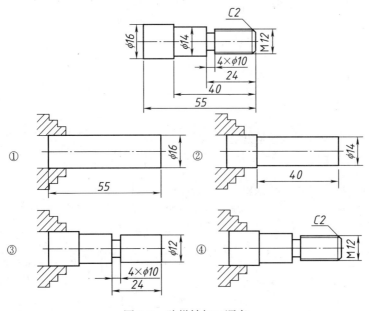

图 9-8　阶梯轴加工顺序

3）尺寸标注应便于测量，并避免出现封闭尺寸链。如图9-9a所示，长度方向的尺寸5、34、9便于测量；如图9-9b所示，尺寸20不便于测量；如图9-9c所示，既标注了每段的尺寸5、20、9，又标注了总体尺寸34，这样就形成了闭合的尺寸链，因而无法同时满足各个尺寸的精度。

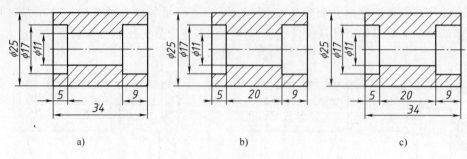

a)   b)   c)

图9-9 标注应便于测量、避免封闭尺寸链

4）零件上的工艺结构尺寸标注应查阅有关设计手册。表9-1列出了零件常见结构的尺寸标注，供读者参考。

表9-1 常用工艺结构的标注

结构类型	标注方法	说　　明
倒角	C1　　C1　　1.5　　C1 　　　　　　　30°	一般45°倒角按"C倒角宽度"标出，特殊情况下，30°或60°倒角应分别标注宽度和角度
退刀槽	2×φ6　　2×1　　2×1　　2×φ8	一般按"槽宽×槽深"或"槽宽×直径"标注
螺孔	3×M6EQS 3×M6EQS 3×M6EQS 3×M6EQS↓10 3×M6EQS↓10 3×M6EQS 10	3×M6表示工称直径为6mm的3个螺孔，在"3×M6"后加上EQS表示均匀分布。"↓"为深度符号，"↓10"表示孔深10mm
光孔	4×φ5↓10 4×φ5↓10 4×φ5 10	4×φ5表示直径为5mm的4个光孔，在"4×φ5"后面加上EQS表示均匀分布

(续)

结构类型	标 注 方 法	说　　明
沉孔	$6\times\phi7$　$\vee\phi13\times90°$　$6\times\phi7$　$\vee\phi13\times90°$　$90°$　$\phi13$　$6\times\phi7$	"$\vee$" 为锥型沉头孔的符号。锥形孔的直径 $\phi13$ 和锥角 $90°$ 均需标出
	$4\times\phi6$　$\sqcup\phi10\triangledown3.5$　$4\times\phi6$　$\sqcup\phi10\triangledown3.5$　$\phi10$　3.5　$4\times\phi6$	"$\sqcup$" 为柱型沉头孔的符号
	$4\times\phi7$　$\sqcup\phi16$　$4\times\phi7$　$\sqcup\phi16$　$\sqcup\phi16$　$4\times\phi7$	锪平面 $\phi16mm$ 的深度不需要标注，一般锪平到不出现毛坯为止

9.4　零件图的技术要求

零件的技术要求包括表面结构、极限与配合、几何公差、热处理及表面镀涂层，零件材料以及有关零件制造和检验的要求。下面介绍表面结构、尺寸公差、几何公差等的注法。

9.4.1　表面结构

1. 表面结构的概念

为了保证零件的表面质量，需要在设计时对零件的表面结构给出要求。表面结构是在有限区域上的表面粗糙度、表面波纹度、表面缺陷、表面纹理和表面几何形状的总称。

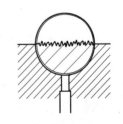

零件的表面，不管经过怎样精细的加工，在显微镜下观察，都是高低不平的波纹（图 9-10）。根据波距的大小不同，零件表面的形貌可分三种情况，如图 9-11 所示。

图 9-10　零件表面峰谷

（1）表面粗糙度　零件表面所具有的微小峰谷的不平程度，波距小于 1mm，属于微观几何形状误差。表面粗糙度是评定零件表面结构质量的一项重要技术指标，对零件的耐磨性、耐蚀性、密封性、抗疲劳的能力都有直接影响。

（2）表面波纹度　零件表面由峰谷的波距比粗糙度大得多、随机的或接近周期形式的成分构成，波距在 1～10mm 之间，是介于微观和宏观之间的几何误差。它和表面粗糙度一样也是影响零件表面结构质量的重要指标。

（3）形状误差　零件表面峰谷的波距大于 10mm 的不平程度，属于宏观几何误差。

2. 表面结构参数

CB/T 3505—2009《产品几何技术规范（GPS）表面结构 轮廓法 术语、定义及表面结构参数》中规定了评定表面结构质量的三个主要轮廓参数组：R 轮廓参数（粗糙度参数）、W 轮廓参数（波纹度参数）、P 轮廓参数（原始轮廓参数）。其中，表面粗糙度参数中轮廓算术平均偏差 Ra 和轮廓最大高度 Rz 是评定零件表面结构质量的主要参数。以下介绍的表面结构参数主要是指表面粗糙度参数。

如图 9-12 所示，轮廓算术平均偏差 Ra 是指在取样长度内，沿测量方向的轮廓线上的点与基准线之间距离绝对值的算术平均数。生产中 Ra 最常用。Ra 值越小，表面质量越高，零件表面越光滑；反之，零件表面质量低，表面粗糙。

$$Ra = \frac{|Z_1| + |Z_2| + |Z_3| + \cdots\cdots + |Z_n|}{n}$$

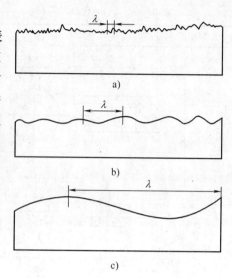

图 9-11　截面轮廓误差放大曲线

a）表面粗糙度　b）表面波纹度　c）形状误差

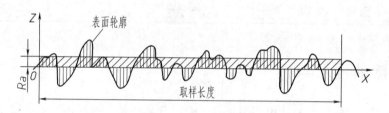

图 9-12　Ra 的定义（OX 为基准线）

3. 表面结构参数的选用

表面结构参数数值的选择，要考虑零件的使用要求和产品的加工成本两个方面。在满足使用要求的前提下，尽量选用较大的表面结构参数数值。轮廓算术平均偏差 Ra 的数值系列、加工方法及应用见表 9-2。

表 9-2　不同 Ra 值的表面状况及采用的加工方法和应用情况

$Ra/\mu m$	表面状况	加工方法	应　　用
50	明显可见刀纹	粗车、粗铣、钻孔、粗刨等	不接触表面。如倒角、退刀槽表面等
25	可见刀纹		
12.5	微见刀纹		
6.3	可见加工痕迹	精车、精铣、粗磨、粗铰等	支架、箱体和盖等的非配合表面，一般螺栓支承面
3.2	微见加工痕迹		箱、盖、套筒要求紧贴的表面，键和键槽的表面等
1.6	不可见加工痕迹		要求有不精确定心及配合特性的表面，如支架孔、衬套、胶带轮工作面

（续）

$Ra/\mu m$	表 面 状 况	加 工 方 法	应 用
0.8	可辨加工痕迹方向	精磨、精铰、精拉等	要求保证定心及配合特性的表面，如轴承配合表面、锥孔等
0.4	微辨加工痕迹方向		要求能长期保持规定的配合特性的尺寸公差等级为 IT7 的孔和 IT6 的轴
0.2	不可辨加工痕迹方向		主轴的定位锥孔，直径 $d<20mm$ 淬火精确轴的配合表面
0.1 ~0.012	光泽面	研磨、抛光、超级加工等	精密量具的工作面等

4. 表面结构的符号、代号和标注方法（GB/T 131—2006）

（1）表面结构符号的画法　国家标准规定了表面结构符号的画法，如图 9-13 所示，同时也给出了表面结构图形符号和附加标注的尺寸，见表 9-3。

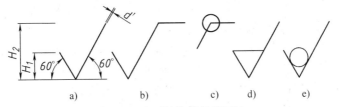

图 9-13　表面结构符号的画法

表 9-3　表面结构图形符号和附加标注的尺寸　（单位：mm）

数字和字母高度 h	2.5	3.5	5	7	10	14	20
符号线宽 d' 字母线宽 d	0.25	0.35	0.5	0.7	1	1.4	2
高度 H_1	3.5	5	7	10	14	20	28
高度 H_2（最小值）	8	11	15	21	30	42	60

（2）表示表面结构的图形符号及其意义　表面结构的图形符号不同代表的意义不一样，表 9-4 列出了各种符号的意义，在标注表面结构时，建议使用完整图形符号。

表 9-4　表面结构的符号及意义

符　号	意　义
∨	基本图形符号，仅用于简化代号标注，没有补充说明时不能单独使用
⊽	基本图形符号上加一短横，表示用去除材料的方法获得，如通过机加工（车、铣、刨、磨等）获得的表面；仅当其含义是"被加工表面"时可单独使用
⊘	基本图形符号上加一圆圈，表示用不去除材料的方法获得，如通过铸、锻、冲压等加工获得的表面；也可用于表示保持上道工序形成的表面，不管这种状况是通过去除材料或不去除材料形成的
√	完整图形符号，允许用任何加工工艺获得表面，文本中用 APA 表示
⊻	完整图形符号，用去除材料的方法获得表面，文本中用 MRR 表示
⊘	完整图形符号，用不去除材料的方法获得表面，文本中用 NMR 表示

（3）表面结构代号及意义　在表面结构完整图形符号的横线下加上表面粗糙度数值就成为表面结构代号。完整图形符号和数值不一样，其意义不尽相同。表9-5列出了各种代号的意义。

表9-5　表面结构代号及其意义

代　号	意　义	代　号	意　义
$\sqrt{Ra6.3}$	用任何方法获得的表面，Ra 的上限值是 6.3μm	$\sqrt{Ra6.3}$	用不去除材料的方法获得的表面，Ra 的上限值是 6.3μm
$\sqrt{Ra6.3}$	用去除材料的方法获得的表面，Ra 的上限值是 6.3μm	$\sqrt{\begin{array}{c}Ra6.3\\Ra3.2\end{array}}$	用去除材料的方法获得的表面，Ra 的上限值是 6.3μm，下限值是 3.2μm

（4）表面结构补充要求的注写位置　在完整图形符号中，对表面结构的单一要求和补充要求应注写在如图9-14所示的指定位置。

位置 a 注写表面结构的单一要求；位置 a 和 b 注写两个或多个表面结构要求；位置 c 注写加工方法；位置 d 注写表面纹理和方向；位置 e 注写加工余量（mm）。

（5）表面结构在图样上的标注方法

1）表面结构要求对每一表面一般只注一次，并尽可能注在相应的尺寸及其公差的同一视图上。除非另有说明，所标注的表面结构要求是对完工零件表面的要求。

2）表面结构要求的注写和读取方向与尺寸的注写和读取方向一致。表面结构符号应从材料外指向并接触表面，如图9-15所示。

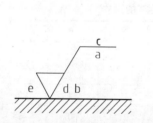

图9-14　表面结构要求注写位置

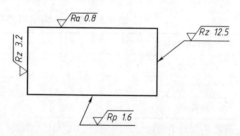

图9-15　表面结构要求的注写方向

3）表面结构要求可注写在轮廓线或其延长线上，如图9-16a所示；必要时，表面结构要求也可用带箭头或黑点的指引线引出标注，如图9-16b所示。

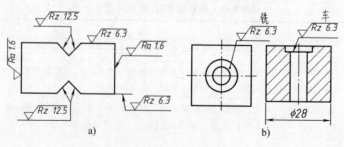

图9-16　表面结构要求注写在轮廓线或其延长线或指引线上

4）表面结构要求可标注在几何公差框格的上方，如图9-17所示。

5）在不致引起误解时，表面结构要求可以标注在给定的尺寸线上，如图9-18所示。

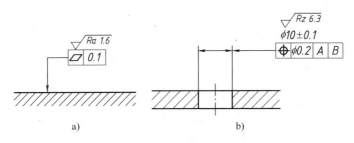

图 9-17　表面结构要求注写在几何公差框格的上方

6）圆柱和棱柱表面的表面结构要求只注写一次；如果每个棱柱表面有不同的表面要求，则应分别单独标注，如图 9-19 所示。

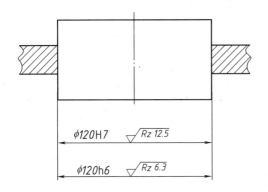

图 9-18　表面结构要求注写尺寸线上

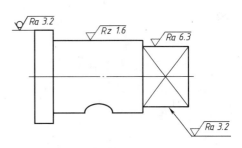

图 9-19　圆柱和棱柱表面结构要求的注法

（6）表面结构要求在图样中的简化注法

1）有相同表面结构要求的简化注法。如果工件的多数（包括全部）表面有相同的表面结构要求时，其表面结构要求可统一标注在图样的标题栏附近。此时（全部表面有相同要求的情况除外），表面结构要求的符号后面应有：在圆括号内给出无任何其他标注的基本符号，如图 9-20a 所示；在圆括号内给出不同的表面结构要求，如图 9-20b 所示。不同的表面结构要求应直接标注在图形中，如图 9-20 所示。

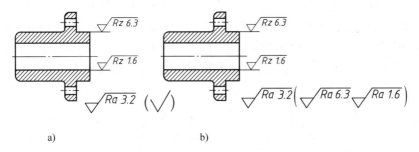

图 9-20　多数表面有相同的表面结构要求的简化注法

另外，当多个表面有共同表面结构要求，而图纸空间有限时，可用带字母的完整符号的简化注法和只用表面结构符号的简化注法。如图 9-21 所示，用带字母的完整符号以等式的形式标注在图形或标题栏附近。如图 9-22 所示，用表面结构符号以等式的形式给出对多个表面共同的表面结构要求。

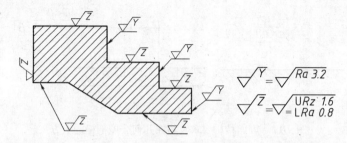

图 9-21　表面有共同表面结构要求且图纸空间有限的标注

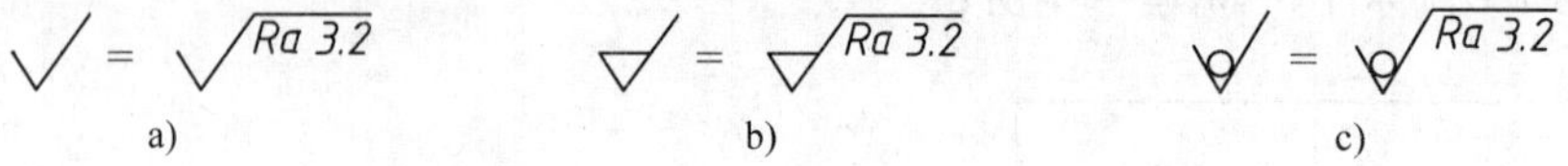

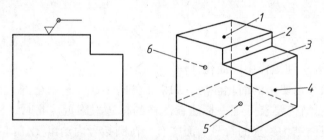

图 9-22　只用表面结构符号的简化注法

2）封闭轮廓的各表面有相同的表面结构要求的注法。当在图样某个视图上构成封闭轮廓的各表面有相同的表面结构时，在完整表面结构符号上加一圆圈，标注在图样中工件的封闭轮廓线上，如图 9-23 所示。图示的表面结构符号是指对图形中封闭轮廓的 6 个面的共同要求（不包括前后面）。

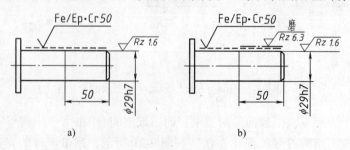

图 9-23　封闭轮廓的各表面有相同的表面结构要求的注法

3）两种或多种工艺获得的同一表面的注法。由几种不同的工艺方法获得的同一表面，当需要明确每种工艺方法的表面结构要求时，可按图 9-24 所示的方法进行标注（图中 Fe 表示基体材料为钢，Ep 表示加工工艺为电镀）。图 9-24a 所示为两种连续加工工序的表面结构标注，图 9-24b 所示为三个连续加工工序的表面结构、尺寸和表面处理的标注。

图 9-24　两种或多种工艺获得的同一表面的注法

9.4.2 极限与配合

1. 极限

（1）互换性 在成批或大量生产的规格大小相同的零件或部件中，任取一个不必经过任何挑选或修配装配到产品上，就能达到使用要求的性质，称为互换性。零件具有互换性，便于装配和维修，有利于组织生产协作，降低生产成本。公差与配合制度是实现互换性的必要条件。

（2）公差与极限的基本概念 实际生产中，为了保证零件的加工精度、使零件具有互换性，必须对尺寸限定一个变动范围，这个允许的尺寸变动量称为尺寸公差。与公差相关的概念、术语如下：

1）公称尺寸。设计时根据零件的使用要求确定的尺寸，如图 9-25 中的 $\phi40$。

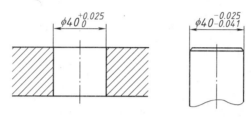

图 9-25 孔和轴的尺寸公差

2）实际尺寸。零件加工后，实际测量的尺寸。

3）极限尺寸。分为上极限尺寸和下极限尺寸，是孔或轴允许尺寸变动的两个极限值，它是以公称尺寸作为基数确定的，实际尺寸在上极限尺寸和下极限尺寸之间的零件为合格零件，否则为不合格零件。

① 上极限尺寸：孔或轴允许得到的最大尺寸。如图 9-25 中的 $\phi40.025$、$\phi39.975$。

② 下极限尺寸：孔或轴允许得到的最小尺寸。如图 9-25 中的 $\phi40.000$、$\phi39.959$。

4）尺寸偏差（简称偏差）。某一尺寸减去公称尺寸所得到的代数差。包括实际偏差和极限偏差，极限偏差又分为上极限偏差和下极限偏差。

① 上极限偏差：上极限尺寸减其公称尺寸所得的代数差。如图 9-25 中的 +0.025、−0.025。

② 下极限偏差：下极限尺寸减其公称尺寸所得的代数差。如图 9-25 中的 0、−0.041。

轴的上、下极限偏差代号用小写字母 es、ei 表示，孔的上、下极限偏差代号用大写字母 ES、EI 表示。上、下极限偏差均可以是正值、负值和零。

5）尺寸公差（简称公差）。是允许尺寸的变动量，公差是没有符号的绝对值。

尺寸公差 = 上极限尺寸 − 下极限尺寸 = 上极限偏差 − 下极限偏差

6）标准公差。国家标准用以确定公差带大小的任一公差值。标准公差等级确定尺寸的精确程度。GB/T 1800.1—2009 规定标准公差等级代号用符号 IT 和数字组成，如 IT7。标准公差等级分为 20 级，其代号为 IT01、IT0、IT1、IT2、…、IT18，其中 IT01 精度最高，IT18精度最低，即随着公差等级代号中数字的增大，尺寸的精度降低，公差数值增大。IT01～IT12 用于配合尺寸，IT13～IT18 用于非配合尺寸。属于同一标准公差等级的公差数值，公称尺寸越大，对应的公差数值越大，但被认为具有同等的精确程度。公称尺寸至 3150mm 的标准公差数值见表 9-6。

表 9-6　公称尺寸至 3150mm 的标准公差数值

工称尺寸/mm		标准公差等级																		
		IT1	IT2	IT3	IT4	IT5	IT6	IT7	IT8	IT9	IT10	IT11	IT12	IT13	IT14	IT15	IT16	IT17	IT18
大于	至	μm											mm						
—	3	0.8	1.2	2	3	4	6	10	14	25	40	60	0.1	0.14	0.25	0.4	0.6	1	1.4
3	6	1	1.5	2.5	4	5	8	12	18	30	48	75	0.12	0.18	0.3	0.48	0.75	1.2	1.8
6	10	1	1.5	2.5	4	6	9	15	22	36	58	90	0.15	0.22	0.36	0.58	0.9	1.5	2.2
10	18	1.2	2	3	5	8	11	18	27	43	70	110	0.18	0.27	0.43	0.7	1.1	1.8	2.7
18	30	1.5	2.5	4	6	9	13	21	33	52	84	130	0.21	0.33	0.52	0.84	1.3	2.1	3.3
30	50	1.5	2.5	4	7	11	16	25	39	62	100	160	0.25	0.39	0.62	1	1.6	2.5	3.9
50	80	2	3	5	8	13	19	30	46	74	120	190	0.3	0.46	0.74	1.2	1.9	3	4.6
80	120	2.5	4	6	10	15	22	35	54	87	140	220	0.35	0.54	0.87	1.4	2.2	3.5	5.4
120	180	3.5	5	8	12	18	25	40	63	100	160	250	0.4	0.63	1	1.6	2.5	4	6.3
180	250	4.5	7	10	14	20	29	46	72	115	185	290	0.46	0.72	1.15	1.85	2.9	4.6	7.2
250	315	6	8	12	16	23	32	52	81	130	210	320	0.52	0.81	1.3	2.1	3.2	5.2	8.1
315	400	7	9	13	18	25	36	57	89	140	230	360	0.57	0.89	1.4	2.3	3.6	5.7	8.9
400	500	8	10	15	20	27	40	63	97	155	250	400	0.63	0.97	1.55	2.5	4	6.3	9.7
500	630	9	11	16	22	32	44	70	110	175	280	440	0.7	1.1	1.75	2.8	4.4	7	11
630	800	10	13	18	25	36	50	80	125	200	320	500	0.8	1.25	2	3.2	5	8	12.5
800	1000	11	15	21	28	40	56	90	140	230	360	560	0.9	1.4	2.3	3.6	5.6	9	14
1000	1250	13	18	24	33	47	66	105	165	260	420	660	1.05	1.65	2.6	4.2	6.6	10.5	16.5
1250	1600	15	21	29	39	55	78	125	195	310	500	780	1.25	1.95	3.1	5	7.8	12.5	19.5
1600	2000	18	25	35	46	65	92	150	230	370	600	920	1.5	2.3	3.7	6	9.2	15	23
2000	2500	22	30	41	55	78	110	175	280	440	700	1100	1.75	2.8	4.4	7	11	17.5	28
2500	3150	26	36	50	68	96	135	210	330	540	860	1350	2.1	3.3	5.4	8.6	13.5	21	33

注：1. 公称尺寸大于 500mm 的 IT1 ～ IT5 的标准公差数值为试行的。

　　2. 公称尺寸小于或等于 1mm 时，无 IT14 ～ IT18。

7）公差带。公差带是指由一个或几个理想的几何线或面所限定的、由线性公差值表示其大小的区域。如图 9-26 所示，在分析尺寸公差和公称尺寸的关系时，将上、下极限偏差

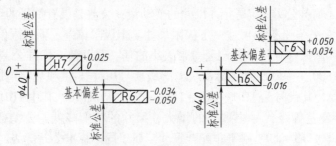

图 9-26　孔和轴的公差带图

和公称尺寸按放大的比例绘制出简图,称为公差带图。其中表示公称尺寸的一条直线为零线,它是确定正、负偏差的基准线。代表上、下极限偏差的两条水平线所限定区域称为公差带。公差带由"公差带大小"和"公差带位置"两个要素组成。大小由"标准公差"确定,位置由"基本偏差"确定。

8)基本偏差。国家标准规定用以确定公差带相对于零线位置的上极限偏差或下极限偏差中靠近零线的那个偏差称为基本偏差。如图 9-27 所示,孔和轴分别规定了 28 个基本偏差,代号用拉丁字母表示,大写字母表示孔,小写字母表示轴。

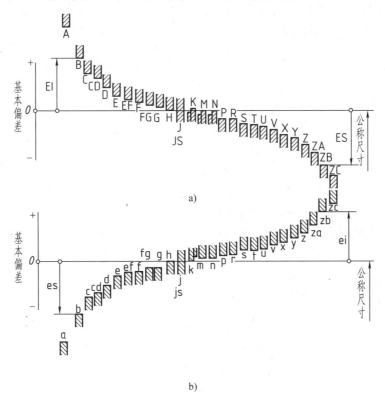

图 9-27　孔和轴的基本偏差
a) 孔　b) 轴

9)公差带代号。由基本偏差代号的字母和标准公差等级代号的数字组成,例如:$\phi40H7$、$\phi40R6$ 表示的是公称尺寸为 40mm 的孔的公差带代号;$\phi40h6$、$\phi40r6$ 表示的是公称尺寸为 40mm 的轴的公差带代号。其公差带图如图 9-26 所示。

2. 配合

公称尺寸相同的并且相互结合的孔和轴公差带之间的关系,称为配合。

根据孔、轴公差带的关系,配合可以分为以下三种。

(1)间隙配合　孔和轴在配合时具有间隙,孔的公差带在轴的公差带之上的配合,如图 9-28a 所示。

(2)过盈配合　孔和轴在配合时具有过盈,孔的公差带在轴的公差带之下的配合,如图 9-28b 所示。

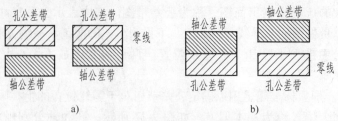

图 9-28　孔和轴的间隙配合、过盈配合示意图

（3）过渡配合　孔和轴在配合时，既可能具有间隙，也可能出现过盈，是孔和轴的公差带互相交叠的配合，如图 9-29 所示。

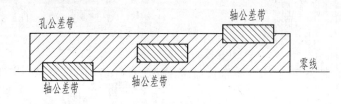

图 9-29　过渡配合示意图

3. 配合制

配合制是指同一极限制的孔和轴组成配合的一种制度。国家标准规定了两种基准制度，分别是基孔制和基轴制。由于同样精度的孔和轴，孔更不易加工，所以，一般情况下，优先采用基孔制。

（1）基孔制配合　基孔制配合是指基本偏差为一定的孔的公差带，与不同基本偏差的轴的公差带形成的各种配合的一种制度，如图 9-30 所示。基孔制配合的孔称为基准孔，基准孔的基本偏差代号为 H，孔的公差带上极限偏差为正，下极限偏差为零。

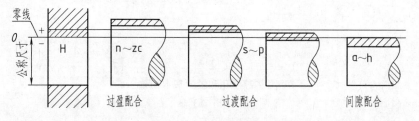

图 9-30　基孔制示意图

（2）基轴制配合　基轴制配合是指基本偏差为一定的轴的公差带，与不同基本偏差的孔的公差带形成的各种配合的一种制度，如图 9-31 所示。

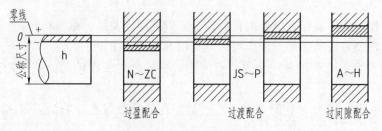

图 9-31　基轴制示意图

基轴制配合的轴称为基准轴，基准轴的基本偏差代号为 h，轴的公差带上极限偏差为零，下极限偏差为负。

4. 公差与配合的标注

（1）公差尺寸的标注　在零件图中，有精度要求的尺寸（包括配合尺寸）应该标注公差，线性公差尺寸的标注形式有三种。

1）标注公差带代号。将公差带的代号标注在公称尺寸的右边，如图 9-32a 所示，它适合于零件批量生产。

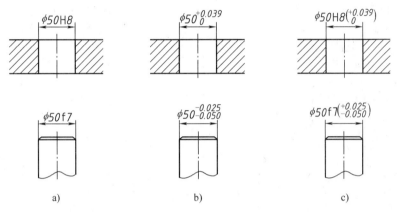

a)　　　　　　　　b)　　　　　　　　c)

图 9-32　零件图上尺寸公差标注

2）标注极限偏差。将上极限偏差分别标注在公称尺寸的右上边，下极限偏差应与公称尺寸注在同一底线上，它适合于单件或小批量生产。上、下极限偏差数字应该比公称尺寸数字小一号，上、下极限偏差前面必须标注正、负号，上、下极限偏差的小数点必须对齐，小数点后的位数也必须相同，如图 9-32b 所示。如果上、下极限偏差数值相同时，可以写在一起，其极限偏差字高与公称尺寸相同，如 $\phi40\pm0.015$。

3）混合标注。可以同时标注出公差带代号和上、下极限偏差数值，后者应加圆括号。如图 9-32c 所示，它适合于未知批量的生产。

（2）装配图中配合代号的标注　在装配图中，表示孔、轴配合的部位要标注配合代号，是在公称尺寸右边以分式形式标注出来。分子和分母分别表示孔和轴的公差带代号，如图 9-33 所示。格式如下：

图 9-33　装配图上的尺寸公差标注

如果分子中的基本偏差代号为 H，则孔为基准孔，为基孔制配合；如果分母中的基本偏差代号为 h，则轴为基准轴，为基轴制配合。

9.4.3　几何公差及其标注

1. 基本概念

几何公差包括形状、方向、位置和跳动公差，是指零件的实际形状和位置对理想形状和位置的变动量。在对一些精度要求较高的零件加工时，不仅需要保证尺寸公差，还要保证其几何公差。

2. 几何公差的代号及标注方法

（1）几何公差特征项目及符号　国家标准所规定的几何公差特征项目及其符号

见表 9-7。

表 9-7 几何公差特征项目及符号

公差类型	几何特征	符号	有无基准	公差类型	几何特征	符号	有无基准
形状公差	直线度	—	无	位置公差	位置度	⊕	有或无
	平面度	▱	无		同心度（用于中心点）	◎	有
	圆度	○	无		同轴度（用于轴线）	◎	有
	圆柱度	⌀	无		对称度	＝	有
	线轮廓度	⌒	无		线轮廓度	⌒	有
	面轮廓度	◠	无		面轮廓度	◠	有
方向公差	平行度	∥	有	跳动公差	圆跳动	↗	有
	垂直度	⊥	有				
	倾斜度	∠	有		全跳动	↗↗	有
	线轮廓度	⌒	有				
	面轮廓度	◠	有				

（2）几何公差框格 几何公差要求在矩形方框中给出，由两格或多格组成。框格中每部分的内容按照图 9-34 所示进行标注。图中的尺寸数字高度为 h，几何公差符号线宽为 d。

第一格：特征项目符号。

第二格：公差值及附加符号。公差值以 mm 为单位，当公差带为圆形或圆柱形时，在公差值前标注 "ϕ" 符号，当公差带为球形时，在公差值前标注 "$S\phi$"。

第三格及其后各格：表示基准要素或基准体的字母及附加符号。

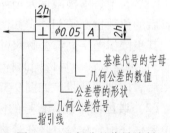

图 9-34 几何公差代号绘制

（3）被测要素的标注 被测要素与公差框格之间用一带箭头的指引线相连。当被测要素为轮廓线或表面时，箭头应该指向要素的轮廓线或轮廓线的延长线上，但是必须与尺寸线明显分开，如图 9-35a、b 所示。当被测要素为轴线、中心平面或由带尺寸要素确定的点时，箭头的指引线应与尺寸的延长线重合，如图 9-35c、d 所示。

（4）基准的标注 与被测要素相关的基准用一个大写字母表示。字母标注在基准方格内，且字母水平书写。基准方格与一个涂黑的或空白的三角形相连，以表示基准。表示基准的字母还应标注在公差框格内，涂黑的和空白的基准三角形含义相同，如图 9-36 和图 9-37 所示。

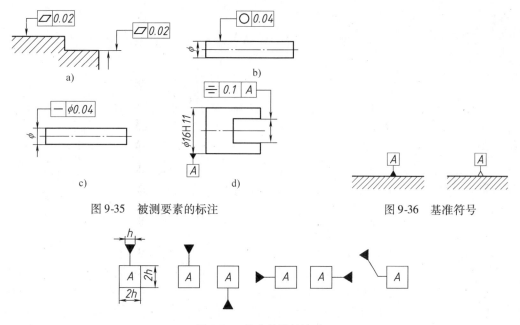

图 9-35　被测要素的标注　　　　　　　　图 9-36　基准符号

图 9-37　基准符号的注法

当基准要素是轮廓线或轮廓面时，基准三角形放置在要素的轮廓线或其延长线上，应与尺寸线明显错开，如图 9-38a 所示。；基准三角形也可放置在该轮廓面引出线的水平线上，如图 9-38b 所示。

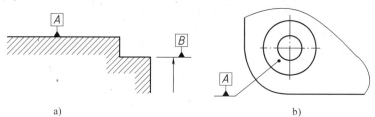

图 9-38　基准的标注方法

例 9-1　根据图 9-39 所示的轴套零件，解释图中所标注的几何公差的含义。

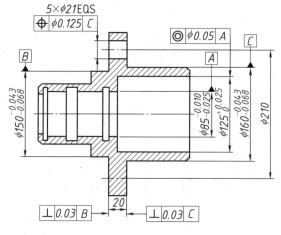

图 9-39　轴套零件几何公差标注

解:

（1）$\boxed{\perp\ \fbox{0.03}\ \fbox{B}}$ 的含义　厚度为 20mm 的安装板左端面对 ϕ150mm 圆柱面轴线的垂直度公差是 0.03mm。

（2）$\boxed{\perp\ \fbox{0.03}\ \fbox{C}}$ 的含义　安装板右端面对 ϕ160mm 圆柱面轴线的垂直度公差是 0.03mm。

（3）$\boxed{\odot\ \phi0.05\ A}$ 的含义　ϕ125mm 圆孔的轴线对 ϕ85mm 圆孔轴线的同轴度公差是 ϕ0.05mm。

（4）$\boxed{\begin{array}{c}5\times\phi21EQS\\ \oplus\ \phi0.125\ C\end{array}}$ 的含义　5 × ϕ21mm 孔对由与基准 C 同轴，直径尺寸 ϕ210mm 确定并均匀分布的理想位置的位置度公差是 ϕ0.125mm。

9.5　零件的常见工艺结构简介

零件的结构形状主要是由它的功能决定的，设计零件的结构形状时不仅要考虑功能要求和设计要求，还必须考虑零件的加工工艺要求，使加工、装配等易于进行，且易于达到质量要求。同时，还要考虑低消耗、高效率等经济因素。工艺要求是确定零件局部结构形式的主要依据之一。下面介绍一些常见的工艺结构。

9.5.1　零件的铸造工艺结构

用铸造方法得到的零件称为铸件。铸件的铸造过程如图 9-40 所示：第一步，根据零件的形状和大小按 1∶1 的比例制作留有加工余量模型（木模或金属型）；第二步，将模型放入砂箱、填入型砂、夯实，然后翻开上砂箱拔出模型后即形成型腔；第三步，将熔化的金属液体通过浇口注入型腔，直至冒口中出现金属液体为止，待金属液体冷却凝固后，去除型砂及冒口，即得到铸件。

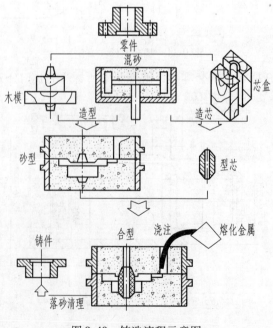

图 9-40　铸造流程示意图

在铸造过程中，为了避免产生铸造缺陷，使铸造工作顺利进行，铸件的形状和结构要符合铸造工艺要求。

1. 壁厚均匀

为了保证铸件的铸造质量，防止浇注后零件各部分由于冷却速度不同而产生如图 9-41c 所示的缩孔和裂纹等缺陷，应该尽量使铸件壁厚均匀或逐渐过渡，如图 9-41a、b 所示。

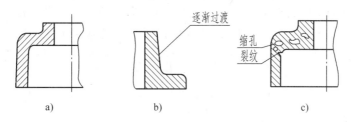

图 9-41　铸件壁厚的要求

a）壁厚均匀　b）厚薄逐渐过渡　c）厚薄不均匀

2. 起模斜度

在铸造过程中，为了将模型从铸型中顺利取出或型芯自芯盒脱出，一般沿模型起模方向设计出一定的斜度，称为起模斜度，如图 9-42a 所示，用角 α 表示。由于起模斜度一般很小，零件图中可不画出，也不必标注，如图 9-42b 所示，但应在技术要求中用文字说明。

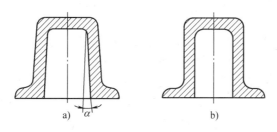

图 9-42　起模斜度

3. 铸造圆角

为了在造型时便于脱模，防止浇注的金属液体将砂型转角处冲坏、落砂，避免铸件在冷却时产生裂纹或缩孔，一般将铸件毛坯上的各种尖角制成圆角，这种圆角称为铸造圆角，如图 9-43 所示。同一铸件上的圆角半径尽可能相同。图上一般不标注圆角半径，而是在技术

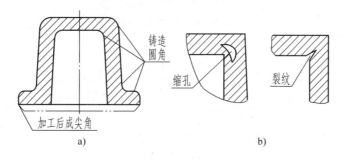

图 9-43　铸造圆角

a）铸造圆角及加工后尖角　b）无铸造圆角形成的缺陷

要求中集中注写，圆角半径要与铸件的壁厚相适应，一般为 $R3 \sim R5\text{mm}$。当表面需要切削加工时，圆角则被切削掉而成为尖角。

9.5.2　零件的机械加工工艺结构

1. 倒角和倒圆

为了去除机械加工后的毛刺、锐边，便于装配和保护装配面，在零件的端部常加工成倒角。与轴线成 45°的倒角用 C 表示，如图 9-44a 所示，有时也可以加工成 30°或 60°角。为了避免应力集中而产生裂纹，在轴肩处往往用圆角过渡，如图 9-44b 所示。它们的结构和尺寸可查阅附录 E。

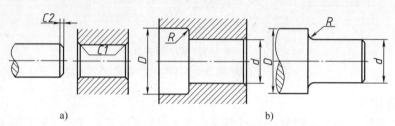

图 9-44　倒角与倒圆
a）倒角　b）倒圆

2. 退刀槽和砂轮越程槽

在切削或磨削加工中，为了便于退出刀具、砂轮以及装配时零件的可靠定位，常要在加工的终止处预先加工出退刀槽或砂轮越程槽，如图 9-45 所示，尺寸标注常按"槽宽×槽深"或"槽宽×直径"的形式集中标注。它们的结构和尺寸可查阅附录 F。

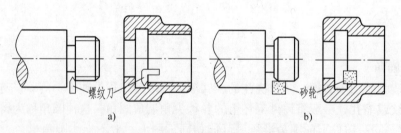

图 9-45　退刀槽与砂轮越程槽
a）退刀槽　b）砂轮越程槽

3. 减少加工面

为了保证零件表面之间接触良好，零件间相互接触的表面一般要进行加工。为了减少加工面，节省材料，降低成本，常在铸件上设计出凸台、凹坑和凹槽等结构，如图 9-46 所示。

4. 钻孔结构

在钻孔过程中，为了避免钻头单边受力导致钻头折断或钻孔倾斜，被钻孔的零件的端面应垂直于孔的轴线，如图 9-47 所示。如果钻孔处的表面为曲面或斜面，则应预先加工出与孔轴线垂直的平面、凸台或凹坑。

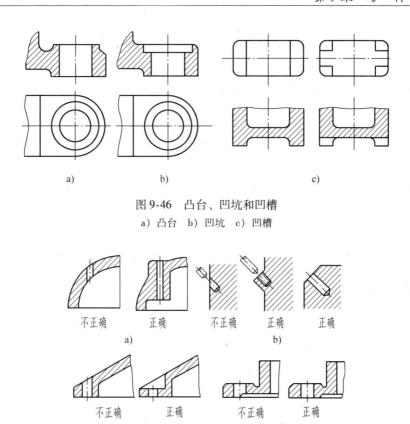

图 9-46　凸台、凹坑和凹槽
a）凸台　b）凹坑　c）凹槽

图 9-47　钻孔结构

9.6　读零件图

在生产实际中，不仅要具有绘制零件图的能力，还应该具备读零件图的能力。读零件图就是根据零件图的各个视图，分析该零件的作用、尺寸、相关的加工方法及加工时所需达到的技术要求等内容，想象出零件的结构、形状。对零件图进行分析的方法除了形体分析法和线面分析法外，更主要的方法是功能分析法，所谓功能分析法就是分析零件及其各组成部分的功能以及零件在加工和工作时的状态进行画图和读图的方法。进行功能分析是学习零件图和组合体视图的最大区别。

9.6.1　读零件图的方法和步骤

1. 看标题栏，初步了解零件

看标题栏的目的是了解零件的名称、材料，根据绘图比例想象零件实体大小，初步对结构和功能进行分析。图 9-48 所示为截止阀阀体的零件图，从其标题栏可知：

1）零件名称为"截止阀阀体"。它的功能就是容纳内部零件以及连接作用，零件上应该具有起紧固作用的结构，如螺孔等，属于壳体类零件。

2）材料为"HT200"。说明该零件材料为灰铸铁，其制造过程需先经过铸造，再通过

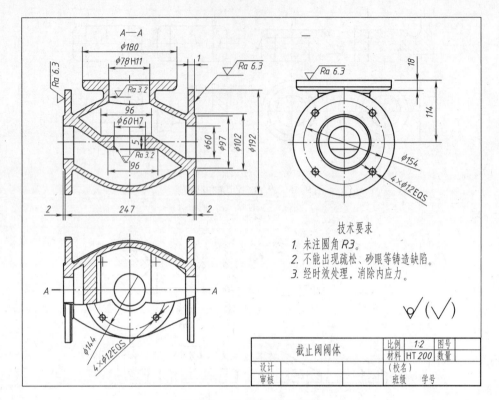

图 9-48 截止阀阀体零件图

切削加工而成。

3）比例为"1：2"。由此可以知道零件实物大小比图样大一倍。

4）数量、图号、设计单位及人员。

2. 分析视图，想象零件的结构形状

分析视图时，应该分析各视图采用了哪种表达方法，如果是剖视图，应分析剖切位置、剖切方法和投射方向；如果是向视图，应分析投射方向及表示零件的内容。

1）截止阀阀体零件图一共采用了三个视图，主视图采用全剖视图，其剖切面位置在零件的前后对称面上，主要表达零件内部空腔的形状。左视图采用基本视图，主要用来表达阀体外形结构和四个通孔的分布情况。俯视图为局部剖视图，主要反映阀体外部结构特征和内部隔板形状。

2）由三个视图可看到，该阀体按左右方向水平管道通路设计，在阀体上部的 $\phi180$mm 法兰盘中，有铅垂方向的孔 $\phi78$H11，可装阀杆等零件；孔 $\phi60$H7 是截止阀通径规格尺寸；阀体的左右两端是加工有四个螺栓孔的圆形法兰盘，是与管道相连接的部分。截止阀阀体零件形状结构如图 9-49 所示，由上法兰盖、水平法兰、隔离板、壳体四部分组成。

3. 分析尺寸

1）阀体的三个方向主要尺寸基准如图 9-48 所示。长度方向的主要尺寸基准是通径为 $\phi60$mm 流量孔轴线（设计基准），辅助基准是左右端面（工艺基准），两基准之间的联系尺寸是 247，尺寸有 2、247、2 等；宽度方向以阀体左右 $\phi60$mm 通孔的共同水平轴线作为主要尺寸基准，尺寸有 $\phi60$、$\phi154$、$\phi192$；高度方向同样水平轴线为主要尺寸基准，辅助基

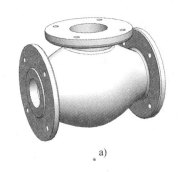
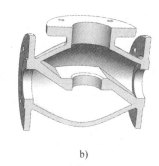
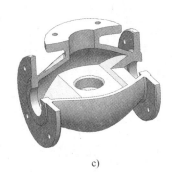

a)　　　　　　　　　　　　b)　　　　　　　　　　　　c)

图 9-49　截止阀阀体及剖切图

a）外观　b）全剖　c）局部剖

准是顶面，两基准之间的联系尺寸是 114，尺寸是铅垂方向管道孔的直径 ϕ60H7。

2）零件中的线性尺寸一般不做较高的要求，如 247 等。对于接口部位，由于要与其他零件连接并保证密封性，所以有较高的要求，如 ϕ144 等。

4. 分析技术要求

分析技术要求时，应该根据图中所标注的表面粗糙度代号、尺寸公差等，弄清楚主要加工表面的加工要求、精度要求等。

如图 9-48 中三个法兰端面的表面粗糙度 $Ra \leqslant 6.3\mu m$，铅垂方向的孔 ϕ60H7 和 ϕ78H11，其表面粗糙度 $Ra \leqslant 3.2\mu m$；没有标注的表面均为不加工的表面。

从技术要求的文字说明中可以知道：为消除铸件的内应力，要求零件经时效处理，且在铸造过程中的铸造圆角半径均为 3mm，不能出现疏松、砂眼等铸造缺陷。

5. 综合归纳

通过对零件图各方面内容的全面分析、归纳，可以想象出零件的内部结构形状，如图 9-49 所示。有时为了看懂比较复杂的零件图，还需参考相关的装配图及与其有关的技术文件资料。

9.6.2　典型零件图读图举例

图 9-50 所示是一个轴承座零件图，下面按上述的读图步骤进行读图。

1. 读标题栏

零件的名称是轴承座，属叉架类零件。毛坯为铸造而成，材料为 HT200，比例为 1 : 1。

2. 分析视图

该零件图用三个不同剖视方案的基本视图来表达它的内、外结构形状。主视图选择按工作状态安放，在基本视图的基础上作了局部剖，清楚地表达了轴承座底部两个 ϕ13 安装孔的结构特征，同时表达清楚了三个轴承盖固定孔的分布情况；左视图采用全剖视图，剖切面位于零件左右对称面上，表达了零件上部的油孔、轴承盖固定孔及轴承座孔的内部结构；同时也表达了底板下面的工艺槽的结构和底板上面叠放的肋板的形状；俯视图采用 A—A 全剖视图，表达支承板和肋板的断面厚度及底板的外形。

经过分析零件的视图和形体可知：该轴承座主要由上部的圆柱筒，下部的安装底板，中

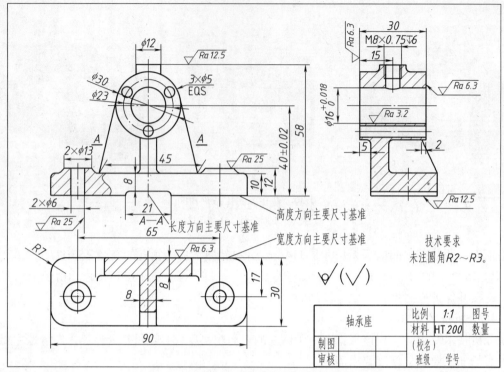

图9-50 轴承座零件图

间的支承板和肋板组成，如图9-51所示。

图9-51 轴承座的结构

3. 分析尺寸

轴承座长、宽、高三个方向主要尺寸基准如图9-50所示。长度方向主要尺寸基准是轴承座左右对称面，标注的尺寸有90、65、45、21等；宽度方向主要尺寸基准是安装底板的后端面（设计基准），辅助基准是圆柱筒后端面（工艺基准），两基准之间的联系尺寸是5，标注的尺寸有30、17、5、15、30等；高度方向主要尺寸基准安装底板的下底面（工艺基准），辅助基准是圆柱筒中心线和油孔凸台的上端面（工艺基准），标注的尺寸有58、40、12、10、$\phi23$、油孔螺纹深度6。比较重要的两个尺寸是$\phi16$mm的孔（上极限偏差为 +0.018mm，下极限偏差为0）和该孔的中心高度（40 ±0.02）mm。

4. 分析技术要求

通过形体分析和图上所注尺寸可以看出：标注的尺寸既能满足性能要求，又能满足工艺要求，故以上尺寸标注都是较合理的。由于该零件为铸件，所以零件上有许多铸造圆角，末

注圆角均为 $R2 \sim R3$ mm。

另外，零件上许多圆孔的内表面均为机加工面，零件的底板底面（$Ra \leqslant 12.5\mu$m）、安装孔上表面（$Ra \leqslant 25\mu$m）、油孔凸台上表面（$Ra \leqslant 12.5\mu$m）也为机加工面，它们都有表面结构要求；轴承座孔 $\phi16$ 及其中心高 40 都有尺寸公差要求，说明精度要求较高。由此可分析上述各表面的加工方法，如钻、车、铣、磨等；而其他表面多为铸造表面，不需要机械加工。

5. 综合归纳

把上述各方面内容综合起来分析，就可得出该零件的完整结构。该零件的整体结构形状如图 9-51 所示。

9.7　零件测绘

零件测绘，就是根据已有零件实物，先绘制出零件结构草图，然后测量出零件各部分的尺寸，并确定技术要求，最后完成零件工作图。零件测绘可以降低经济成本，能够为自主设计或修配损坏的零件提供技术资料；另外，零件测绘对推广先进技术，改造现有设备，技术革新等都有重要作用。

9.7.1　零件草图的绘制

测绘的过程是先通过绘制零件草图，再测量尺寸，经过整理之后再绘制正规零件图。因此必须掌握好徒手绘图的基本技能、正确的测量方法和绘图方法。

1. 零件分析

分析、了解零件在机器或部件中的位置和作用，以及它与其他零件之间的关系，然后采用形体分析法分析其结构形状和特点。

2. 确定表达方案

根据零件分析的结果，选择零件的安放状态，投射方向以及合适的视图，清晰、完整地表达零件的结构。

3. 绘制零件草图

测绘工作一般在生产现场进行，为了提高绘图速度，通常采用徒手绘图的方法在坐标纸上绘制草图，绘制时，通过目测确定零件各部分的相对比例，目的是快速得到零件的结构草图，然后测量、标注各部分尺寸。

在徒手绘制草图时，应注意以下几点：

（1）按照尺规作图的顺序进行　首先确定表达方案，然后确定图纸幅面，画图框线、主要视图的基准线和中心线。如测绘轴承座（图 9-52），其主要视图的图框线、标题栏、基准线和中心线如图 9-53 所示。

（2）按目测比例进行绘图　根据零件的表达方案，绘制零件各视图的轮廓线和完整尺寸的尺寸线，如图 9-54 所示。

（3）测量和标注　草图绘制完成后，利用测量工具，对零件的各部分尺寸进行测量、标注。应当注意，尺寸测量应集中进行，这样，不但可以提高工作效率，还可以避免错误和遗漏。再根据零件的作用以及加工方法注写表面结构符号及数值、尺寸公差、技术要求，并填写标题栏，如图 9-50 所示。

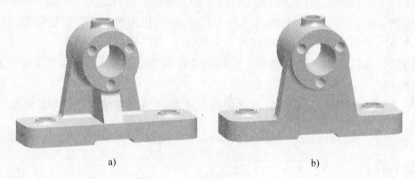

图 9-52　轴承座
a）正面　b）背面

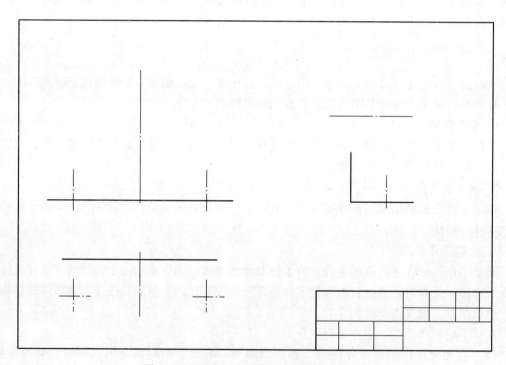

图 9-53　画图框、标题栏、基准线和中心线

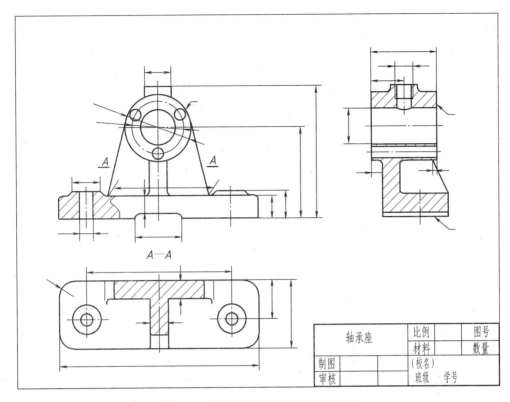

图 9-54　零件各视图的轮廓线和尺寸线

（4）检查整理草图，再根据草图绘制零件图　在绘制零件工作图时，对草图的表达方案、尺寸标注、技术要求等要进行优化、调整或查表，最后完成零件工作图。

9.7.2　零件尺寸的测量

测量零件尺寸的关键是选择合适的测量工具，并正确地使用测量工具。常用的测量工具有钢直尺、游标卡尺、千分尺、内卡钳、外卡钳、螺纹规、量角规等。

1. 钢直尺

钢直尺一般用于测量长度、高度、深度等尺寸，使用方法如图 9-55 所示。

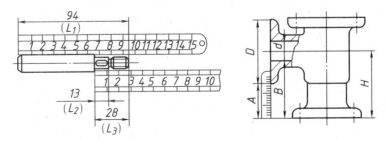

图 9-55　钢直尺的使用方法

2. 游标卡尺

游标卡尺是比较精密的测量工具，兼有内卡钳、外卡钳、钢直尺的功能，可以直接量取外直径和内直径的大小，并可以测量孔的深度尺寸，其测量精度可以达 0.02mm，使用方法如图 9-56 所示。

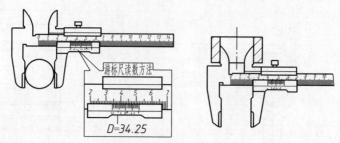

图 9-56　游标卡尺的使用方法

3. 千分尺

千分尺用于精密外径尺寸的测量，其结构如图 9-57 所示。

4. 螺纹规

螺纹规主要用于螺纹的测量，逐个将螺纹规上的齿形与被测螺纹比较，选择配合较好的齿形，读出读数即可。其使用方法如图 9-58 所示。

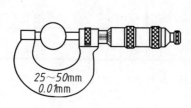

图 9-57　千分尺的结构

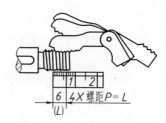

图 9-58　螺纹规的使用方法

5. 内、外卡钳

内、外卡钳一般与钢直尺配合使用，主要用于精度不高或毛坯面的尺寸测量，使用方法是先用卡钳量取尺寸，再在钢直尺上读取数据。内卡钳主要用于测量孔径；外卡钳主要用于测量回转体的外径。其使用方法如图 9-59 所示。

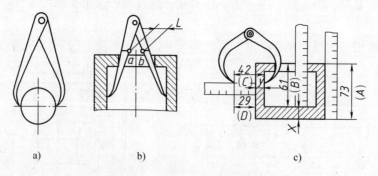

图 9-59　内、外卡钳的使用方法
a）测量外径　b）测量内径　c）测量壁厚

9.7.3　正式零件图的绘制

由于绘制零件草图时，受某些条件的限制，有些问题可能处理得不够完善。一般应将零件草图整理、修改后画成正式的零件图，经批准后才能投入生产。在画零件图时，要对草图进一步检查和校对，用绘图工具、仪器或计算机画出零件图。

画出零件图后，整个零件测绘工作才算结束。

由测绘画出的零件图应注意：

1）不要忽略零件上的工艺结构，如铸造圆角、倒角、凸台等。

2）零件的制造缺陷不要画出，如缩孔、加工刀痕、磨损等。

3）有配合关系的尺寸，可以测出公称尺寸，其偏差值应根据对零件功能和使用情况的分析，用合理的配合关系查表得出。对于非配合和不重要的尺寸，要将测得的尺寸进行圆整。

4）对螺纹、键槽、齿轮等已经标准化的结构，则根据测得的主要尺寸，查表采用标准结构尺寸。

第10章 装 配 图

10.1 装配图的作用和内容

10.1.1 装配图的作用

表达机器或部件的图样称为装配图。机器或部件在进行装配、调整、检验和维修时均需要装配图。在设计机器或部件时，一般是先设计画出装配图，然后再根据装配图进行零件设计，画出零件图；在机器或部件的制造过程中，先根据零件图进行零件加工和检验，再依据装配图所制订的装配工艺规程将零件装配成机器或部件；在产品或部件的使用、维护及维修过程中，也经常要通过装配图来了解产品或部件的工作原理及构造。因此，装配图是生产中的重要技术文件之一。

10.1.2 装配图的内容

图 10-1 和图 10-2 所示分别为滑动轴承及其装配图，从图 10-2 中可以看出一张完整的装配图应具有以下内容：

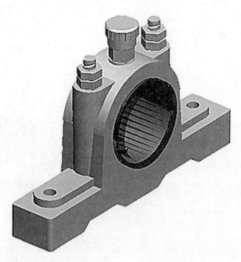

图 10-1　滑动轴承

1. 一组视图

根据机器或部件的具体结构，选用适当的表达方法，用一组视图正确、完整、清晰地表达机器或部件的工作原理、各组成零件间的相互位置和装配关系及主要零件的结构形状。

2. 必要的尺寸

装配图中必须标注反映机器或部件的规格、性能以及装配、检验和安装时所必要的一些尺寸。

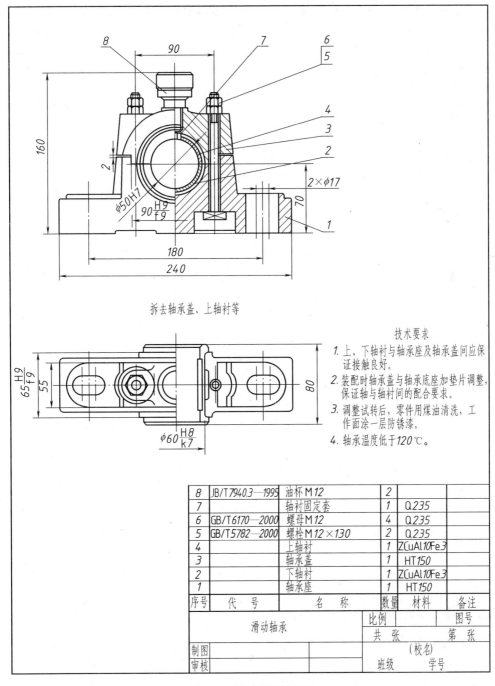

拆去轴承盖、上轴衬等

技术要求
1. 上、下轴衬与轴承座及轴承盖间应保证接触良好。
2. 装配时轴承盖与轴承底座加垫片调整，保证轴与轴衬间的配合要求。
3. 调整试转后，零件用煤油清洗，工作面涂一层防锈漆。
4. 轴承温度低于120℃。

8	JB/T 7940.3—1995	油杯 M12	2		
7		轴衬固定套	1	Q235	
6	GB/T 6170—2000	螺母 M12	4	Q235	
5	GB/T 5782—2000	螺栓 M12×130	2	Q235	
4		上轴衬	1	ZCuAl10Fe3	
3		轴承盖	1	HT150	
2		下轴衬	1	ZCuAl10Fe3	
1		轴承座	1	HT150	
序号	代　号	名　　称	数量	材料	备注
滑动轴承			比例		图号
			共　张		第　张
制图			(校名)		
审核			班级　　　学号		

图 10-2　滑动轴承装配图

3. 技术要求

在装配图中用文字或国家标准规定的符号注写出该装配体在装配、检验、使用等方面的要求。

4. 零件序号、明细栏和标题栏

根据生产组织和管理工作的需要，应对装配图中的组成零件编写序号，并填写明细栏和标题栏，说明机器或部件的名称、图号、图样比例以及零件的名称、材料、数量等一般概况。

10.2　装配图的绘制方法

装配图的侧重点是将装配体的结构、工作原理和零件间的装配关系正确、清晰地表示清楚。前面所介绍的机件表示法中的画法及相关规定对装配图同样适用。但由于表达的侧重点不同，机械制图的国家标准对装配图的绘制方法进行了规范，包括接触面和配合面的画法、两相邻零件剖面线的画法、夸大画法、展开画法及简化画法等表达方法。

10.2.1　接触面和配合面的画法

相邻两零件的接触面和配合面只画一条线，而公称尺寸不同的非配合面和非接触面，即使间隙很小，也必须画成两条线，如图 10-3a 中轴和孔的配合面、图 10-3b 中两个被联接件的接触面均画一条线。

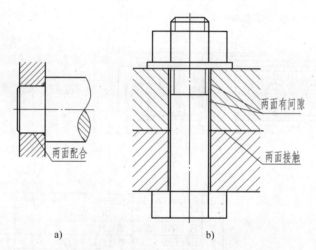

图 10-3　零件间接触面和配合面画法
a) 轴和孔的配合面　b) 两零件接合面

10.2.2　相邻零件剖面线画法

在剖视图和断面图中，同一个零件各视图的剖面线应相同；相邻两零件的剖面线应不同；三个零件相接触，其剖面线画法如图 10-4 所示。当装配图中零件的剖面厚度小于 2mm 时，允许将剖面涂黑代替剖面线。

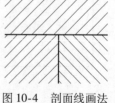

图 10-4　剖面线画法

10.2.3　夸大画法

在装配图中，对于一些薄片零件、细丝弹簧、小的间隙和锥度等，可不按其实际尺寸作图，而适当地夸大画出以使图形清晰，如图 10-5 中垫片的画法。

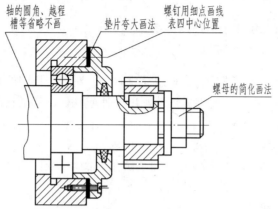

图 10-5　夸大及简化画法

10.2.4　假想画法

在装配图中，当需要表达该部件与其他相邻零、部件的装配关系时，可用双点画线画出相邻零、部件的轮廓，如图 10-6 中与车床尾座相邻的车床导轨的画法。

当需要表明某些零件的运动范围和极限位置时，可以在一个极限位置上画出该零件，而在另一个极限位置用细双点画线画出其轮廓，如图 10-6 中的手柄，在一个极限位置处画出该零件，又在另一极限位置处用细双点画线画出其外形轮廓。

10.2.5　展开画法

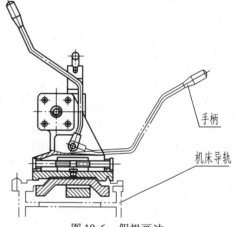

图 10-6　假想画法

为了表达某些重叠的装配关系，可假想将空间轴系按其传动顺序展开在一个平面上，然后沿轴线剖切画出剖视图，这种画法称为展开画法，如图 10-7 所示。

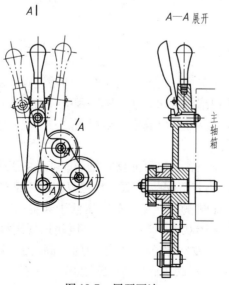

图 10-7　展开画法

10.2.6　简化画法（GB/T 16675.1—2012）

1. 标准组件简化画法

在装配图中，螺栓头部和螺母允许采用简化画法。对若干相同的零件组如螺栓、螺钉联接等，在不影响理解的前提下，允许详细地画出一处或几处，其余只需用点画线表示其中心位置，如图10-5所示。

2. 工艺结构简化画法

在装配图中，零件的一些工艺结构，如小圆角、倒角、退刀槽和砂轮越程槽等允许不画，如图10-5所示。

3. 标准件、实心件纵向剖切

装配图中，当剖切平面通过某些组合件为标准产品（如油杯、游标、管接头等）或该组合件已有其他图样表示清楚时，可以只画出其外形，如图10-2中的零件8油杯。当剖切平面通过如轴、杆等实心零件的轴线或对称面时，这些零件按不剖画，如图10-5中的轴和键。

4. 拆卸画法

当一个或几个零件在装配图的某一视图中遮住了要表达的大部分装配关系或其他零件时，可假想拆去一个或几个零件后再绘制该视图，这种画法称为拆卸画法，如图10-2中拆去轴承盖、上轴衬等的俯视图。此时，应在图上加注"拆去零件××等"，但应注意，拆卸画法是一种假想的表达方法，所以在其他视图上，仍需完整地画出它们的投影。

5. 沿零件接合面剖切画法

在装配图中，为了表示机器或部件的内部结构，可假想沿着某些零件的接合面进行剖切。这时，零件的接合面不画剖面线，其他被剖切的零件则要画剖面线，如图10-2俯视图中右半部是沿轴承盖和轴承座的接合面剖切，接合面上不画剖面线，螺栓则要画出剖面线。

6. 单独表达某一零件画法

在装配图中，当某个零件的结构形状需要表示而又未能表示清楚时，可单独画出该零件的一个视图或几个视图，并在所画视图上方注出该零件的视图名称，在相应视图附近用箭头指明投射方向，并注上相应的字母。

10.2.7　装配图的视图选择

运用装配图的绘制方法，选择一组恰当的视图，清楚地表达机器或部件的工作原理、零件间的装配关系和主要零件的结构形状。在绘图实践中，确定表达方案首先要合理选择主视图，同时兼顾其他视图，通过综合分析确定一组视图。

1. 选择主视图

主视图的选择应符合工作位置，尽可能反映机器或部件的工作原理、装配关系和主要零件的结构特点。图10-8所示为安全阀装配图，其主视图采用剖视图，其工作原理为：利用弹簧的作用力将阀芯2压紧在阀座上，气（液）压低于规定值时，气（液）的作用力低于弹簧的作用力，使阀门处于关闭状态。当气（液）压超过规定极限值时，阀芯下面受到气（液）作用力超过阀芯上面所受到的弹簧作用力时，阀芯被顶开，排出气（液），使气（液）压下降。该视图还清晰地反映了阀芯2、螺杆10、阀座1、阀盖12、弹簧7等主要零件的装配关系及结构形状。

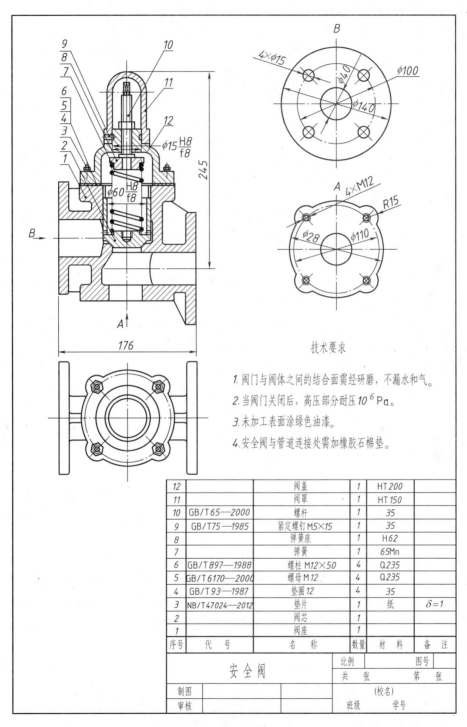

图 10-8 安全阀装配图

12		阀盖	1	HT 200	
11		阀罩	1	HT 150	
10	GB/T 65—2000	螺杆	1	35	
9	GB/T 75—1985	紧定螺钉 M5×15	1	35	
8		弹簧座	1	H62	
7		弹簧	1	65Mn	
6	GB/T 897—1988	螺柱 M12×50	4	Q235	
5	GB/T 6170—2000	螺母 M12	4	Q235	
4	GB/T 93—1987	垫圈 12	4	35	
3	NB/T 47024—2012	垫片	1	纸	δ=1
2		阀芯	1		
1		阀座	1		
序号	代 号	名 称	数量	材 料	备 注

安全阀

比例		图号	
共 张		第 张	

制图		(校名)
审核		班级 学号

2. 选择其他视图

分析主视图尚未表达清楚的机器或部件的工作原理、装配关系和其他主要零件的结构形状，再选择其他视图来补充主视图尚未表达清楚的结构。在图 10-8 中，为配合主视图，选择了俯视图表达阀体外形及螺栓联接的位置，为表达阀体左、右及底部法兰盘形状，又选择了 A、B 向视图。

10.3　装配图的尺寸标注和技术要求

10.3.1　装配图的尺寸标注

装配图的作用与零件图不同，因此不必注出零件的全部尺寸。为了进一步说明机器或部件的性能、工作原理、装配关系和安装要求，一般应标注以下几种尺寸。

1. 性能和规格尺寸

表示机器或部件工作性能和规格的尺寸。它是在设计时就确定的尺寸，是设计、了解和选用该机器或部件的依据，如图 10-2 中的轴孔直径 $\phi50H7$。

2. 装配尺寸

表示机器或部件中零件之间的装配关系和重要的相对位置，用以保证机器或部件的工作精度和性能要求的尺寸。

（1）配合尺寸　在机器或部件装配时，零件间有配合要求的尺寸。如图 10-2 中轴承盖与轴承座的配合尺寸 $\phi90H9/f9$；轴承盖和轴承座与上、下轴衬的配合尺寸 $\phi60H8/k7$ 等。

（2）相对位置尺寸　在机器或部件装配时，需要保证零件间相对位置的尺寸。如图 10-2 中轴承孔轴线到基准面的距离尺寸 70，两联接螺栓的中心距尺寸 90 等。

3. 安装尺寸

表示机器或部件安装到整机或安装到地基上时所需要的尺寸，如图 10-2 中滑动轴承的安装孔的定位尺寸 180 等。

4. 外形尺寸

表示机器或部件外形的总体尺寸，即总长、总宽和总高。它为机器或部件在包装、运输和安装过程中所占空间提供数据，如图 10-2 中滑动轴承的总体尺寸 240、160 和 80 等。

5. 其他重要尺寸

它是在设计中经计算确定的尺寸，而又不包括在上述几类尺寸中。如运动零件的极限尺寸，主体零件的一些重要尺寸等，如图 10-2 中轴承盖和轴承座之间的间隙尺寸 2。

上述几种尺寸往往同时具有多种意义，在一张装配图中，也并不一定需要全部注出上述尺寸，而是根据具体情况和要求来确定装配图上的尺寸标注。

10.3.2　装配图的技术要求

装配图的技术要求一般用文字注写在明细栏上方的空白处。装配体不同，具体内容有很大不同，一般可从机器或部件的装配要求、检验要求和使用要求来考虑，一般应包括以下几个方面：

（1）装配要求　是指装配后必须保证的精度以及装配时的要求等。

（2）检验要求　是指装配过程中及装配后必须保证其精度的各种检验方法。

（3）使用要求　是指对装配体的基本性能、维护、保养、使用时的要求。

如图 10-2 滑动轴承装配图中的技术要求。

若装配图的技术要求过多，可另编技术文件，在装配图上只注出技术文件的文件号。

10.4　装配图的零件序号和明细栏

为了便于看图，便于图样管理和组织生产，必须对装配图中的所有零、部件进行编号，列出零件的明细栏，并按编号在明细栏中填写该零、部件的名称、数量和材料等。

10.4.1　零件序号（GB/T 4458.2—2003）

装配图上零件的编写序号应遵循下列要求：

1）装配图中所有的零、部件都必须编写序号。

2）相同的多个零、部件应采用一个序号，一个序号在图中只标注一次，图中零、部件的序号应与明细栏中零、部件的序号一致。

3）装配图中零部件序号编写方法有三种形式：注写在指引线一端用细实线绘制的水平线上方，注写在圆内或在指引线端部附近，序号字高要比图中尺寸数字大一号或两号，如图 10-9 所示。

4）同一装配图中编写零、部件序号的形式应一致。

5）指引线用细实线绘制，应自所指零件的可见轮廓内引出，并在其末端画一圆点，如图 10-9 所示，若所指的部分不宜画圆点，如很薄的零件或涂黑的剖面等，可在指引线的末端画出箭头，并指向该部分的轮廓，如图 10-10 所示。

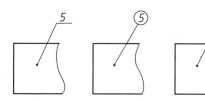

图 10-9　序号编写方法

图 10-10　指引线末端画箭头

6）指引线应尽可能分布均匀且不要彼此相交，也不要过长。指引线通过有剖面线的区域时，要尽量不与剖面线平行，必要时可画成折线，但只允许折一次，如图 10-11 所示。

7）一组紧固件以及装配关系清楚的零件组，可以采用公共指引线，如图 10-12 所示。

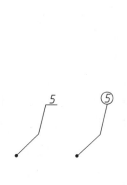

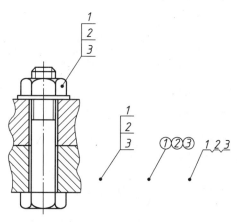

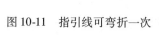

图 10-11　指引线可弯折一次

图 10-12　公共指引线

8）零件或部件序号应标注在视图外面，序号应沿水平或垂直方向按顺时针或逆时针方向整齐排列，序号间隔应尽可能相等。

9）标准化的部件（如滚动轴承、油杯、电动机等）在装配图上只注写一个序号。

10.4.2 明细栏（GB/T 10609.2—2009）

明细栏是机器或部件中全部零、部件的详细目录，内容有零、部件序号、代号、名称、材料、数量、质量（单件、总计）、分区及备注等组成，也可按实际需要增加或减少。明细栏位于标题栏的上方，零、部件的序号自下而上填写。如图幅受限制时，可移至标题栏的左边继续编写，明细栏格式如图10-13所示。

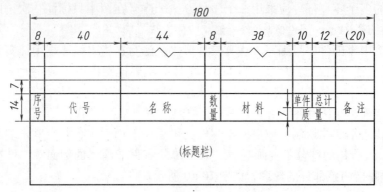

图10-13　明细栏格式

明细栏也可作为装配图的续页单独给出。学生用明细栏格式如图10-14所示。

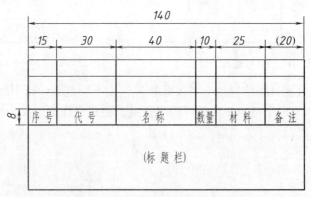

图10-14　学生用明细栏格式

明细栏填写的序号应与装配图上所编序号一致；代号栏除填写零件的代号外，对标准件应填写其遵循的国家标准代号及颁布年代号；材料栏应填写零件材料的牌号；备注栏可填写零件的工艺说明，如发蓝、渗碳等，也可注明该零件是否为外购件、借用件等，还可填写弹簧、齿轮、螺纹联接件等零件的参数，如模数、齿数等。

10.5　装配结构的合理性

在设计或绘制装配图时，应该考虑装配结构的合理性，以保证机器或部件的使用及零件的加工、装拆方便。

10.5.1　接触面与配合面的合理结构

两个零件接触时，在同一方向只能有一对接触面，这种设计既可满足装配要求，同时制造也很方便。接触面与配合面常见结构见表 10-1。

表 10-1　接触面与配合面常见结构

结构合理	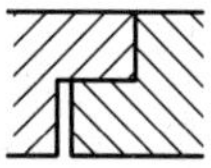 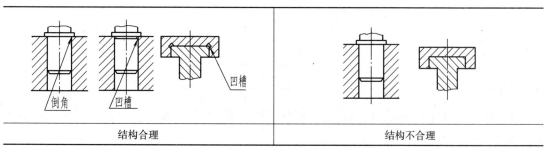	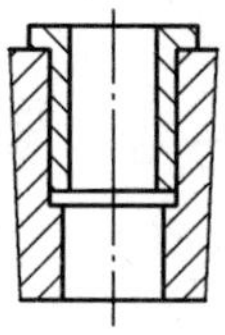	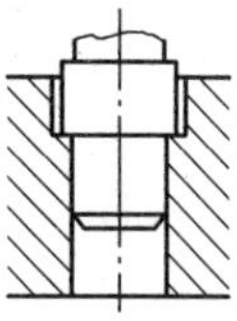
结构不合理	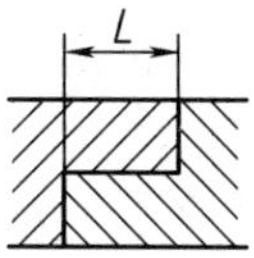 由于尺寸 L 的加工误差，不能保证两对平面同时接触	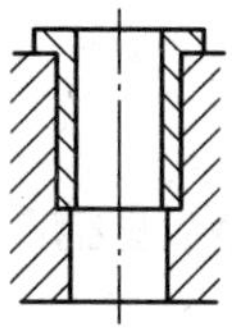 在轴向不能有两对水平端面同时接触	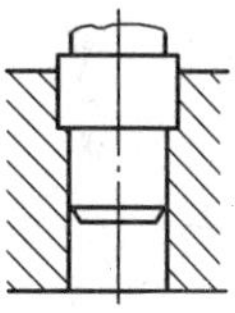 在径向不能有两对圆柱面同时接触

10.5.2　接触面转角处的合理结构

两配合零件在转角处不应设计成相同的尖角或圆角，否则既影响接触面之间的良好接触，又不易加工。接触面转角处常见结构见表 10-2。

表 10-2　接触面转角处常见结构

倒角　凹槽　凹槽	
结构合理	结构不合理

10.5.3　密封合理结构

在一些机器或部件中，一般对外露的旋转轴和管路接口等，常需要采用密封装置，以防止机器内部的液体或气体外流，也防止灰尘等进入机器。常见密封结构如图 10-15 所示。各种密封方法所用的零件，有些已经标准化，其尺寸要从有关手册中查取，如毡圈密封中的毡圈。

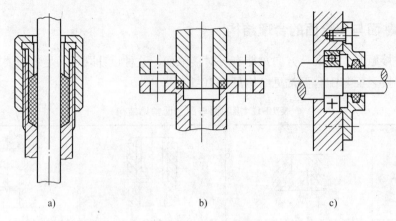

a)   b)   c)

图 10-15   常见密封结构

a）填料密封   b）O 形密封圈   c）毡圈密封

10.5.4   便于安装与拆卸的合理结构

1）在滚动轴承的装配结构中，其内、外圈在进行轴向定位设计时，必须要考虑到拆卸的方便，应使孔径大些，轴肩小些。滚动轴承结构见表 10-3。

表 10-3   滚动轴承结构

结构合理		
结构不合理	孔径小	轴肩高

2）螺栓和螺钉联接时，孔的位置与箱壁之间应留有足够空间，以保证安装的可能和方便。螺栓和螺钉联接结构见表 10-4。

表 10-4   螺栓和螺钉联接结构

结构合理		

（续）

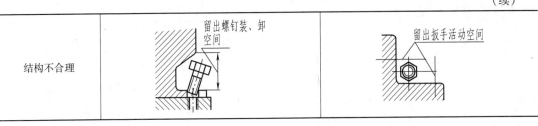

结构不合理		

3）销定位时，应将销孔做成通孔，以便于拆卸，如图 10-16 所示。

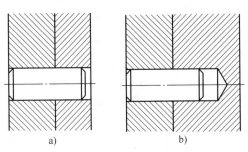

a)   b)

图 10-16 定位销的装配结构

a）结构合理 b）结构不合理

10.5.5 防松的合理结构

为防止机器因工作振动而致使螺纹紧固件变松，常采用双螺母、弹簧垫圈、止动垫圈、开口销等防松装置，如图 10-17 所示。

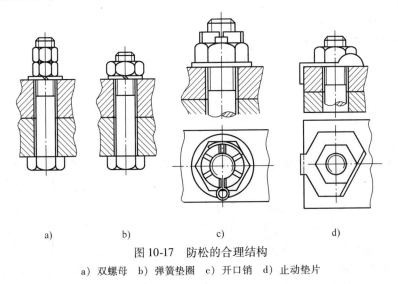

a)   b)   c)   d)

图 10-17 防松的合理结构

a）双螺母 b）弹簧垫圈 c）开口销 d）止动垫片

10.6 装配图画法

以图 10-18 所示安全阀为例，其装配图如图 10-8 所示，说明装配图的绘制步骤。

10.6.1 做好准备工作

绘制装配图之前，应对所画的对象有全面的认识，即了解机器或部件的功用、工作原理、结构特点和各零件间的装配关系等。

该安全阀功用：该阀一般安装于封闭系统的设备或管路上保护系统安全。它的启闭件（阀芯）受外力（弹簧作用力）作用下处于常闭状态；当管道内压力超过规定值时安全阀打开，将系统中的一部分气体/流体排入大气/管道外，使系统压力不超过允许值，从而保证系统不因压力过高而发生事故。

工作原理：阀体 1 内装有阀芯 2，利用弹簧 7 的压力来平衡作用在阀体上的力，当系统压力超过规定值时，阀芯 2 被顶起，阀体 1 内管路接通，系统泄压，起到限压作用。主要装配干线为竖直方向，由螺杆 10、弹簧座 8、弹簧 7、阀芯 2 等零件组成。

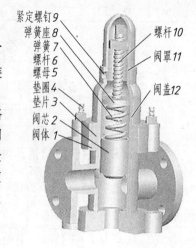

图 10-18 安全阀结构

10.6.2 确定表达方案

运用装配图的表达方法，选择一组恰当的视图，清楚地表达机器或部件的工作原理、零件间的装配关系和主要零件的结构形状。在确定表达方案时，首先要合理选择主视图，再选择其他视图。

1. 选择主视图

为了符合安全阀的工作位置，尽可能反映其工作原理、装配关系和结构特点。如图 10-8 所示，主视图采用全剖视图以表达主要装配干线。

2. 选择其他视图

在图 10-8 中，为配合主视图，选择了俯视图表达阀体外形及螺栓联接，为表达阀体左、右及底部法兰盘形状，又选择了 *A*、*B* 向视图。

10.6.3 画装配图的步骤

根据所确定的装配图表达方案，可按以下步骤绘制装配图。

1. 选比例、定图幅、画出图框

按照部件的复杂程度和表达方案，选取装配图的绘图比例和图纸幅面。布图时，要注意留出标注尺寸、编序号、明细栏和标题栏以及写技术要求的位置。在以上工作准备好后，即可画图框、标题栏、明细栏图，如图 10-19a 所示。

2. 画各基本视图的主要基准线

这些基准线常是部件的主要轴线、对称中心线或某些零件的基面或端面，如图 10-19b 所示。

3. 画出主体零件的主要结构（底稿）

通常先从主视图开始，先画基本视图，后画其他视图，如斜视图、移出断面图等。画图同时应注意各视图间的投影关系。如果是画剖视图，对主装配干线一般应从内向外画。这样被遮住的零件的轮廓线就可以不画。各视图作图过程如下：

1）画出阀体 1，如图 10-19c 所示，完成阀体的主、俯、左及仰视图。

2）画出阀芯 2，如图 10-19d 所示。

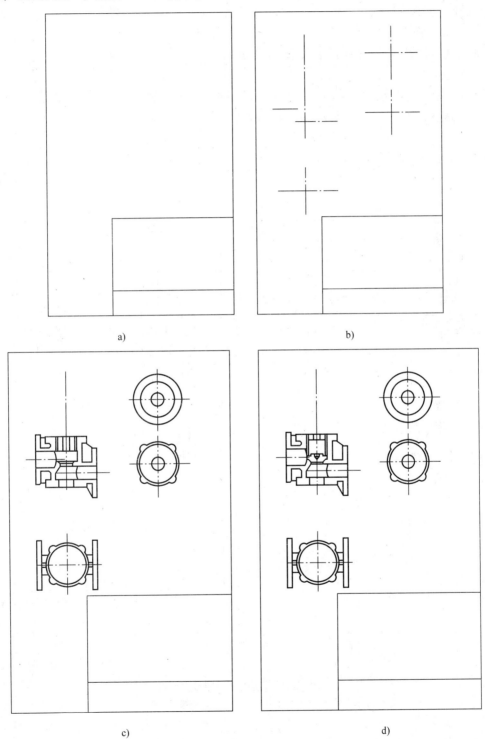

图 10-19 安全阀装配图画图步骤

a）选比例、定图幅、画出图框 b）画主要基准线 c）画出阀体 d）画出阀芯

3）画出弹簧7及弹簧座8，如图10-19e所示。

4）画出阀盖12、螺杆10等，如图10-19f所示。

5）画出阀罩11，如图10-19g所示。

4. 完成各视图底稿

画其他零件及各部分的细节，如图10-19h所示。

5. 完成全图

检查底稿，标注尺寸，编写零件序号，填写明细栏和标题栏，注明技术要求等，经过仔细检查、修改、描深完成全图，如图10-8所示。

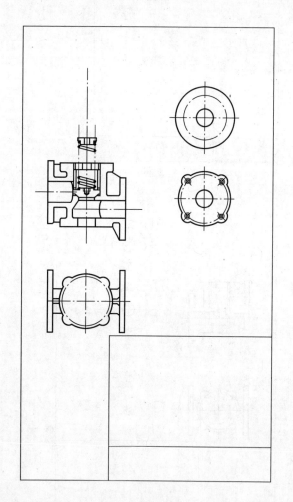

e)

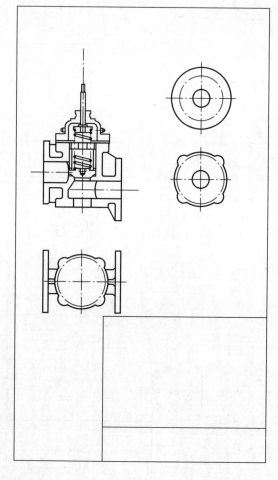

f)

图 10-19　安全阀装配图画图步骤（续1）

e）画出弹簧及弹簧座　f）画出阀盖、螺杆

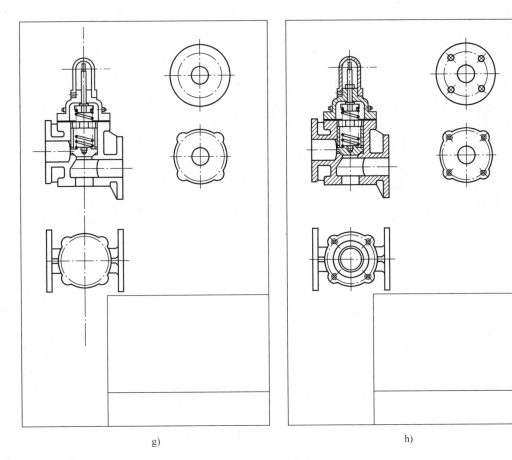

g)　　　　　　　　　　　　　　　　h)

图 10-19　安全阀装配图画图步骤（续 2）

g）画出阀罩　h）完成各视图底稿

10.7　读装配图和由装配图拆画零件图

在生产、维修、使用、管理机械设备和技术交流等工作过程中，常需要阅读装配图；在设计过程中，也经常要参阅一些装配图，以及由装配图拆画零件图。因此，作为工程界的从业人员，必须掌握读装配图以及由装配图拆画零件图的方法。

读装配图的基本要求可归纳为：

1）了解部件的名称、用途、性能和工作原理。

2）弄清各零件间的相对位置、装配关系和装拆顺序。

3）弄懂各零件的结构形状及作用。

读装配图要达到上述要求，不仅要掌握制图知识，还需要具备一定的生产和相关专业知识。

10.7.1　读装配图的方法和步骤

以图 10-20 所示齿轮泵装配图为例说明读装配图的一般方法和步骤。

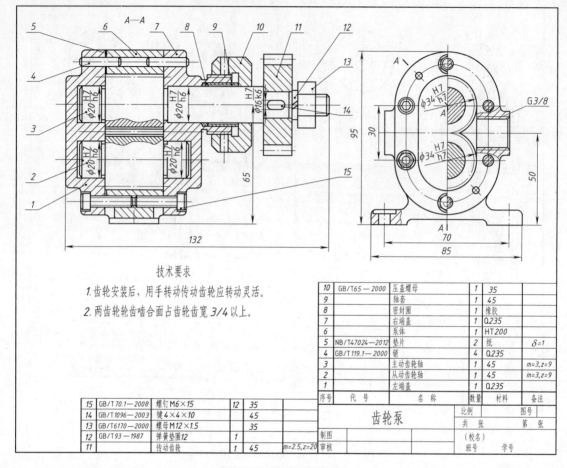

技术要求

1. 齿轮安装后，用手转动传动齿轮应转动灵活。

2. 两齿轮轮齿啮合面占齿轮齿宽 3/4 以上。

10	GB/T 65—2000	压盖螺母	1	35	
9		轴套	1	45	
8		密封圈	1	橡胶	
7		右端盖	1	Q235	
6		泵体	1	HT200	
5	NB/T 47024—2012	垫片	2	纸	δ=1
4	GB/T 119.1—2000	销	4	Q235	
3		主动齿轮轴	1	45	m=3,z=9
2		从动齿轮轴	1	45	m=3,z=9
1		左端盖	1	Q235	

15	GB/T 70.1—2008	螺钉 M6×15	12	35	
14	GB/T 1096—2003	键 4×4×10		45	
13	GB/T 6170—2000	螺母 M12×1.5		35	
12	GB/T 93—1987	弹簧垫圈12	1		
11		传动齿轮	1	45	m=2.5,z=20
序号	代 号	名 称	数量	材料	备注

齿轮泵

	比例		图号	
	共 张		第 张	
制图		(校名)		
审核		班号	学号	

图 10-20 齿轮泵装配图

1. 概括了解

由标题栏、明细栏了解部件的名称、用途以及各组成零件的名称、数量、材料等，对于有些复杂的部件或机器，还需查看说明书和有关技术资料，以便对部件或机器的工作原理和零件间的装配关系做深入的分析和了解。

该齿轮泵是用于机器润滑系统中的部件。它由泵体、泵盖、运动零件（传动齿轮、齿轮轴等）、密封零件以及标准件等组成。对照图 10-20 中的零件序号和明细栏可以看出齿轮泵共由 15 种零件装配而成，其中，标准件 8 种，非标准件 7 种。

2. 分析各视图及其所表达的内容

该齿轮泵装配图共采用两个基本视图。主视图采用全剖视图，主要反映该齿轮泵的组成、各零件间的装配关系及工作原理。左视图采用半剖视图，主要反映齿轮泵的外形、齿轮的啮合情况以及油泵吸、压油的工作原理。

3. 读懂工作原理

由 10-20 图可知，当外部动力驱动传动齿轮 11，主动齿轮轴 3 即产生旋转运动，如左视图所示。主动齿轮轴按逆时针方向旋转时，从动齿轮轴则按顺时针方向旋转。泵体中的齿轮啮合传动时，吸油腔一侧的轮齿逐步分离，齿间容积逐渐扩大形成局部真空，油压降低，因而油池中的油在外界大气压力的作用下，沿吸油口进入吸油腔，吸入到齿槽中的油随着齿轮的继续旋转被带到左侧压油腔，由于左侧的轮齿又重新啮合而使齿间容积逐渐缩小，使齿槽中不断挤出的油成为高压油，并由压油口压出，然后经管道被输送到需要供油的部位。

4. 分析零件的结构形状

分析零件的结构形状，可有助于进一步了解部件结构特点。

分析某一零件的结构形状时，首先要在装配图中找出反映该零件形状特征的投影轮廓。接着可按视图间的投影关系、同一零件在各剖视图中的剖面线方向、间隔必须一致的画法规定，将该零件的相应投影从装配图中分离出来。然后根据分离出的投影，按形体分析和结构分析的方法，弄清零件的结构形状。

5. 总结归纳

在对工作原理、装配关系和主要零件结构分析的基础上，还需对技术要求和全部尺寸进行研究。最后，综合分析想象出机器或部件的整体形状，为拆画零件图做准备。

10.7.2　由装配图拆画零件图

在设计过程中，需要由装配图拆画零件图，简称拆图。拆图应在全面读懂装配图的基础上进行。为了保证各零件的结构形状合理，并使尺寸、配合性质和技术要求等协调一致，一般情况下，应先拆画主要零件，然后逐一画出其他零件。对于一些标准零件，只需要确定其规定标记，可以不必拆画零件图。

1. 拆画零件图时要注意的三个问题

1）由于装配图与零件图的表达要求不同，在装配图上往往不能把每个零件的结构形状完全表达清楚，有的零件在装配图中的表达方案也不符合该零件的结构特点。因此，在拆画零件图时，对那些未能表达完全的结构形状，应根据零件的作用、装配关系和工艺要求予以确定并表达清楚。此外对所画零件的视图表达方案一般不应简单地按装配图照抄。

2）由于装配图上对零件的尺寸标注不完全，因此在拆画零件图时，除装配图上已有的与该零件有关的尺寸要直接照搬外，其余尺寸可按比例从装配图上量取。标准结构和工艺结构，可查阅相关国家标准来确定。

3）标注表面粗糙度、尺寸公差、几何公差等技术要求时，应根据零件在装配体中的作用，参考同类产品及有关资料确定。

2. 拆图实例

以图 10-20 所示齿轮泵装配图为例，介绍拆画零件图的一般步骤。

（1）确定表达方案　由装配图上分离出泵体的轮廓，补全所需图线，如图 10-21 所示。根据零件的结构特点，决定主视图采用局部剖视图，左视图采用全剖视图。

（2）尺寸标注　对于装配图上已有的与该零件有关的尺寸要直接照搬，如图 10-22 所示，尺寸 70、85、50、65 等，$\phi 34^{+0.025}_{0}$ 中的公称尺寸 $\phi 34$ 为从装配图中配合尺寸 $\phi 34 \dfrac{H7}{h7}$ 中拆出的；其余尺寸可按比例从装配图上量取，如 24、120°、45°等；标准结构和工艺结构，可查阅相关国家标准确定，如 G3/8；标注泵体的完整尺寸。

（3）技术要求标注　根据阀体在装配体中的作用，参考同类产品的有关资料，标注表面粗糙度、尺寸公差、几何公差等，并注写技术要求，如各加工面表面粗糙度 Ra 值分别为

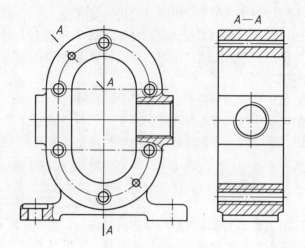

图 10-21   齿轮泵泵体零件轮廓

6.3μm、0.8μm；$\phi 34_{\ 0}^{+0.025}$ 中的上、下极限偏差查阅有关标准确定；各几何公差项目及数值利用类比法参阅相关技术文件确定。

（4）填写标题栏，核对检查，完成零件图   如图 10-22 所示。

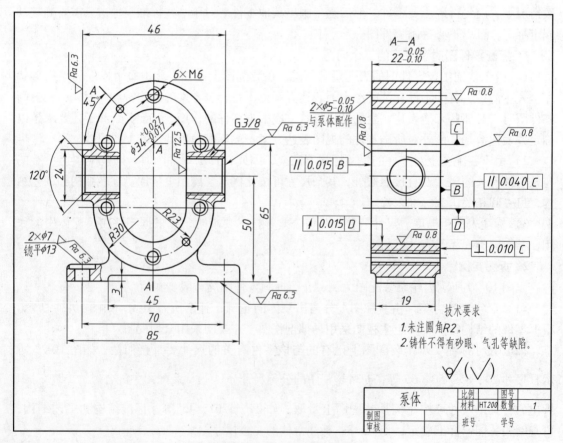

图 10-22   齿轮泵泵体零件图

第11章　表面展开图

11.1　平面立体的表面展开

在现代工业中，有一些零部件或设备是由金属板材加工制成的，如容器设备、管道、防护装置等。板材的加工过程中，展开下料是第一道工序。展开下料是否精确，直接影响焊接时的工作效率；影响板材制作件（钣金件）的加工质量和生产率。传统的钣金件生产过程中，展开下料通常是人工采用作图法或划线法，先在板材或毛坯上绘制展开图，然后再沿线切割下料。当今计算机技术飞速发展，切割下料多采用数控技术。将立体的表面按其实际形状和大小，依次连续地展开摊平在一个平面上，称为立体的表面展开。画出的立体表面展开的图形，称为展开图。

11.1.1　棱锥表面展开

展开平面立体时，应根据平面立体的视图所表达的投影关系，求出平面立体各表面的真实形状和大小，并依次画在同一平面上。棱锥的所有棱线汇交于锥顶，因此在求作棱锥的展开图时，首先应确定各条棱线的实长及其相互之间的夹角，或者求出底面多边形每边的实长，即得各棱面的实形，依次将其展开在一个平面内。由于各条棱线汇交于一点，这种求作展开图的方法称为放射线法。如图 11-1 所示，三棱锥 S-ABC 各棱面均为三角形。若已知三角形三边的实长，即可作出它的实形。因此，从图 11-1a 中可以看出，棱锥底面为水平面，其水平投影 ab、bc、ca 反映各底边实长。棱线 SA 为正平线，正面投影 $s'a'$ 反映实长。其他两棱线 SB、SC 均为一般位置直线，可用直角三角形法求出其实长，为此，可作一个直角边 SO 等于各棱线两端点的 z 坐标差，在另一直角边上分别量取 $OB = sb$、$OC = sc$，斜边 SB 与 SC 即为两棱线的实长，如图 11-1a 所示。作图时，可从任一根棱线如 SA 开始，用已求出的三边实长画出 △SAB，即得一个棱面实形。然后依次相邻地画出其余棱面的实形，即为三棱锥 S – ABC 的表面展开图，如图 11-1b 所示。

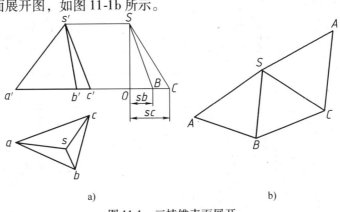

a)　　　　　　　　　　　　b)

图 11-1　三棱锥表面展开

a）三棱锥　b）三棱锥表面展开

如用平面 P 截切三棱锥（图 11-2a），该平面 P 与三条棱线分别交于 D、E、F 三点。被截掉锥顶部分的三棱锥称为截头三棱锥，其棱面是四边形。由初等几何可知，仅知四个边长还不能作出四边形的实形。故展开时，仍需先按完整的三棱锥展开，再截去锥顶部分。为此，先在投影图上定出 D、E、F 三点的位置，求出 SD、SE、SF 的实长，然后量到三棱锥展开图对应的棱线 SA、SB、SC 与 SA 上（图 11-2b），得点 D、E、F 和 D，并把各点用直线连接，即得截头三棱锥的表面展开图。

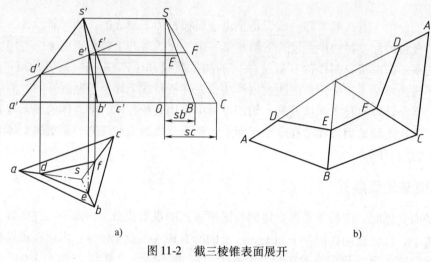

a)　　　　　　　　　　　　　　　　b)

图 11-2　截三棱锥表面展开

a) 截三棱锥　b) 截三棱锥表面展图开

11. 1. 2　棱柱的表面展开

棱柱的各条棱线相互平行，如果从某棱线处断开，然后将棱面沿着与棱线垂直的方向打开并依次摊平在一个平面内，就得到了棱柱的展开图。这种绘制展开图的方法称为平行线法。作图时应当求出各条棱线之间的距离及棱线各自实长，并且展开后各棱线仍然保持互相平行的关系。

图 11-3a 所示是截头正四棱柱的展开过程。

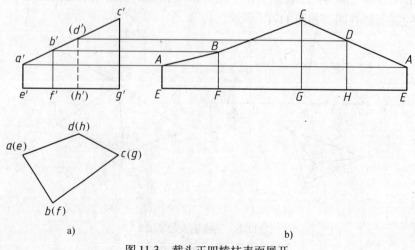

a)　　　　　　　　　　　　　　　　b)

图 11-3　截头正四棱柱表面展开

四棱柱的底面为水平面，水平投影反映底面各边实长。各棱线均为铅垂线，正面投影反映棱线实长。作图时，首先将底面各边实长相加，展成一条直线 *E-F-G-H-E*，其中 *EF* = *ef*，*FG* = *fg*，*GH* = *gh*，*HE* = *he*；再过各分点 *E*、*F*、*G*、*H*、*E*，分别作该直线的垂线，并从正面投影上量取相应各棱线的实长，得点 *A*、*B*、*C*、*D* 和 *A*，然后用直线依次连接各点，即得截头直四棱柱的表面展开图，如图 11-3b 所示。

11.2　可展曲面的表面展开

11.2.1　柱面的展开

曲面分为可展曲面与不可展曲面。在直线面（直母线形成的曲面）中，凡连续两素线平行或相交的曲面，均为可展曲面，如柱面与锥面等。圆柱的相邻两条素线相互平行，可以用平行线法作出其展开图。它的展开图是一个矩形，矩形的一个直角边是圆面的展开线，即长度等于圆面周长的直线，另一直角边是圆柱管面上的某一素线，其长度等于圆柱管的高。例如，图 11-4a 所示的斜口圆管，其展开作图步骤如下：

1）把底圆分为若干等份，如图 11-4 中分为 12 等份，对应有 12 条素线，如 *AH*、*BI*、*CJ* 等。

2）把底边展开成一直线段，其长度为 12 段弦长（如弦 *hi*、*ji* 等）之和，得各分点为 *H*、*I*、*J* 等，如图 11-4b 所示。也可取直线长为 π*D*，再 12 等分得各分点。后一种方法较为精确。

3）过各分点作底边的垂线，如取 *HA*、*IB*、*JC* 等，并从正面投影上量取对应素线实长，

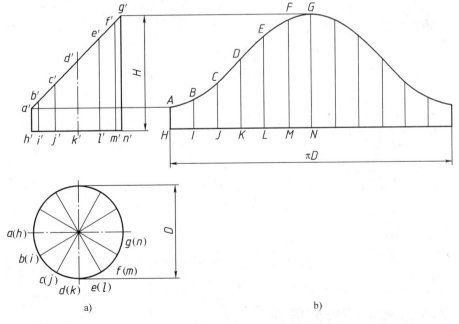

a)　　　　　　　　　　　　　　　　　　　　b)

图 11-4　圆柱的表面展开

a）斜口圆管　b）斜口圆管的表面展开图

如取 $HA = h'a'$、$IB = i'b'$等，得 A、B 等各点。

4）用曲线光滑连接点 A、B、C 等，即得斜口圆管的展开图。

在绘图时，底边等分点数越多，作图结果越精确。

11.2.2　锥面的展开

由于圆锥面上所有素线汇交于锥顶，所以可用放射线法求作圆锥的展开图。正圆锥面展开后为扇形，用计算方法可求出该扇形的直线边等于圆锥素线的实长，扇形的弧长等于底圆的周长。

例如，图11-5 所示的截头圆锥，其展开作图步骤如下：

1）延长截头圆锥素线求得锥顶 $S(s、s')$。将底圆分为若干等份，如图11-5 中分为八等份，将各分点与锥顶 S 相连，就得到一个正八棱锥。

2）从任意一根素线，如 SF 开始，以 S 为圆心、素线实长 $L = s'f'$ 为半径画圆弧（图11-5b）。再用水平投影上反映出的分点间弦的实长（如弦 fg），连续在该圆上截得八个分点 G、H、I 等，连接 SG、SH、SI 等，即得圆锥扇形的展开图。

3）各素线与截切平面分别交于点 A、B、C 等，用绕垂直轴旋转法，在正面投影上求出各交点到锥顶距离的实长，如 $s'a'$、$s'b'$、$s'c'$ 等，并移到圆锥展开图的对应素线 SF、SG、SH 等上，得到各点在展开图上的位置 A、B、C 等，再用曲线光滑连接，即得截头圆锥的展开图。

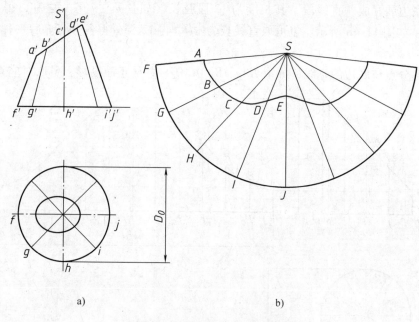

图 11-5　截头圆锥的表面展开

a）截头圆锥　b）截头圆锥的表面展开图

11.3　不可展曲面的近似展开

直线曲面中，连续两素线是异面直线的曲面和由曲母线形成的曲面，均属不可展曲面，如球面、正螺旋面、环面等，但是由于生产需要，常采用近似展开法画出它们的表面展开图。近似展开法是将不可展曲面分为若干较小部分，使每一部分的形状接近于某一可展曲面（如柱面或锥面）或平面，然后按可展曲面或平面进行展开。下面仅以球面展开为例，说明近似展开法的应用。

11.3.1 球面按柱面近似展开

作图如图 11-6 所示。

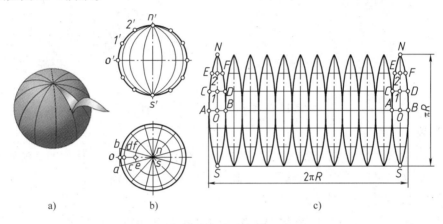

图 11-6 圆柱法球面展开
a) 球体 b) 球面等分图 c) 柱面法球面展开图

1）过球心作一系列铅垂面，均匀截球面（图 11-6a）为若干等份（图 11-6b 中为 12 等份）。

2）作出一等份球面的外切圆柱面，如 $nasb$，近似代替每部分球面。

3）作外切圆柱面的展开图。在正面投影上，将转向线 $n'o's'$ 分成若干等份（图中为六等份）。在展开图上将 $n'o's'$ 展成直线 NOS，并将其六等分得 O、Ⅰ、Ⅱ等点；从所得等分点引水平线，在水平线上取 $AB=ab$，$CD=cd$，$EF=ef$（近似作图，可取相应切线长代替），连接 A、C、E、N 等点，即得 1/12 球面的近似展开图（图 11-6c），其余部分的作图相同。

11.3.2 球面按锥面和柱面近似展开

如图 11-7a 所示，用水平面将球分成若干等份（图 11-7b 中为七等份），然后除当中编号为 1 的部分近似地当作圆柱面展开外，其余即以它们的内接正圆锥面作近似展开，其中编号为 2、3、5、6 四部分当作截头正锥面来展开，编号为 4、7 部分当作正圆锥面展开，各个锥面的顶点分别为 s_1'、s_2'、s_3' 等点。所得展开图如图 11-7c 所示。

例 11-1 画出图 11-8a 所示等径直角弯头的展开图。

解： 如图 11-8a 所示，该弯管是用来连接两互相垂直的等径圆管的。为了简化作图和节约材料，工程上常采用多节斜口圆管拼接成一个直角弯管来展开。本例所示弯管由四节斜口圆管组成。中间两节是两面斜口的全节，端部两节是一个全节分成的两个半节，由这四节可拼接成一个直圆管，如图 11-8b、c 所示。根据需要直角弯管可由 n 节组成，此时应有 $n-1$ 个全节，各节斜口角度 α 可用公式计算：$\alpha=90°/2(n-1)$（本例弯管由四节组成，故 $\alpha=$

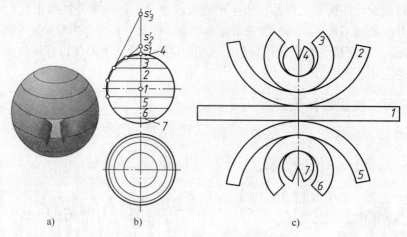

a)　　　　　b)　　　　　　　c)

图 11-7　锥面和柱面法展开球面

a）球体　b）球面等分图　c）锥面和柱面法展开球面图

15°)。弯头各节斜口的展开曲线可按斜口圆管展开图的画法作出。具体作图步骤如下：

1）将 A、B、C、D 四段圆管组成一个圆柱面，如图 11-8c 所示。

2）在圆柱面上作若干条素线。

3）将柱面和素线展开，完成如图 11-8a 所示的等径直角弯头的展开图（图 11-8d）。

在实际生产中，若用钢板制作弯管，不必画出完整的弯管正面投影，只需要求出斜口角度，画出下端半节的展开图，再以它为样板画出其余各节的下料曲线。

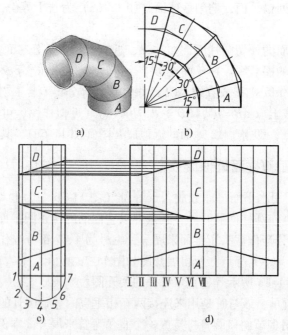

图 11-8　等径直角弯头的表面展开

a）等径直角弯头　b）四节斜口圆管拼接图　c）四节斜口圆管拼接图　d）等径直角弯头的展开图

例 11-2　画出如图 11-9 所示异径直角三通管的展开图。

解：如图 11-9a 所示，异径直角三通管的大小两个圆管的轴线是垂直相交的。图 11-9b 所示画出了它们正面和侧面投影。为了简化作图，往往不画水平投影，而把小圆管水平投影的圆分别用半个圆画在正面和侧面投影上。作展开图时，必须先在视图上准确地画出两圆管的相贯线，然后分别作出大、小圆管的展开图。具体作图步骤如下：

（1）作两圆管的相贯线　实际工作中应用较多的是图 11-9a 所示两圆管相贯，其相贯线的作图方法实质就是前面所述的辅助平面法。这种方法作图紧凑，具体作图过程如下：

1）如图 11-9b 所示，将小圆管的半圆分成六等份，并标出相应符号（注意正面投影和侧面投影符号的编写次序）。

2）作小圆管相应的等分素线。

3）侧面投影上等分素线与大圆管的圆交于点 1″、2″、3″、4″，由这些点分别作水平线，在 V 面投影上与相应的等分素线交于点 1′、2′、3′、4′，用光滑曲线连接各点，即为所求相贯线的正面投影。

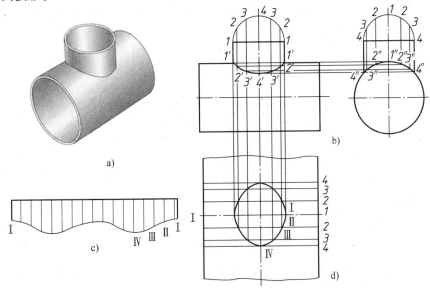

图 11-9　异径直角三通管表面展开

a）异径直角三通管　b）异径直角三通管正面、侧面投影图　c）小圆管的展开图　d）大圆管的展开图

（2）作展开图

1）小圆管展开，与前述斜口圆管展开方法相同，如图 11-9c 所示。

2）大圆管展开，主要是求相贯线展开后的图形。先将大圆管展开成一个矩形，其边长分别为大圆管的长度和周长。然后作一水平对称线 11 为大圆管最高素线的展开位置，在矩形的垂直边上，在所作水平线的上下量取 $12 = \overset{\frown}{1''2''}$、$23 = \overset{\frown}{2''3''}$、$34 = \overset{\frown}{3''4''}$（可取弦长近似代替弧长），过 1、2、3、4 各点作水平线，与过正面投影图上 1′、2′、3′、4′各点向下所引铅垂线相交，得相应交点 Ⅰ、Ⅱ、Ⅲ、Ⅳ。光滑连接这些点，即得相贯线展开后的图形，如图 11-9d 所示。

在实际生产中，也常常只将小圆管展开，弯成圆管后，定位在大圆管上划线开口，最后把两管焊接起来。

第12章 焊 接 图

12.1 焊缝的形式及画法

焊接是指通过加热或加压，或两者并用，并且用或不用填充材料，使工件达到结合的一种方法。常用的焊接方法有电弧焊、电阻焊、气焊和钎焊等。其中以电弧焊应用最广。

1. 焊接接头及焊缝的形式

焊接图是图示焊接加工要求的一种图样，它应将焊接件的结构和焊接有关内容表示清楚。为此，国家标准 GB/T 12212—1990 和 GB/T 324—2008 规定了焊缝的画法、符号、尺寸标注方法和焊接方法的表示代号。两金属焊件在焊接时的相对位置，有对接、角接、T 形接和搭接四种形式，称为焊接接头形式；焊接后，两焊接件接头缝隙熔接处，称为焊缝。如图 12-1 所示，常见的焊缝形式有对接焊缝（图 12-1a）、点焊缝（图 12-1b）和角焊缝（图 12-1c、d）等。

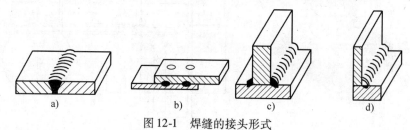

图 12-1 焊缝的接头形式

a）对接接头 b）搭接接头 c）T 形接头 d）角接接头

2. 焊缝的画法

在视图中，可见焊缝用与轮廓线相垂直的细实线表示，如图 12-2a 所示。不可见焊缝则用虚线段表示，如图 12-2c 所示。在垂直于焊缝的剖视图中，焊缝的剖面形状则应涂黑表示，如图 12-2b 所示。在视图中，也可用加粗实线来表示焊缝，如图 12-3 所示。一般情况下，只用粗实线表示可见焊缝。

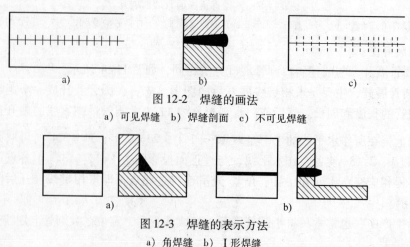

图 12-2 焊缝的画法

a）可见焊缝 b）焊缝剖面 c）不可见焊缝

图 12-3 焊缝的表示方法

a）角焊缝 b）I 形焊缝

12.2　焊接方法及代号

一般根据热源的性质、形成接头的状态及是否采用加压将焊接方法分为以下几类：

1. 熔化焊

熔化焊是将焊件接头加热至熔化状态，不加压力完成焊接的方法。熔化焊包括气焊、电弧焊、渣焊、激光焊、电子束焊、等离子弧焊、堆焊和铝热焊等。

2. 压焊

压焊是通过对焊件施加压力（加热或不加热）来完成焊接的方法。压焊包括爆炸焊、冷压焊、摩擦焊、超声波焊、高频焊和电阻焊等。

3. 钎焊

钎焊是采用比母材熔点低的金属材料作钎料，在加热温度高于钎料低于母材熔点的情况下，采用液态钎料润湿母材，填充接头间隙，并与母材相互扩散实现连接焊件的方法。它包括硬钎焊和软钎焊等。常用的焊接方法及代号见表12-1。

表 12-1　常用的焊接方法及代号（GB/T 5185—2005）

焊 接 方 法	数 字 代 号	焊 接 方 法	数 字 代 号
焊条电弧焊	111	激光焊	52
埋弧焊	12	氧乙炔焊	311
电渣焊	72	硬钎焊	91
电子束焊	51	点焊	21

12.3　焊接的标注

图样上焊缝一般应采用焊缝符号表示。焊缝符号一般由基本符号与指引线组成，必要时还可以加上补充符号和焊缝尺寸符号。

1. 基本符号

基本符号是表示焊缝横断面形状的符号，近似于焊缝横断面的形状。基本符号用 $0.7d$（d 为图样中轮廓线的宽度）的粗实线绘制。常用焊缝的基本符号及标注示例见表12-2。

表 12-2　常用焊缝的基本符号及标注示例

名　　称	焊 缝 形 状	基 本 符 号	标 注 示 例
I 形焊缝	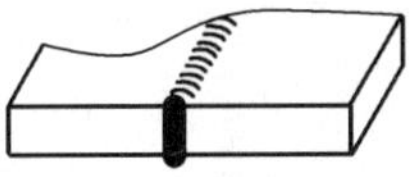	‖	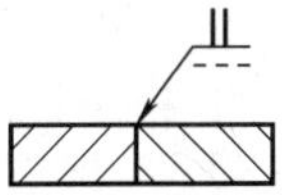
V 形焊缝	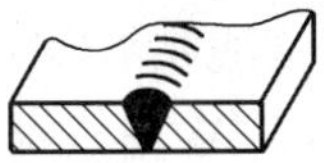	∨	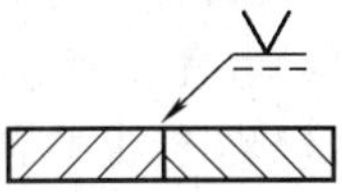

（续）

名　称	焊缝形状	基本符号	标注示例
单边 V 形焊缝		∨	
角焊缝		◣	
带钝边 U 形焊缝		∪	
带钝边 V 形焊缝		Y	
点焊缝		○	
塞焊缝或槽焊缝		⊓	

2. 指引线

　　焊缝的指引线由箭头线和基准线（实线基准线和虚线基准线）两部分组成，如图 12-4 所示。箭头线是带箭头的细实线，它将整个符号指到图样的有关焊缝处。实线基准线与箭头线相连接，一般应与图样的底边相平行，它的上面和下面用来标注有关的焊缝符号。

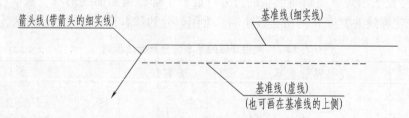

箭头线(带箭头的细实线)　　　　基准线(细实线)

基准线 (虚线)
(也可画在基准线的上侧)

图 12-4　焊缝的指引线

3. 焊缝的基本符号相对于基准线的位置

　　当焊缝在箭头所指的一侧时，应将基本符号标注在实线基准线一侧，如图 12-5b 所示。

　　当焊缝在箭头非所指的一侧时，应将基本符号标注在虚线基准线一侧，如图 12-5c 所示。

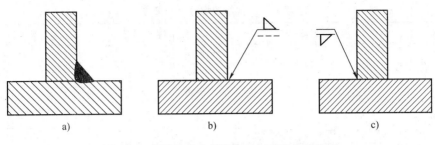

图 12-5   焊缝的基本符号相对于基准线的位置

a) 角焊接   b) 箭头指向焊缝处   c) 箭头指向非焊缝处

4. 坡口、焊缝尺寸及尺寸符号

坡口是指在焊件的待焊部位加工并装配成一定几何形状的沟槽。当焊件较厚时，为保证焊透根部，获得较好的焊缝，一般选用不同形状的坡口。图 12-6 所示给出了部分坡口的形式。坡口的形状和尺寸读者可查阅相关标准或手册。

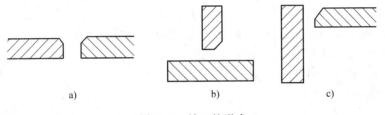

图 12-6   坡口的形式

国家标准规定，箭头线相对焊缝的位置一般没有特殊要求，但当焊缝中有单边坡口时，箭头线应指向带有坡口一侧的工件。

坡口的尺寸大小同焊缝其他尺寸一样，一般不标注。当需要注明坡口或焊缝尺寸时，可随基本符号标注在规定位置上，如图 12-7 所示。

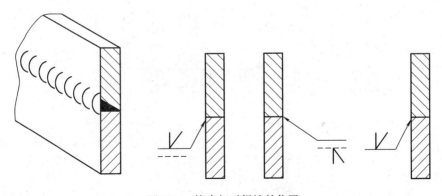

图 12-7   箭头相对焊缝的位置

当需要标注的尺寸数据较多而又不易分辨时，可在尺寸数字前面增加相应的尺寸符号。图 12-7 中所示焊缝尺寸符号的含义见表 12-3。

表 12-3　常用的焊缝尺寸符号

名　称	符　号	示意图及标记	名　称	符　号	示意图及标记
工件厚度	δ	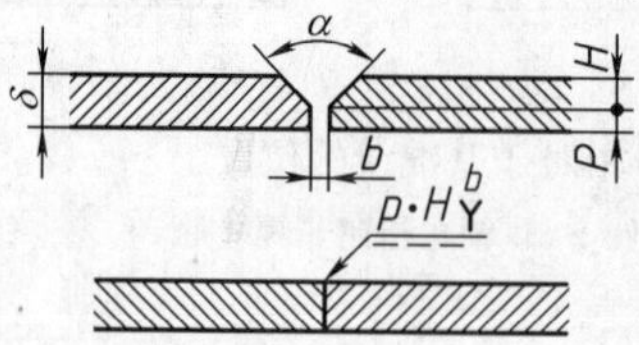	焊缝段数	n	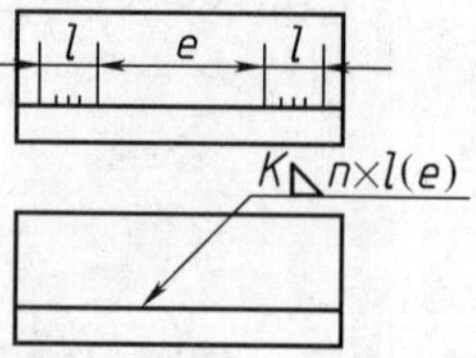
坡口角度	α		焊缝间距	e	
根部间隙	b		焊缝长度	l	
钝边高度	p		焊缝尺寸	K	
坡口深度	H		相同焊缝数量符号	N	
熔核直径	d				

说明如下：

1）焊缝横截面上的尺寸，标在基本符号的左侧。

2）焊缝长度方向的尺寸，标在基本符号的右侧。

3）坡口角度 α，根部间隙 b，标在基本符号的上侧或下侧。

4）相同焊缝数量符号标在尾部。

5. 辅助符号

辅助符号是表示焊缝表面形状特征的符号，用 0.7 倍粗实线宽度的线绘制。不需要确切说明焊缝的表面形状时，可以不用辅助符号。常用的辅助符号及标注示例见表 12-4。

表 12-4　常用的辅助符号及标注示例

名　称	符　号	示　例	备　注
平面符号	▬	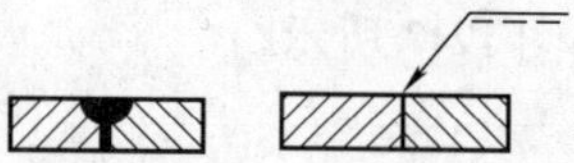	表示 U 形对接焊缝表面平齐，一般通过加工
凹面符号	⌣	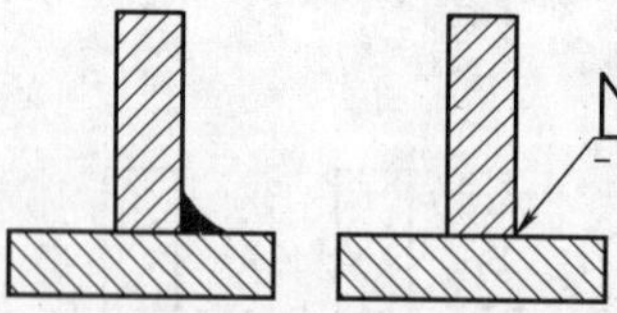	表示角焊缝表面凹陷
凸面符号	⌢	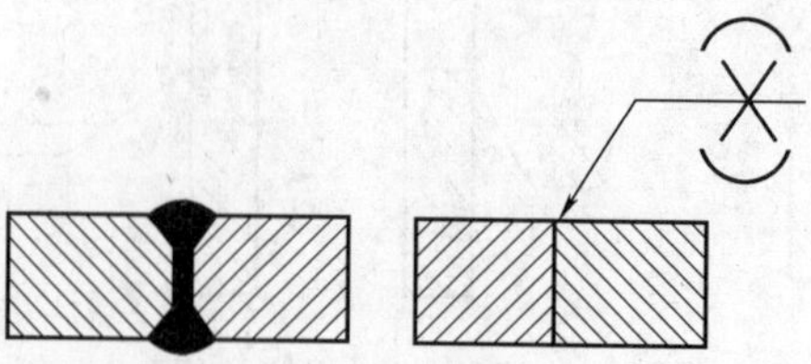	表示双面 V 形焊缝表面凸起

焊缝也可使用图示法（视图、剖视图和端面图、轴测图、局部放大图等）表示，当焊缝使用图示法表示时，应同时标注焊缝符号，如图 12-8 所示。

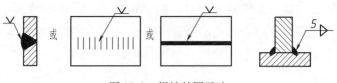

图 12-8　焊缝的图示法

12.4　焊接图例

　　图 12-9 所示为轴承挂架的焊接图。由图可知，该焊接件由 4 个构件焊接而成，构件 1 为立板，构件 2 为横板，构件 3 为肋板，构件 4 为圆筒。焊缝的局部放大图清楚地表示了焊缝的剖面形状及尺寸。

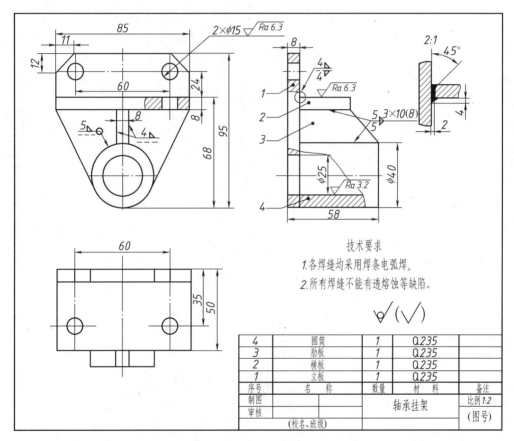

图 12-9　轴承挂架的焊接图

　　从图上所标注的焊接符号可知，主视图上有两处焊缝代号：4△表示立板与肋板采用焊角高为 4mm 的双面角焊缝，5△◯表示圆筒与立板采用焊角高为 5mm 的周围角焊缝。左视图上有两处焊缝代号：4╱表示立板与横板采用双面焊接，上面为单边 V 形平口焊缝，钝边高为 4mm，坡口角度为 45°，根部间隙为 2mm；下面为角焊缝，焊角高为 4mm（见局部放大图）；$\frac{5}{5}$▷$\overline{}^{3\times10\ (8)}$表示肋板与横板及圆筒采用双面断续角焊缝，焊角高为 5mm，焊缝长 10mm，焊缝间距为 8mm，焊缝段数为 3。在技术要求中提出了有关焊接的要求。

焊接图采用的表达方法与零件图相同，也需要标注完整的尺寸，与零件图不同之处是各相邻构件的剖面线的方向不同，且在焊接件中需要对各构件进行编号，并需要填写明细栏。这一点从形式上与装配图很像，但不同的是，装配图表达的是零部件之间的装配关系，而焊接图表达的仅是一个零件（焊接件）。因此，通常说焊接图是装配图的形式、零件图的内容。

复杂的焊接构件应单独画出主要构件的零件图，由板料弯曲卷成的构件可以画出展开图，个别小构件可附于结构总图上。

在大型焊接结构总图中各个构件的零件图应画出。

附　　录

附录 A　螺　　纹

表 A-1　普通螺纹（摘录 GB/T 193—2003，GB/T 196—2003）

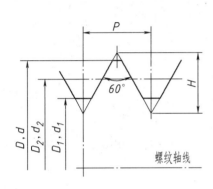

螺纹轴线

$$d_2 = d - 2 \times \frac{3}{8}H, \quad D_2 = D - 2 \times \frac{3}{8}H$$

$$d_1 = d - 2 \times \frac{5}{8}H, \quad D_1 = D - 2 \times \frac{5}{8}H$$

$$H = \frac{\sqrt{3}}{2}P$$

式中　D、d——内、外螺纹大径

D_2、d_2——内、外螺纹中径

D_1、d_1——内、外螺纹小径

P——螺距

H——原始三角形高度

（单位：mm）

公称直径 D、d		螺距 P		粗牙小径 D_1、d_1	公称直径 D、d		螺距 P		粗牙小径 D_1、d_1
第一系列	第二系列	粗牙	细牙		第一系列	第二系列	粗牙	细牙	
3		0.5	0.35	2.459	24		3	2、1.5、1	20.752
	3.5	0.6		2.850		27			23.752
4		0.7	0.5	3.242	30		3.5	(3)、2、1.5、1	26.211
	4.5	0.75		3.688		33		(3)、2、1.5	29.211
5		0.8		4.134	36		4	3、2、1.5	31.670
6		1	0.75	4.917		39			34.670
8		1.25	1、0.75	6.647	42		4.5		37.129
10		1.5	1.25、1、0.75	8.376		45			40.129
12		1.75	1.5、1.25、1	10.106	48		5	4、3、2、1.5	42.587
	14	2	1.5、1.25、1	11.835		52			46.587
16			1.5、1	13.835	56		5.5		50.046
	18			15.294		60			54.046
20		2.5	2、1.5、1	17.294	64		6		57.505
	22			19.294		68			61.505

注：1. 优先选用第一系列，括号内螺距尽可能不用。

　　2. M14×1.25 仅用于火花塞。

表 A-2　管螺纹（摘录 GB/T 7306.1 ~ 2—2000、GB/T 7307—2001）

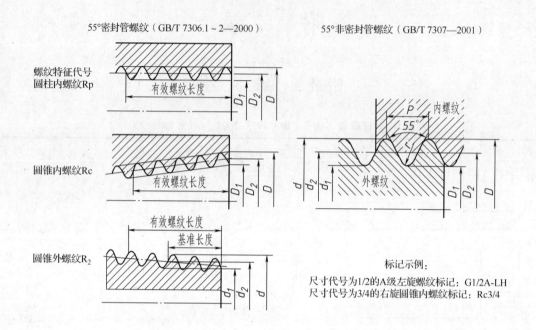

55°密封管螺纹（GB/T 7306.1 ~ 2—2000）

55°非密封管螺纹（GB/T 7307—2001）

螺纹特征代号
圆柱内螺纹 Rp

圆锥内螺纹 Rc

圆锥外螺纹 R_2

标记示例：

尺寸代号为 1/2 的 A 级左旋螺纹标记：G1/2A-LH
尺寸代号为 3/4 的右旋圆锥内螺纹标记：Rc3/4

尺寸代号	每 25.4mm 内所包含的牙数 n	螺距 P/mm	牙高 h/mm	圆弧半径 r/mm	基本直径/mm			基准距离 /mm
					大径 $d = D$	中径 $d_2 = D_2$	小径 $d_1 = D_1$	
1/16	28	0.907	0.581	0.125	7.723	7.142	6.561	4
1/8					9.728	9.147	8.566	4
1/4	19	1.337	0.856	0.184	13.157	12.301	11.445	6
3/8					16.662	15.806	14.950	6.4
1/2	14	1.814	1.162	0.249	20.955	19.793	18.631	8.2
5/8 *					22.911	21.749	20.587	
3/4					26.441	25.279	24.117	9.5
7/8 *					30.201	29.039	27.877	
1	11	2.309	1.479	0.317	33.249	31.770	30.291	10.4
1 1/4					41.910	40.431	38.952	12.7
1 1/2					47.803	46.324	44.845	12.7
2					59.614	58.135	56.656	15.9
2 1/2					75.184	73.705	72.226	17.5
3					87.884	86.405	84.926	20.6
4					113.030	111.551	110.072	25.4

注：1. 尺寸代号有"＊"者，为 55°非密封管螺纹的尺寸代号。

　　2. 55°密封管螺纹的"基本直径"为基准平面上的基本直径。

　　3. "基准距离"为 55°密封管螺纹的参数。

表 A-3 梯形螺纹（摘录 GB/T 5796. 2—2005、GB/T 5796. 3—2005）

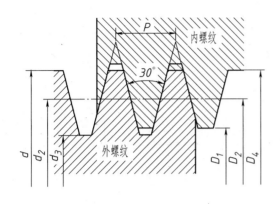

d—外螺纹大径　D_4—内螺纹大径
d_2—外螺纹中径　D_2—内螺纹中径
d_3—外螺纹小径　D_1—内螺纹小径

标记示例：

公称直径为28mm，螺距为5mm，中径公差带代号为7H 的单线右旋梯形内螺纹，标记为：

Tr28×5-7H

公称直径为28mm，导程为10mm，螺距为5mm，中径公差带代号为8e的双线左旋梯形外螺纹，标记为：

Tr28×10(P5) LH-8e

（单位：mm）

公称直径 d		螺距	中径	大径	小径		公称直径 d		螺距	中径	大径	小径	
第一系列	第二系列	P	$d_2 = D_2$	D_4	d_3	D_1	第一系列	第二系列	P	$d_2 = D_2$	D_4	d_3	D_1
8		1.5	7.25	8.30	6.20	6.50	24		3	22.50	24.50	20.50	21.00
									5	21.50		18.50	19.00
	9	1.5	8.25	9.30	7.20	7.50			8	20.00	25.00	15.00	16.00
		2	8.00	9.50	6.50	7.00	26		3	24.50	26.50	22.50	23.00
10		1.5	9.25	10.30	8.20	8.50			5	23.50		20.50	21.00
		2	9.00	10.50	7.50	8.00			8	22.00	27.00	17.00	18.00
	11	2	10.00	11.50	8.50	9.00	28		3	26.50	28.50	24.50	25.00
		3	9.50		7.50	8.00			5	25.50		22.50	23.00
12		2	11.00	12.50	9.50	10.00			8	24.00	29.00	19.00	20.00
		3	10.50		8.50	9.00	30		3	28.50	30.50	26.50	27.00
	14	2	13.00	14.50	11.50	12.00			6	27.00	31.00	23.00	24.00
		3	12.50		10.50	11.00			10	25.00		19.00	20.00
16		2	15.00	16.50	13.50	14.00	32		3	30.50	32.50	28.50	29.00
		4	14.00		11.50	12.00			6	29.00	33.00	25.00	26.00
	18	2	17.00	18.50	15.50	16.00			10	27.00		21.00	22.00
		4	16.00		13.50	14.00	34		3	32.50	34.50	30.50	31.00
20		2	19.00	20.50	17.50	18.00			6	31.00	35.00	27.00	28.00
		4	18.00		15.50	16.00			10	29.00		23.00	24.00
	22	3	20.50	22.50	18.50	19.00	36		3	34.50	36.50	32.50	33.00
		5	19.50		16.50	17.00			6	33.00	37.00	29.00	30.00
		8	18.00	23.00	13.00	14.00			10	31.00		25.00	26.00

附录 B　常用标准件

表 B-1　六角头螺栓（摘录 GB/T 5782—2000、GB/T 5783—2000）

六角头螺栓（GB/T 5782—2000）

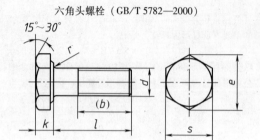

六角头螺栓全螺纹（GB/T 5783—2000）

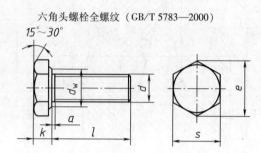

标记示例：

螺纹规格 d = M12，公称长度 l = 80mm，性能等级为 8.8 级，表面氧化，产品等级为 A 级的六角螺栓的标记：

螺栓 GB/T 5782　M12×80

（单位：mm）

螺纹规格 d			M3	M4	M5	M6	M8	M10	M12	M16	M20	M24
螺距 P			0.5	0.7	0.8	1	1.25	1.5	1.75	2	2.5	3
$s_{公称=max}$			5.5	7	8	10	13	16	18	24	30	36
$k_{公称}$			2	2.8	3.5	4	5.3	6.4	7.5	10	12.5	15
r_{min}			0.1	0.2	0.2	0.25	0.4	0.4	0.6	0.6	0.8	0.8
e_{min}	产品等级	A	6.1	7.65	8.79	11.5	14.38	17.77	20.03	26.75	33.53	39.98
		B	5.88	7.5	8.63	10.89	14.2	17.59	19.85	26.17	32.95	39.55
d_{wmin}	产品等级	A	4.57	5.88	6.88	8.88	11.63	14.63	16.63	22.49	28.19	33.61
		B	4.45	5.74	6.74	8.74	11.47	14.47	16.47	22	27.7	33.25
a	max		0.4	0.4	0.5	0.5	0.6	0.6	0.6	0.8	0.8	0.8
	min		0.15	0.15	0.15	0.15	0.15	0.15	0.15	0.2	0.2	0.2
$b_{参考}$ GB/T 5782	$l \leqslant 125$		12	14	16	18	22	26	30	38	46	54
	$125 < l \leqslant 200$		18	20	22	24	28	32	36	44	52	60
	$l > 200$		31	33	35	37	41	45	49	57	65	73
l	GB/T 5782		20~30	25~40	25~50	30~60	40~80	45~100	50~120	65~160	80~200	90~240
	GB/T 5783		6~30	8~40	10~50	12~60	16~80	20~100	25~120	30~200	40~200	50~200
l 系列			6、8、10、12、16、20、25、30、35、40、45、50、55、60、65、70、80、90、100、110、120、130、140、150、160、180、200、220、240、260、280、300、340、360、380、400、420、440、460、480、500									

表 B-2　开槽螺钉（摘录 GB/T 65—2000、GB/T 68—2000、GB/T 67—2008）

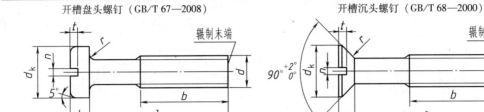

开槽盘头螺钉（GB/T 67—2008）　　　　开槽沉头螺钉（GB/T 68—2000）

开槽圆柱头螺钉 (GB/T 65—2000)

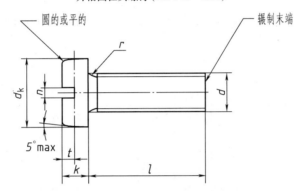

标记示例：

螺纹规格 d = M5，公称长度 l = 20mm，性能等级为 4.8 级，不经表面处理的 A 级开槽圆柱头螺钉的标记：

螺钉 GB/T65 M5×20　　　　　　　　　（单位：mm）

螺纹规格 d		M1.6	M2	M2.5	M3	M4	M5	M6	M8	M10
GB/T 65	$d_{k\,max}$	3	3.8	4.5	5.5	7	8.5	10	13	16
	k_{max}	1.1	1.4	1.8	2.0	2.6	3.3	3.9	5	6
	t_{min}	0.45	0.6	0.7	0.85	1.1	1.3	1.6	2	2.4
	r_{min}	0.1				0.2		0.25	0.4	
	l	2~16	3~20	3~25	4~30	5~40	6~50	8~60	10~80	12~80
GB/T 67	$d_{k\,max}$	3.2	4	5	5.6	8	9.5	12	16	20
	k_{max}	1	1.3	1.5	1.8	2.4	3	3.6	4.8	6
	t_{min}	0.35	0.5	0.6	0.7	1	1.2	1.4	1.9	2.4
	r_{min}	0.1				0.2		0.25	0.4	
	l	2~16	2.5~20	3~25	4~30	5~40	6~50	8~60	10~80	12~80
GB/T 68	$d_{k\,max}$	3	3.8	4.7	5.5	8.4	9.3	11.3	15.8	18.3
	k_{max}	1	1.2	1.5	1.65	2.7	2.7	3.3	4.65	5
	t_{min}	0.32	0.4	0.5	0.6	1	1.1	1.2	1.8	2
	r_{max}	0.4	0.5	0.6	0.8	1	1.3	1.5	2	2.5
	l	2.5~16	3~20	4~25	5~30	6~40	8~50	8~60	10~80	12~80
螺距 P		0.35	0.4	0.45	0.5	0.7	0.8	1	1.25	1.5
n		0.4	0.5	0.6	0.8	1.2	1.2	1.6	2	2.5
b		25				38				
l（系列）		2、2.5、3、4、5、6、8、10、12、(14)、16、20、25、30、35、40、45、50、(55)、60、(65)、70、(75)、80（GB/T 65 无 l = 2.5；GB/T68 无 l = 2)								

注：1. 括号内规格尽可能不采用。

2. M1.6~M3 的螺钉，l<30mm 时，制出全螺纹；对于开槽圆柱头螺钉和开槽盘头螺钉，M4~M10 的螺钉，l<40mm 时，制出全螺纹；对于开槽沉头螺钉，M4~M10 的螺钉，l<45mm 时，制出全螺纹。

表 B-3　内六角圆柱头螺钉（摘录 GB/T7 0.1—2008）

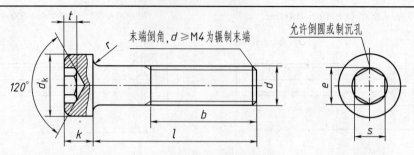

标记示例：

螺纹规格 d = M5，公称长度 l = 20mm，性能等级为 8.8 级，表面氧化的 A 级内六角圆柱头螺钉的标记：

螺钉　GB/T 70.1　M5 × 20

（单位：mm）

螺纹规格 d	M2.5	M3	M4	M5	M6	M8	M10	M12	M16	M20	M24	M30
螺距 P	0.45	0.5	0.7	0.8	1	1.25	1.5	1.75	2	2.5	3	3.5
d_{kmax}（光滑头部）	4.5	5.5	7	8.5	10	13	16	18	24	30	36	45
d_{kmax}（滚花头部）	4.68	5.68	7.22	8.72	10.22	13.27	16.27	18.27	24.33	30.33	36.39	45.39
d_{kmin}	4.32	5.32	6.78	8.28	9.78	12.73	15.73	17.73	23.67	29.67	35.61	44.61
k_{max}	2.5	3	4	5	6	8	10	12	16	20	24	30
k_{min}	2.36	2.86	3.82	4.82	5.7	7.64	9.64	11.37	15.57	19.48	23.48	29.48
t_{min}	1.1	1.3	2	2.5	3	4	5	6	8	10	12	15.5
r_{min}	0.1	0.1	0.2	0.2	0.25	0.4	0.4	0.6	0.6	0.8	0.8	1
$s_{公称}$	2	2.5	3	4	5	6	8	10	14	17	19	22
e_{min}	2.3	2.9	3.4	4.6	5.7	6.9	9.2	11.4	16	19.4	21.7	25.2
$b_{参考}$	17	18	20	22	24	28	32	36	44	52	60	72
公称长度 l	4 ~ 25	5 ~ 30	6 ~ 40	8 ~ 50	10 ~ 60	12 ~ 80	16 ~ 100	20 ~ 120	25 ~ 160	30 ~ 200	40 ~ 200	45 ~ 200
l 系列	2.5、3、4、5、6、8、10、12、16、20、25、30、35、40、45、50、55、60、65、70、80、90、100、110、120、130、140、150、160、180、200											

注：1. 括号内规格尽可能不采用。

　　2. M2.5 ~ M3 的螺钉，l < 20mm 时，制出全螺纹；M4 ~ M5 的螺钉，l < 25mm 时，制出全螺纹；M6 的螺钉，l < 30mm 时，制出全螺纹；M8 的螺钉，l < 35mm 时，制出全螺纹；M10 的螺钉，l < 40mm 时，制出全螺纹；M12 的螺钉，l < 50mm 时，制出全螺纹；M16 的螺钉，l < 60mm 时，制出全螺纹。

表 B-4　开槽紧定螺钉（摘录 GB/T 71—1985、GB/T 73—1985、GB/T 74—1985、GB/T 75—1985）

开槽锥端紧定螺钉 (GB/T 71—1985)　　　　　　　开槽平端紧定螺钉 (GB/T 73—1985)

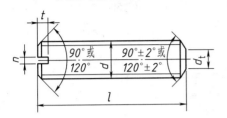 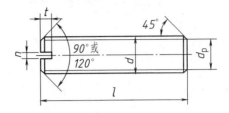

开槽凹端紧定螺钉 (GB/T 74—1985)　　　　　　　开槽长圆柱端紧定螺钉 (GB/T 75—1985)

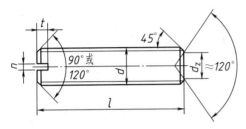 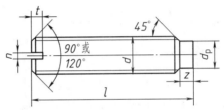

标记示例：

螺纹规格 d = M5，公称长度 l = 12mm，性能等级为 14H 级，表面氧化的开槽锥端紧定螺钉的标记：

螺钉　GB/T 71　M5 × 12

（单位：mm）

螺纹规格 d		M1.6	M2	M2.5	M3	M4	M5	M6	M8	M10	M12
螺距 P		0.35	0.4	0.45	0.5	0.7	0.8	1	1.25	1.5	1.75
n		0.25	0.25	0.4	0.4	0.6	0.8	1	1.2	1.6	2
t		0.7	0.8	1	1.1	1.4	1.6	2	2.5	3	3.6
d_z		0.8	1	1.2	1.4	2	2.5	3	5	6	8
d_t		0.2	0.2	0.3	0.3	0.4	0.5	1.5	2	2.5	3
d_p		0.8	1	1.5	2	2.5	3.5	4	5.5	7	8.5
z		1.1	1.3	1.5	1.8	2.3	2.8	3.3	4.3	5.3	6.3
公称长度 l	GB/T 71	2~8	3~10	3~12	4~16	6~20	8~25	8~30	10~40	12~50	14~60
	GB/T 73	2~8	2~10	2.5~12	3~16	4~20	5~25	6~30	8~40	10~50	12~60
	GB/T 74	2~8	2.5~10	3~12	3~16	4~20	5~25	6~30	8~40	10~50	12~60
	GB/T 75	2.5~8	3~10	4~12	5~16	6~20	8~25	8~30	10~40	12~50	14~60
l 系列		2、2.5、3、4、5、6、8、10、12、16、20、25、30、35、40、45、50、60									

表 B-5 双头螺柱（摘录 GB/T 897—1988、GB/T 898—1988、GB/T 899—1988、GB/T 900—1988）

双头螺柱 $b_m = d$（GB/T 897—1988），双头螺柱 $b_m = 1.25d$（GB/T 898—1988），

双头螺柱 $b_m = 1.5d$（GB/T 899—1988），双头螺柱 $b_m = 2d$（GB/T 900—1988）

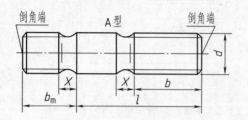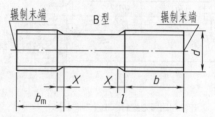

标记示例：

1. 两端为粗牙普通螺纹，d = M10，l = 50mm，性能等级为 4.8 级，B 型，$b_m = d$ 的双头螺柱的标记：

螺柱 GB/T 897　M10×50

2. 旋入机体一端为粗牙普通螺纹，旋螺母一端为螺距 P = 1mm 的细牙普通螺纹，d = M10，l = 50mm，性能等级为 4.8 级，A 型，$b_m = d$ 的双头螺柱的标记：

螺柱 GB/T 897　AM10-M10×1×50

3. 旋入机体一端为过渡配合螺纹的第一种配合，旋螺母一端为粗牙普通螺纹，d = M10，l = 50mm，性能等级为 8.8 级，镀锌钝化，B 型，$b_m = d$ 的双头螺柱的标记：

螺柱 GB/T 897　GM10-M10×50-8.8-Zn·D

（单位：mm）

螺纹规格 d	b_m				l/b
	GB/T 897	GB/T 898	GB/T 899	GB/T 900	
M3			4.5	6	(16~20)/6、(22~40)/12
M4			6	8	(16~22)/8、(25~40)/14
M5	5	6	8	10	(16~22)/10、(25~50)/16
M6	6	8	10	12	(18~22)/10、(25~30)/14、(32~75)/18
M8	3	10	12	16	(18~22)/12、(25~30)/16、(32~90)/22
M10	10	12	15	20	(25~28)/14、(30~38)/16、(40~120)/30、130/32
M12	12	15	18	24	(25~30)/16、(32~40)/20、(45~120)/30、(130~180)/36
M16	16	20	24	32	(30~38)/20、(40~55)/30、(60~120)/38、(130~200)/44
M20	20	25	30	40	(35~40)/25、(45~65)/38、(70~120)/46、(130~200)/52
M24	24	30	36	48	(45~50)/30、(55~75)/45、(80~120)/54、(130~200)/60
M30	30	48	45	60	(60~65)/40、(70~90)/50、(95~120)/66、(130~200)/72、(210~250)/85
M36	36	45	54	72	(65~75)/45、(80~110)/60、120/78、(130~200)/84、(210~300)/91
M42	42	52	63	84	(70~80)/50、(85~110)/70、120/90、(130~200)/96、(210~300)/109
M48	48	60	72	96	(80~90)/60、(95~110)/80、120/102、(130~200)/108、(210~300)/121
l（系列）	12、(14)、16、(18)、20、(22)、25、(28)、30、(32)、35、(38)、40、45、50、55、60、65、70、75、80、85、90、95、100、110、120、130、140、150、160、170、180、190、200、210、220、230、240、250、260、280、300				

表 **B-6**　**六角螺母**（摘录 GB/T 41—2000、GB/T 6170—2000、GB/T 6172.1—2000）

六角螺母—C 级（GB/T 41—2000）

1 型六角螺母—A 级和 B 级（GB/T 6170—2000）　　六角薄螺母—A 级和 B 级（GB/T 6172.1—2000）

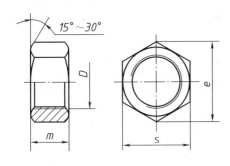 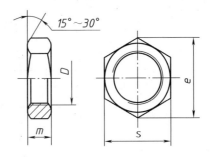

标记示例：

螺纹规格 D = M12，性能等级为 5 级，不经表面处理、产品等级为 C 级的六角螺母的标记：

螺母 GB/T 41　M12

螺纹规格 D = M12，性能等级为 10 级，不经表面处理、产品等级为 A 级的 1 型六角螺母的标记：

螺母 GB/T 6170　M12

螺纹规格 D = M12，性能等级为 04 级，不经表面处理、产品等级为 A 级的六角薄螺母的标记：

螺母　GB/T 6172.1　M12

（单位：mm）

螺纹规格 D			M3	M4	M5	M6	M8	M10	M12	M16	M20	M24	M30
螺距 P			0.5	0.7	0.8	1	1.25	1.5	1.75	2	2.5	3	3.5
e_{min}	GB/T 41		—	—	8.63	10.89	14.20	17.59	19.85	26.17	32.95	39.55	50.85
	GB/T 6170		6.01	7.66	8.79	11.05	14.38	17.77	20.03	26.75			
	GB/T 6172.1												
s			—	—	8	10	13	16	18	24	30	36	46
m	GB/T 41	max	—	—	5.6	6.4	7.9	9.5	12.2	15.9	19	22.3	26.4
		min	—	—	4.4	4.9	6.4	8	10.4	14.1	16.9	20.2	24.3
	GB/T 6170	max	2.4	3.2	4.7	5.2	6.8	8.4	10.8	14.8	18	21.5	25.6
		min	2.15	2.9	4.4	4.99	6.44	8.04	10.37	14.1	16.9	20.2	24.3
	GB/T 6172.1	max	1.8	2.2	2.7	3.2	4	5	6	8	10	12	15
		min	1.55	1.95	2.45	2.9	3.7	4.7	5.7	7.42	9.1	10.9	13.9

注：1. A 级用于 $D \leqslant$ M16；B 级用于 $D >$ M16。

2. 对 GB/T 41 允许内倒角。

表 B-7　平垫圈（摘录 GB/T 97.1—2002、GB/T 97.2—2002、GB/T 848—2002、GB/T 96.1～2—2002）

平垫圈　A 级（GB/T 97.1—2002）
大垫圈　A 级和 C 级（GB/T 96.1—2002）　　　　平垫圈　倒角型 A 级（GB/T 97.2—2002）
小垫圈　A 级（GB/T 848—2002）

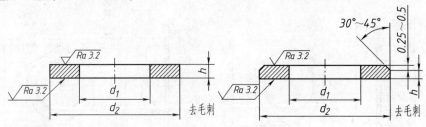

标记示例：

标准系列，公称规格 8mm，由钢制造的硬度等级为 200HV 级，倒角型，产品等级为 A 级，不经表面处理平垫圈的标记：

垫圈　GB/T 97.2　8

（单位：mm）

公称规格 （螺纹大径 d）	标准系列 GB/T 97.1，GB/T 97.2			大系列 GB/T 96			小系列 GB/T 848		
	d_1	d_2	h	d_1	d_2	h	d_1	d_2	h
1.6	1.7	4	0.3	—	—	—	1.7	3.5	0.3
2	2.2	5		—	—	—	2.2	4.5	
2.5	2.7	6	0.5	—	—	—	2.7	5	0.5
3	3.2	7		3.2	9	0.8	3.2	6	
4	4.3	9	0.8	4.3	12	1	4.3	8	
5	5.3	10	1	5.3	15	1.2	5.3	9	1
6	6.4	12	1.6	6.4	18	1.6	6.4	11	1.6
8	8.4	16		8.4	24	2	8.4	15	
10	10.5	20	2	10.5	30	2.5	10.5	18	2
12	13	24	2.5	13	37	3	13	20	2.5
14	15	28		15	44		15	24	
16	17	30	3	17	50		17	28	3
20	21	37		2	60	4	21	34	
24	25	44	4	26	72	5	25	39	4
30	31	56		33	92	6	31	50	
36	37	66	5	39	110	8	37	60	5

注：1. GB/T 96 垫圈两端无表面粗糙度符号。

　　2. GB/T 848 垫圈主要用于带圆柱头的螺钉，其他用于标准的六角螺栓、螺钉和螺母。

　　3. 对于 GB/T 97.2 垫圈，d 的范围为 5～36mm。

表 B-8　弹簧垫圈（摘录 GB/T 93—1987、GB/T 859—1987）

标准型弹簧垫圈（GB/T 93—1987）　　　　　　　　轻型弹簧垫圈（GB/T 859—1987）

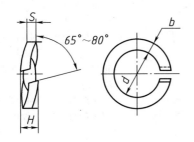　　　　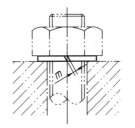

标记示例：

规格为 16mm，材料为 65Mn，表面氧化的标准型弹簧垫圈标记：

垫圈　GB/T 93　16

（单位：mm）

规格（螺纹大径）	d	S		H		b		$m \leqslant$	
		GB/T 93	GB/T 859	GB/T 93	GB/T 859	GB/T 93	GB/T 859	GB/T 93	GB/T 859
3	3.1	0.8	0.6	1.6	1.2	0.8	1	0.4	0.3
4	4.1	1.1	0.8	2.2	1.6	1.1	1.2	0.55	0.4
5	5.1	1.3	1.1	2.6	2.2	1.3	1.5	0.65	0.55
6	6.2	1.6	1.3	3.2	2.6	1.6	2	0.8	0.65
8	8.2	2.1	1.6	4.2	3.2	2.1	2.5	1.05	0.8
10	10.2	2.6	2	5.2	4	2.6	3	1.3	1
12	12.3	3.1	2.5	6.2	5	3.1	3.5	1.55	1.25
(14)	14.3	3.6	3	7.2	6	3.6	4	1.8	1.5
16	16.3	4.1	3.2	8.2	6.4	4.1	4.5	2.05	1.6
(18)	18.3	4.5	3.6	9	7.2	4.5	5	2.25	1.8
20	20.5	5	4	10	8	5	5.5	2.5	2
(22)	22.5	5.5	4.5	11	9	5.5	6	2.75	2.25
24	24.5	6	5	12	10	6	7	3	2.5
(27)	27.5	6.8	5.5	13.6	11	6.8	8	3.4	2.75
30	30.5	7.5	6	15	12	7.5	9	3.75	3

注：1. 括号内规格尽可能不采用。

　　2. m 应大于 0。

表 B-9   平键（摘录 GB/T 1095—2003，GB/T 1096—2003）

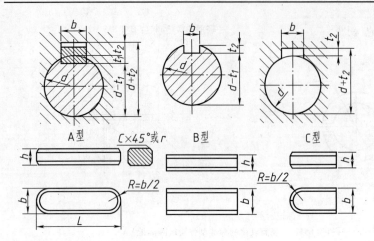

A型   C×45°或r   B型   C型

标记示例：

圆头普通平键（A型），$b = 10mm$，$h = 8mm$，$L = 25mm$，其标记：

GB/T 1096   键 $10 \times 8 \times 25$

对于同一尺寸的圆头普通平键（B型）或单圆头普通平键（C型），其标记：

GB/T1096   键 B$10 \times 8 \times 25$

GB/T1096   键 C$10 \times 8 \times 25$

R=b/2   R=b/2

（单位：mm）

轴	键	键槽									
			宽度 b					深　度			
				极 限 偏 差							
公称直径 d	公称尺寸 $b \times h$	公称尺寸	松 联 接		正 常 联 接		紧密联接	轴 t_1		毂 t_2		半径 r
			轴 H9	毂 D10	轴 N9	毂 JS9	轴和毂 P9	公称尺寸	极限偏差	公称尺寸	极限偏差	
>6 ~ 8	2×2	2	+0.025	+0.060	−0.004	±0.0125	−0.006	1.2		1		0.08 ~ 0.16
>8 ~ 10	3×3	3	0	+0.020	−0.029		−0.031	1.8		1.4		
>10 ~ 12	4×4	4	+0.030	+0.078	0	±0.015	−0.012	2.5	+0.1	1.8	+0.1	
>12 ~ 17	5×5	5	0	+0.030	−0.030		−0.042	3.0		2.3		
>17 ~ 22	6×6	6						3.5		2.8		
>22 ~ 30	8×7	8	+0.036	+0.098	0	±0.018	−0.015	4.0		3.3		0.16 ~ 0.25
>30 ~ 38	10×8	10	0	+0.040	−0.036		−0.051	5.0		3.3		
>38 ~ 44	12×8	12	+0.043	+0.120	0	±0.0215	−0.018	5.0		3.3		
>44 ~ 50	14×9	14	0	+0.050	−0.043		−0.061	5.5		3.8		0.25 ~ 0.40
>50 ~ 58	16×10	16						6.0	+0.2	4.3	+0.2	
>58 ~ 65	18×11	18						7.0		4.4		
>65 ~ 75	20×12	20	+0.052	+0.149	0	±0.026	−0.022	7.5		4.9		
>75 ~ 85	22×14	22	0	+0.065	−0.052		−0.074	9.0		5.4		0.40 ~ 0.60
>85 ~ 95	25×14	25						9.0		5.4		
>95 ~ 110	28×16	28						10.0		6.4		

注：1. 在工作图中，轴槽深用 $d - t_1$ 或 t_1 标注，轮毂槽深用 $d + t_2$ 标注。（$d - t_1$）和（$d + t_2$）尺寸极限偏差按相应的 t_1 和 t_2 的极限偏差选取，但（$d - t_1$）极限偏差取负号（−）。

2. L 系列：6，8，10，12，14，16，18，20，22，25，28，32，36，40，45，50，56，63，70，80，90，100，110，125，140，160，180，200，220，250，280，320，330，400，450，单位为 mm。

表 B-10　半圆键（摘录 GB/T 1098—2003、GB/T 1099—2003）

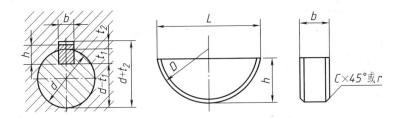

标记示例：

半圆键 $b = 6\,\text{mm}$，$h = 10\,\text{mm}$，$D = 25\,\text{mm}$，其标记：

GB/T 1099.1　键 $6 \times 10 \times 25$

（单位：mm）

轴径 d		键		键　槽							
				宽度 b 极限偏差			深　度				
传递转矩用	定位用	公称尺寸 $b \times h \times D$	长度 $L \approx$	正常联接		紧密联接	轴 t_1		毂 t_2		半径 r
				轴 N9	毂 JS9	轴和毂 P9	公称尺寸	极限偏差	公称尺寸	极限偏差	
自 3~4	自 3~4	1.0×1.4×4	3.9				1.0		0.6		
>4~5	>4~6	1.5×2.6×7	6.8				2.0		0.8		
>5~6	>6~8	2.0×2.6×7	6.8	−0.004 −0.029	±0.012	−0.006 −0.031	1.8	+0.1	1.0		0.08~0.16
>6~7	>8~10	2.0×3.7×10	9.7				2.9		1.0		
>7~8	>10~12	2.5×3.7×10	9.7				2.7		1.2		
>8~10	>12~15	3.0×5.0×13	12.7				3.8		1.4		
>10~12	>15~18	3.0×6.5×16	15.7				5.3		1.4	+0.1	
>12~14	>18~20	4.0×6.5×16	15.7				5.0		1.8		
>14~16	>20~22	4.0×7.5×19	18.6				6.0	+0.2	1.8		0.16~0.25
>16~18	>22~25	5.0×6.5×16	15.7	0 −0.030	±0.015	−0.012 −0.042	4.5		2.3		
>18~20	>25~28	5.0×7.5×19	18.6				5.5		2.3		
>20~22	>28~32	5.0×9.0×22	21.6				7.0		2.3		
>22~25	>32~36	6.0×9.0×22	21.6				6.5		2.8		
>25~28	>36~40	6.0×10.0×25	24.5				7.5	+0.3	2.8	+0.2	0.25~0.40
>28~32	40	8.0×11.0×28	27.4	0 −0.036	±0.018	−0.015 −0.051	8.5		3.3		
>32~38	—	10.0×13.0×32	31.4				10.0		3.3		

注：在工作图中，轴槽深用 $d - t_1$ 或 t_1 标注，轮毂槽深用 $d + t_2$ 标注。（$d - t_1$）和（$d + t_2$）尺寸偏差按相应的 t_1 和 t_2 的极限偏差选取，但（$d - t_1$）极限偏差取负号（−）。

表 B-11 圆柱销（摘录 GB/T 119.1—2000）

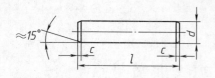

标记示例：

公称直径 $d=6$mm，公差为 m6，公称长度 $l=30$mm，材料为钢，不经淬火，不经表面处理的圆柱销的标记：

销 GB/T 119.1　6 m6×30

（单位：mm）

d	0.6	0.8	1	1.2	1.5	2	2.5	3	4	5
$c\approx$	0.12	0.16	0.20	0.25	0.30	0.35	0.40	0.50	0.63	0.80
l	2～6	2～8	4～10	4～12	4～16	5～20	5～24	6～30	6～40	10～50
d	6	8	10	12	16	20	25	30	40	50
$c\approx$	1.2	1.6	2.0	2.5	3.0	3.5	4.0	5.0	6.3	8.0
l	12～60	14～80	18～95	22～140	26～180	35～200	50～200	60～200	80～200	95～200
l系列	2，3，4，5，6，8，10，12，14，16，18，20，22，24，26，28，30，32，35，40，45，50，55，60，65，70，75，80，85，90，95，100，120，140，160，180，200									

注：1. 销的材料为不淬硬钢和奥氏体不锈钢。

2. 公称长度大于 200mm，按 20mm 递增。

3. 表面粗糙度：公差为 m6 时，$Ra\leqslant0.8\mu$m；公差为 h8 时，$Ra\leqslant1.6\mu$m。

表 B-12 圆锥销（GB/T 117—2000）

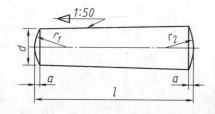

$$r_1\approx d;\ r_2\approx\frac{a}{2}+d+\frac{(0.02l)^2}{8a}$$

标记示例：

公称直径 $d=6$mm，公称长度 $l=30$mm，材料为 35 钢，热处理硬度 28～38HRC，表面氧化处理的 A 型圆锥销的标记：

销 GB/T 117　6×30

（单位：mm）

d	0.6	0.8	1	1.2	1.5	2	2.5	3	4	5
$a\approx$	0.08	0.1	0.12	0.16	0.2	0.25	0.3	0.4	0.5	0.63
l	4～8	5～12	6～16	6～20	8～24	10～35	10～35	12～45	14～60	22～90
d	6	8	10	12	16	20	25	30	40	50
$a\approx$	0.8	1	1.2	1.6	2	2.5	3	4	5	6.3
l	22～90	22～120	26～160	32～180	40～200	45～200	50～200	55～200	60～200	65～200
l系列	2，3，4，5，6，8，10，12，14，16，18，20，22，24，26，28，30，32，35，40，45，50，55，60，65，70，75，80，85，90，95，100，120，140，160，180，200									

注：1. 销的材料为 35、45、Y12、Y15、30 CrMnSiA，以及 1Cr13、2Cr13 等。

2. 公称长度大于 200mm，按 20mm 递增。

表 B-13　开口销（GB/T 91—2000）

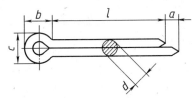

标记示例：

公称规格为 5mm，公称长度 $l = 50$mm，材料为 Q215 或 Q235，不经表面处理的开口销的标记：

销　GB/T 91　5×50

（单位：mm）

公称规格	0.6	0.8	1	1.2	1.6	2	2.5	3.2	4	5	6.3	8	10	13
d min	0.4	0.6	0.8	0.9	1.3	1.7	2.1	2.7	3.5	4.4	5.7	7.3	9.3	12.1
d max	0.5	0.7	0.9	1	1.4	1.8	2.3	2.9	3.7	4.6	5.9	7.5	9.5	12.4
c max	1	1.4	1.8	2	2.8	3.6	4.6	5.8	7.4	9.2	11.8	15	19	24.8
c min	0.9	1.2	1.6	1.7	2.4	3.2	4	5.1	6.5	8	10.3	13.1	16.6	21.7
$b \approx$	2	2.4	3	3	3.2	4	5	6.4	8	10	12.6	16	20	26
a_{max}	1.6					2.5		3.2		4			6.3	
l	4~12	5~16	6~20	8~25	8~32	10~40	12~50	14~63	18~80	22~100	32~125	40~160	45~200	71~250
l 系列	4, 5, 6, 8, 10, 12, 14, 16, 18, 20, 22, 25, 28, 32, 36, 40, 45, 50, 56, 63, 71, 80, 90, 100, 112, 125, 140, 160, 180, 200, 224, 250, 280													

注：1. 公称规格等于开口销孔的直径。

　　2. 开口销的材料用 Q215、Q235、H63、1Cr17Ni7、0Cr18Ni9Ti。

表 B-14　深沟球轴承（摘录 GB/T 276 – 1994）

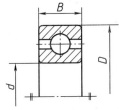

标记示例：

滚动轴承　6210　GB/T 276—1994

轴承代号	尺寸/mm			轴承代号	尺寸/mm		
	d	D	B		d	D	B
10 系列				02 系列			
6000	10	26	8	6200	10	30	9
6001	12	28	8	6201	12	32	10
6002	15	32	9	6202	15	35	11
6003	17	35	10	6203	17	40	12
6004	20	42	12	6204	20	47	14
6005	25	47	12	6205	25	52	15
6006	30	55	13	6206	30	62	16
6007	35	62	14	6207	35	72	17
6008	40	68	15	6208	40	80	18
6009	45	75	16	6209	45	85	19
6010	50	80	16	6210	50	90	20
6011	55	90	18	6211	55	100	21
6012	60	95	18	6212	60	110	22

（续）

轴承代号	尺寸/mm			轴承代号	尺寸/mm		
	d	D	B		d	D	B
03 系列				04 系列			
6300	10	35	11	6403	17	62	17
6301	12	37	12	6404	20	72	19
6302	15	42	13	6405	25	80	21
6303	17	47	14	6406	30	90	23
6304	20	52	15	6407	35	100	25
6305	25	62	17	6408	40	110	27
6306	30	72	19	6409	45	120	29
6307	35	80	21	6410	50	130	31
6308	40	90	23	6411	55	140	33
6309	45	100	25	6412	60	150	35
6310	50	110	27	6413	65	160	37
6311	55	120	29	6414	70	180	42
6312	60	130	31	6415	75	190	45

表 B-15　圆锥滚子轴承（摘录 GB/T 297—1994）

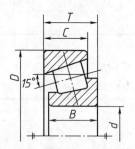

标记示例：

滚动轴承　30312　GB/T 297—1994

轴承代号	尺寸/mm					轴承代号	尺寸/mm				
	d	D	T	B	C		d	D	T	B	C
02 系列						03 系列					
30202	15	35	11.75	11	10	30302	15	42	14.25	13	11
30203	17	40	13.25	12	11	30303	17	47	15.25	14	12
30204	20	47	15.25	14	12	30304	20	52	16.25	15	13
30205	25	52	16.25	15	13	30305	25	62	18.25	17	15
30206	30	62	17.25	16	14	30306	30	72	20.75	19	16
30207	35	72	18.25	17	15	30307	35	80	22.75	21	18
30208	40	80	19.75	18	16	30308	40	90	25.75	23	20
30209	45	85	20.75	19	16	30309	45	100	27.25	25	22
30210	50	90	21.75	30	17	30310	50	110	29.25	27	23
30211	55	100	22.75	21	18	30311	55	120	31.5	29	25
30212	60	110	23.75	22	19	30312	60	130	33.5	31	26
30213	65	120	24.75	23	20	30313	65	140	36	33	28

（续）

轴承代号	尺寸/mm					轴承代号	尺寸/mm				
	d	D	T	B	C		d	D	T	B	C
13 系列						20 系列					
31305	25	62	18.25	17	13	32004	20	42	15	15	12
31306	30	72	20.75	19	14	32005	25	47	15	15	11.5
31307	35	80	22.75	21	15	32006	30	55	17	17	13
31308	40	90	25.25	23	17	32007	35	62	18	18	14
31309	45	100	27.25	25	18	32008	40	68	19	19	14.5
31310	50	110	29.25	27	19	32009	45	75	20	20	15.5
31311	55	120	31.5	29	21	32010	50	80	20	20	15.5
31312	60	130	33.5	31	22	32011	55	90	23	23	17.5
31313	65	140	36	33	23	32012	60	95	23	23	17.5
31314	70	150	38	35	25	32013	65	100	23	23	17.5
31315	75	160	40	37	26	32014	70	110	25	25	19
31316	80	170	42.5	39	27	32015	75	115	25	25	19

表 B-16　推力球轴承（摘录 GB/T 301—1995）

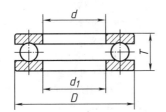

标记示例：

滚动轴承　51214　GB/T 301—1995

轴承代号	尺寸/mm				轴承代号	尺寸/mm			
	d	d_{1min}	D	T		d	d_{1min}	D	T
11 系列					12 系列				
51100	10	11	24	9	51200	10	12	26	11
51101	12	13	26	9	51201	12	14	28	11
51102	15	16	28	9	51202	15	17	32	12
51103	17	18	30	9	51203	17	19	35	12
51104	20	21	35	10	51204	20	22	40	14
51105	25	26	42	11	51205	25	27	47	15
51106	30	32	47	11	51206	30	32	52	16
51107	35	37	52	12	51207	35	37	62	18
51108	40	42	60	13	51208	40	42	68	19
51109	45	47	65	14	51209	45	47	73	20
51110	50	52	70	14	51210	50	52	78	22
51111	55	57	78	16	51211	55	57	90	25
51112	60	62	85	17	51212	60	62	95	26

（续）

轴承代号	尺寸/mm				轴承代号	尺寸/mm			
	d	d_{1min}	D	T		d	d_{1min}	D	T
13 系列					14 系列				
51304	20	22	47	18	51405	25	27	60	24
51305	25	27	52	18	51406	30	32	70	28
51306	30	32	60	21	51407	35	37	80	32
51307	35	37	68	24	51408	40	42	90	36
51308	40	42	78	26	51409	45	47	100	39
51309	45	47	85	28	51410	50	52	110	43
51310	50	52	95	31	51411	55	57	120	48
51311	55	57	105	35	51412	60	62	130	51
51312	60	62	110	35	51413	65	67	140	56
51313	65	67	115	36	51414	70	72	150	60
51314	70	72	125	40	51415	75	77	160	65
51315	75	77	135	44	51416	80	82	170	68
51316	80	82	140	44	51417	85	88	180	72

表 B-17　普通圆柱螺旋压缩弹簧尺寸系列（摘录 GB/T 1358—2009）

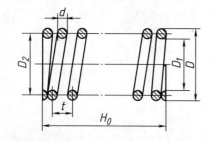

d—弹簧钢丝直径
D_2—弹簧外径
D—弹簧中径
D_1—弹簧内径
n—有效圈数
H_0—自由高度
t—弹簧节距

弹簧丝直径 d 系列	
第一系列	第二系列
0.1　0.12　0.14　0.16　0.2　0.25　0.3　0.35　0.4 0.45　0.5　0.6　0.7　0.8　0.9　1　1.2　1.6　2 2.5　3　3.5　4　4.5　5　6　8　10　12 15　16　20　25 30　35　40　45　50　60	0.55　0.06　0.07　0.08　0.09　0.18　0.22　0.28 0.32　0.55　0.65　1.4　1.8　2.2　2.8　3.2　5.5 6.5　7　9　11　14　18　22　28　32　38　42　55

弹簧中径 D 系列
0.3　0.4　0.5　0.6　0.7　0.8　0.9　1　1.2　1.4　1.6　1.8　2　2.2　2.5　2.8　3　3.2　3.5　3.8　4　4.2 4.5　4.8　5　5.5　6　6.5　7　7.5　8　8.5　9　10　12　14　16　18　20　22　25　28　30　32　38　42　45　48 50　52　55　58　60　65　70　75　80　85　90　95　100 105　110　115　120　125　130　135　140　145　150 160　170　180　190　200　210　220　230　240　250　260　270　280　290　300　320　340　360　380　400　450 500　550　600

压缩弹簧的有效圈数 n 系列
2　2.25　2.5　2.75　3　3.25　3.5　3.75　4　4.25　4.5　4.75　5　5.5　6　6.5　7　7.5　8　8.5　9　9.5　10 10.5　11.5　12.5　13.5　14.5　15　16　18　20　22　25　28　30

（续）

压缩弹簧自由高度 H_0 系列
2　3　4　5　6　7　8　9　10　11　12　13　14　15　16　17　18　19　20　22　24　26　28　30　32　35　38
40　42　45　48　50　52　55　58　60　65　70　75　80　85　90　95　100　105　110　115　120　130　140　150
160　170　180　190　200　220　240　260　280　300　320　340　360　380　400　420　450　480　500　520　550
580　600　620　650　680　700　720　750　780　800　850　900　950　1000

注：优先采用第一系列。

附录 C　轴、孔的极限偏差及常用配合

表 C-1　轴的极限偏差（摘录 GB/T 1800.2—2009）　　　　（单位：μm）

公称尺寸/mm		公差带														
		a		b			c					d				
大于	至	10	11	10	11	12	8	9	10	11	12	7	8	9	10	11
—	3	−270 −310	−270 −330	−140 −180	−140 −200	−140 −240	−60 −74	−60 −85	−60 −100	−60 −120	−60 −160	−20 −30	−20 −34	−20 −45	−20 −60	−20 −80
3	6	−270 −318	−270 −345	−140 −188	−140 −215	−140 −260	−70 −88	−70 −100	−70 −118	−70 −145	−70 −190	−30 −42	−30 −48	−30 −60	−30 −78	−30 −105
6	10	−280 −338	−280 −370	−150 −208	−150 −240	−150 −300	−80 −102	−80 −116	−80 −138	−80 −170	−80 −230	−40 −55	−40 −62	−40 −76	−40 −98	−40 −130
10	14	−290 −360	−290 −400	−150 −220	−150 −260	−150 −330	−95 −122	−95 −138	−95 −165	−95 −205	−95 −275	−50 −68	−50 −77	−50 −93	−50 −120	−50 −160
14	18	−290 −360	−290 −400	−150 −220	−150 −260	−150 −330	−95 −122	−95 −138	−95 −165	−95 −205	−95 −275	−50 −68	−50 −77	−50 −93	−50 −120	−50 −160
18	24	−300 −384	−300 −430	−160 −244	−160 −290	−160 −370	−110 −143	−110 −162	−110 −194	−110 −240	−110 −320	−65 −86	−65 −98	−65 −117	−65 −149	−65 −195
24	30	−300 −384	−300 −430	−160 −244	−160 −290	−160 −370	−110 −143	−110 −162	−110 −194	−110 −240	−110 −320	−65 −86	−65 −98	−65 −117	−65 −149	−65 −195
30	40	−310 −410	−310 −470	−170 −270	−170 −330	−170 −420	−120 −159	−120 −182	−120 −220	−120 −280	−120 −370	−80 −105	−80 −119	−80 −142	−80 −180	−80 −240
40	50	−320 −420	−320 −480	−180 −280	−180 −340	−180 −430	−130 −169	−130 −192	−130 −230	−130 −290	−130 −380	−80 −105	−80 −119	−80 −142	−80 −180	−80 −240
50	65	−340 −460	−340 −530	−190 −310	−190 −380	−190 −490	−140 −186	−140 −214	−140 −260	−140 −330	−140 −440	−100 −130	−100 −146	−100 −174	−100 −220	−100 −290
65	80	−360 −480	−360 −550	−200 −320	−200 −390	−200 −500	−150 −196	−150 −224	−150 −270	−150 −340	−150 −450	−100 −130	−100 −146	−100 −174	−100 −220	−100 −290
80	100	−380 −520	−380 −600	−220 −360	−220 −440	−220 −570	−170 −224	−170 −257	−170 −310	−170 −390	−170 −520	−120 −155	−120 −174	−120 −207	−120 −260	−120 −340
100	120	−410 −550	−410 −630	−240 −380	−240 −460	−240 −590	−180 −234	−180 −267	−180 −320	−180 −400	−180 −530	−120 −155	−120 −174	−120 −207	−120 −260	−120 −340
120	140	−460 −620	−460 −710	−260 −420	−260 −510	−260 −660	−200 −263	−200 −300	−200 −360	−200 −450	−200 −600	−145 −185	−145 −208	−145 −245	−145 −305	−145 −395
140	160	−520 −680	−520 −770	−280 −440	−280 −530	−280 −680	−210 −273	−210 −310	−210 −370	−210 −460	−210 −610	−145 −185	−145 −208	−145 −245	−145 −305	−145 −395
160	180	−580 −740	−580 −830	−310 −470	−310 −560	−310 −710	−230 −293	−230 −330	−230 −390	−230 −480	−230 −630	−145 −185	−145 −208	−145 −245	−145 −305	−145 −395

（续）

公称尺寸 /mm		公差带														
		a		b			c					d				
大于	至	10	11	10	11	12	8	9	10	11	12	7	8	9	10	11
180	200	−660 −845	−660 −950	−340 −525	−340 −630	−340 −800	−240 −312	−240 −355	−240 −425	−240 −530	−240 −700					
220	225	−740 −925	−740 −1030	−380 −565	−380 −670	−380 −840	−260 −332	−260 −375	−260 −445	−260 −550	−260 −720	−170 −216	−170 −242	−170 −285	−170 −355	−170 −460
225	250	−820 −1005	−820 −1110	−420 −605	−420 −710	−420 −880	−280 −352	−280 −395	−280 −465	−280 −570	−280 −740					
250	280	−920 −1130	−920 −1240	−480 −690	−480 −800	−480 −1000	−300 −381	−300 −430	−300 −510	−300 −620	−300 −820	−190 −240	−190 −271	−190 −320	−190 −400	−190 −510
280	315	−1050 −1260	−1050 −1370	−540 −750	−540 −860	−540 −1060	−330 −411	−330 −460	−330 −540	−330 −650	−330 −850					
315	355	−1200 −1430	−1200 −1560	−600 −830	−600 −960	−600 −1170	−360 −449	−360 −500	−360 −590	−360 −720	−360 −930	−210 −267	−210 −299	−210 −350	−210 −440	−210 −570
355	400	−1350 −1580	−1350 −1710	−680 −910	−680 −1040	−680 −1250	−400 −486	−400 −540	−400 −630	−400 −760	−400 970					
400	450	−1500 −1750	−1500 −1900	−760 −1010	−760 −1160	−760 −1390	−440 −537	−440 −595	−440 −690	−440 −840	−440 −1070	−230 −293	−230 −327	−230 −385	−230 −480	−230 −630
450	500	−1650 −1900	−1650 −2050	−840 −1090	−840 −1240	−840 1470	−480 −577	−480 635	−480 −730	−480 −880	−480 1110					

公称尺寸 /mm		公差带														
		e				f					g			h		
大于	至	6	7	8	9	5	6	7	8	9	5	6	7	4	5	6
—	3	−14 −20	−14 −24	−14 −28	−14 −39	−6 −10	−6 −12	−6 −16	−6 −20	−6 −31	−2 −6	−2 −8	−2 −12	0 −3	0 −4	0 −6
3	6	−20 −34	−20 −32	−20 −38	−20 −50	−10 −15	−10 −18	−10 −22	−10 −28	−10 −40	−4 −9	−4 −12	−4 −16	0 −4	0 −6	0 −8
6	10	−25 −34	−25 −40	−25 −47	−25 −61	−13 −19	−13 −22	−13 −28	−13 −35	−13 −49	−5	−5	−5	0 −4	0 −6	0 −9
10	14	−32 −43	−32 −50	−32 −59	−32 −75	−16 −24	−16 −27	−16 −34	−16 −43	−16 −59	−6 −14	−6 −17	−6 −24	0 −5	0 −8	0 −11
14	18															
18	24	−40 −53	−40 −61	−40 −73	−40 −92	−20 −29	−20 −33	−20 −41	−20 −53	−20 −72	−7 −16	−7 −20	−7 −28	0 −6	0 −9	0 −13
24	30															
30	40	−50 −66	−50 −75	−50 −89	−50 −112	−25 −36	−25 −41	−25 −50	−25 −64	−25 −87	−9 −20	−9 −25	−9 −34	0 −7	0 −11	0 −16
40	50															
50	65	−60 −79	−60 −90	−60 −106	−60 −134	−30 −43	−30 −49	−30 −60	−30 −76	−30 −104	−10 −23	−10 −29	−10 −40	0 −8	0 −13	0 −19
65	80															
80	100	−72 −94	−72 −107	−72 −126	−72 −159	−36 −51	−36 −58	−36 −71	−36 −90	−36 −123	−12 −27	−12 −34	−12 −47	0 −10	0 −15	0 −22
100	120															

（续）

公称尺寸/mm		公差带														
		e				f					g			h		
大于	至	6	7	8	9	5	6	7	8	9	5	6	7	4	5	6
120	140	−85 −110	−85 −125	−85 −148	−85 −185	−43 −61	−43 −68	−43 −83	−43 −106	−43 −143	−14 −32	−14 −39	−14 −54	0 −12	0 −18	0 −25
140	160															
160	180															
180	200	−100 −129	−100 −146	−100 −172	−100 −215	−50 −70	−50 −79	−50 −96	−50 −122	−50 −165	−15 −35	−15 −44	−15 −61	0 −14	0 −20	0 −29
220	225															
225	250															
250	280	−110 −142	−110 −162	−110 −191	−110 −240	−56 −79	−56 −88	−56 −108	−56 −137	−56 −186	−17 −40	−17 −49	−17 −69	0 −16	0 −23	0 −32
280	315															
315	355	−125 −161	−125 −182	−125 −214	−125 −265	−62 −87	−62 −98	−62 −119	−62 −151	−62 −202	−18 −43	−18 −54	−18 −75	0 −18	0 −25	0 −36
355	400															
400	450	−135 −175	−135 −198	−135 −232	−135 −290	−68 −95	−68 −108	−68 −131	−68 −165	−68 −223	−20 −47	−20 −60	−20 −83	0 −20	0 −27	0 −40
450	500															

公称尺寸/mm		公差带													
		h							j			js			
大于	至	7	8	9	10	11	12	13	5	6	7	5	6	7	8	9
—	3	0 −10	0 −14	0 −25	0 −40	0 −60	0 −100	0 −140	—	+4 −2	+6 −4	±2	±3	±5	±7	±12
3	6	0 −12	0 −18	0 −30	0 −48	0 −75	0 −120	0 −180	+3 −2	+6 −2	+8 −4	±2.5	±4	±6	±9	±15
6	10	0 −15	0 −22	0 −36	0 −58	0 −90	0 −150	0 −220	+4 −2	+7 −2	+10 −5	±3	±4.5	±7	±11	±18
10	14	0 −18	0 −27	0 −43	0 −70	0 −110	0 −180	0 −270	+5 −3	+8 −3	+12 −6	±4	±5.5	±9	±13	±21
14	18															
18	24	0 −21	0 −33	0 −52	0 −84	0 −130	0 −210	0 −330	+5 −4	+9 −4	+13 −8	±4.5	±6.5	±10	±16	±26
24	30															
30	40	0 −25	0 −39	0 −62	0 −100	0 −160	0 −250	0 −390	+6 −5	+11 −5	+15 −10	±5.5	±8	±12	±19	±31
40	50															
50	65	0 −30	0 −46	0 −74	0 −120	0 −190	0 −300	0 −460	+6 −7	+12 −7	+18 −12	±6.5	±9.5	±15	±23	±37
65	80															
80	100	0 −35	0 −54	0 −87	0 −140	0 −220	0 −350	0 −540	+6 −9	+13 −9	+20 −15	±7.5	±11	±17	±27	±43
100	120															
120	140	0 −40	0 −63	0 −100	0 −160	0 −250	0 −400	0 −630	+7 −11	+14 −11	+22 −18	±9	±12.5	±20	±31	±50
140	160															
160	180															

（续）

公称尺寸/mm		公差带														
		h							j			js				
大于	至	7	8	9	10	11	12	13	5	6	7	5	6	7	8	9
180	200	0 −46	0 −72	0 −115	0 −185	0 −290	0 −460	0 −720	+7 −13	+16 −13	+25 −21	±10	±14.5	±23	±36	±57
220	225															
225	250															
250	280	0 −52	0 −81	0 −130	0 −210	0 −320	0 −520	0 −810	+7	—	—	±11.5	±16	±26	±40	±65
280	315															
315	355	0 −57	0 −89	0 −140	0 −230	0 −360	0 −570	0 −890	+7 −18	—	+29 −28	±12.5	±18	±28	±44	±70
355	400															
400	450	0 −63	0 −97	0 −155	0 −250	0 −400	0 −630	0 −970	+7 −20	—	+31 −32	±13.5	±20	±31	±48	±77
450	500															

公称尺寸/mm		公差带														
		js	k			m			n			p			r	
大于	至	10	5	6	7	5	6	7	5	6	7	5	6	7	5	6
—	3	±20	+4 0	+6 0	+10 0	+6 +2	+8 +2	+12 +2	+8 +4	+10 +4	+14 +4	+10 +6	+12 +6	+16 +6	+14 +10	+16 +10
3	6	±24	+6 +1	+9 +1	+13 +1	+9 +4	+12 +4	+16 +4	+13 +8	+16 +8	+20 +8	+17 +12	+20 +12	+24 +12	+20 +15	+23 +15
6	10	±29	+7 +1	+10 +1	+16 +1	+12 +6	+15 +6	+21 +6	+16 +10	+19 +10	+25 +10	+21 +15	+24 +15	+30 +15	+25 +19	+28 +19
10	14	±35	+9 +1	+12 +1	+19 +1	+15 +7	+18 +7	+25 +7	+20 +12	+23 +12	+30 +12	+26 +18	+29 +18	+36 +18	+31 +23	+34 +23
14	18															
18	24	±42	+11 +2	+15 +2	+23 +2	+17 +8	+21 +8	+29 +8	+24 +15	+28 +15	+36 +15	+31 +22	+35 +22	+43 +22	+37 +28	+41 +28
24	30															
30	40	±50	+13 +2	+18 +2	+27 +2	+20 +9	+25 +9	+34 +9	+28 +17	+33 +17	+42 +17	+37 +26	+42 +26	+51 +26	+45 +34	+50 +34
40	50															
50	65	±60	+15 +2	+21 +2	+32 +2	+24 +11	+30 +11	+41 +11	+33 +20	+39 +20	+50 +20	+45 +32	+51 +32	+62 +32	+54 +41	+60 +41
65	80														+56 +43	+62 +43
80	100	±70	+18 +3	+25 +3	+38 +3	+28 +13	+35 +13	+48 +13	+38 +23	+45 +23	+58 +23	+52 +37	+59 +37	+72 +37	+66 +51	+73 +51
100	120														+69 +54	+76 +54
120	140	±80	+21 +3	+28 +3	+43 +3	+33 +15	+40 +15	+55 +15	+45 +27	+52 +27	+67 +27	+61 +43	+68 +43	+83 +43	+81 +63	+88 +63
140	160														+83 +65	+90 +65
160	180														+86 +68	+93 +68

（续）

公称尺寸/mm		公差带														
		js	k			m			n			p			r	
大于	至	10	5	6	7	5	6	7	5	6	7	5	6	7	5	6
180	200	±92	+24 +4	+33 +4	+50 +4	+37 +17	+46 +17	+63 +17	+51 +31	+60 +31	+77 +31	+70 +50	+79 +50	+96 +50	+97 +77	+106 +77
220	225	±92	+24 +4	+33 +4	+50 +4	+37 +17	+46 +17	+63 +17	+51 +31	+60 +31	+77 +31	+70 +50	+79 +50	+96 +50	+100 +80	+109 +80
225	250	±92	+24 +4	+33 +4	+50 +4	+37 +17	+46 +17	+63 +17	+51 +31	+60 +31	+77 +31	+70 +50	+79 +50	+96 +50	+104 +84	+113 +84
250	280	±105	+27 +4	+36 +4	+56 +4	+43 +20	+52 +20	+72 +20	+57 +34	+66 +34	+86 +34	+79 +56	+88 +56	+108 +56	+117 +94	+126 +94
280	315	±105	+27 +4	+36 +4	+56 +4	+43 +20	+52 +20	+72 +20	+57 +34	+66 +34	+86 +34	+79 +56	+88 +56	+108 +56	+121 +98	+130 +98
315	355	±115	+29 +4	+40 +4	+61 +4	+46 +21	+57 +21	+78 +21	+62 +37	+73 +37	+94 +37	+87 +62	+98 +62	+119 +62	+133 +108	+144 +108
355	400	±115	+29 +4	+40 +4	+61 +4	+46 +21	+57 +21	+78 +21	+62 +37	+73 +37	+94 +37	+87 +62	+98 +62	+119 +62	+139 +114	+150 +114
400	450	±125	+32 +5	+45 +5	+68 +5	+50 +23	+63 +23	+86 +23	+67 +40	+80 +40	+103 +40	+95 +68	+108 +68	+131 +68	+153 +126	+166 +126
	500	±125	+32 +5	+45 +5	+68 +5	+50 +23	+63 +23	+86 +23	+67 +40	+80 +40	+103 +40	+95 +68	+108 +68	+131 +68	+159 +132	+172 +132

公称尺寸/mm		公差带													
		r	s			t			u				v	x	y	z
大于	至	7	5	6	7	5	6	7	5	6	7	8	6	6	6	6
—	3	+20 +10	+18 +14	+20 +14	+24 +14	—	—	—	+22 −18	+24 +18	+28 +18	+32 +18	—	+26 +20	—	+32 +26
3	6	+27 +15	+24 +19	+27 +19	+31 +19	—	—	—	+28 +23	+31 +23	+35 +23	+41 +23	—	+36 +28	—	+43 +35
6	10	+34 +19	+29 +23	+32 +23	+38 +23	—	—	—	+34 +28	+37 +28	+43 +28	+50 +28	—	+43 +34	—	+51 +42
10	14	+41 +23	+36 +28	+39 +28	+46 +28	—	—	—	+41 +33	+44 +33	+51 +33	+60 +33	—	+51 +40	—	+61 +50
14	18	+41 +23	+36 +28	+39 +28	+46 +28	—	—	—	+41 +33	+44 +33	+51 +33	+60 +33	+50 +39	+56 +45	—	+71 +60
18	24	+49 +28	+44 +35	+48 +35	+56 +35	—	—	—	+50 +41	+54 +41	+62 +41	+74 +41	+60 +47	+67 +54	+76 +63	+86 +73
24	30	+49 +28	+44 +35	+48 +35	+56 +35	+50 +41	+54 +41	+62 +41	+57 +48	+61 +48	+69 +48	+81 −48	+68 +55	+77 +64	+88 +75	+101 +88
30	40	+59 +34	+54 +43	+59 +43	+68 +43	+59 +48	+64 +48	+73 +48	+71 +60	+76 +60	+85 +60	+99 +60	+84 +68	+96 +80	+110 +94	+128 +112
40	50	+59 +34	+54 +43	+59 +43	+68 +43	+65 +54	+70 +54	+79 +54	+81 +70	+86 +70	+95 +70	+109 +70	+97 +81	+113 +97	+130 +114	+152 +136

（续）

公称尺寸/mm		公差带														
大于	至	r7	s5	s6	s7	t5	t6	t7	u5	u6	u7	u8	v6	x6	y6	z6
50	65	+71 +41	+66 +53	+72 +53	+83 +53	+79 +66	+85 +66	+96 +66	+100 +87	+106 +87	+117 +87	+133 +87	+121 +102	+141 122	+163 +144	+191 +172
65	80	+73 +43	+72 +59	+78 +59	+89 +59	+88 +75	+94 +75	+105 +75	+115 +102	+121 +102	+132 +102	+148 +102	+139 +120	+165 +146	+193 174	+229 +210
80	100	+86 +51	+86 +71	+93 +71	+106 +71	+106 +91	+113 +91	+126 +91	+139 +124	+146 +124	+159 +124	+178 +124	+168 +146	+200 +178	+236 +214	+280 +258
100	120	+89 +54	+94 +79	+101 +79	+114 +79	+119 +104	+126 +104	+139 +104	+159 +144	+166 +144	+179 +144	+198 +144	+194 +172	+232 +210	+276 +254	+332 +310
120	140	+103 +63	+110 +92	+117 +92	+132 +92	+140 +122	+147 +122	+162 +122	+188 +170	+195 +170	+210 +170	+233 +170	+227 +202	+273 +248	+325 +300	+390 +365
140	160	+105 +65	+118 +100	+125 +100	+140 +100	+152 +134	+159 +134	+174 +134	+208 +190	+215 +190	+230 +190	+253 +190	+253 +228	+305 +280	+365 +340	+440 +415
160	180	+108 +68	+126 +108	+133 +108	+148 +108	+164 +146	+171 +146	+186 +146	+228 +210	+235 +210	+250 +210	+273 +210	+277 +252	+335 +310	+405 +380	+490 +465
180	200	+123 +77	+142 +122	+151 +122	+168 +122	+186 +166	+195 +166	+212 +166	+256 +236	+265 +236	+282 +236	+308 +236	+313 284	+379 +350	+454 +425	+549 +520
200	225	+126 +80	+150 +130	+159 +130	+176 +130	+200 +180	+209 +180	+226 +180	+278 +258	+287 +258	+304 +258	+330 +258	+339 +310	+414 +385	+499 +470	+604 +575
225	250	+130 +84	+163 +140	169 +140	+186 +140	+216 +196	+225 +196	+242 +196	+304 +284	+313 +284	+330 +284	+356 +284	+369 +340	+454 +425	+549 +520	+669 +640
250	280	+146 +94	+181 +158	+190 +158	+210 +158	+241 +218	+250 +218	+270 +218	+338 +315	+347 +315	+367 +315	+396 +315	+417 +385	+507 +475	+612 +580	+742 +710
280	315	+150 +98	+193 +170	+202 +170	+222 +170	+263 +240	+272 +240	+292 +240	+373 +350	+382 +350	+402 +350	+431 +350	+457 +425	+557 +525	+682 +650	+822 +790
315	355	+165 +108	+215 +190	+226 +190	+247 +190	+293 +268	+304 +268	+325 +268	+415 +390	+426 +390	+447 +390	+479 +390	+511 +475	+626 +590	+766 +730	+936 +900
355	400	+171 +114	+233 +208	+244 +208	+265 +208	+319 +294	+330 +294	+351 +294	+460 +435	+471 +435	+492 +435	+524 +435	+566 +530	+696 +660	+856 +820	+1036 +1000
400	450	+189 +126	+259 +232	+272 +232	+295 +232	+357 +330	+370 +330	+393 +330	+517 +490	+530 +490	+553 +490	+580 +490	+635 +595	+780 +740	+960 +920	+1140 +1100
450	500	+195 +132	+279 +252	+292 +252	+315 +252	+387 +360	+400 +360	+432 +360	+567 +540	+580 +540	+603 +540	+637 +540	+700 +660	+860 +820	+1040 +1000	+1290 +1250

表 C-2　孔的极限偏差（摘录 GB/T 1800.2—2009）　　　（单位：μm）

| 公称尺寸/mm | | 公差带 | | | | | | | | | | | | | | |
| 大于 | 至 | A | B | | C | | | D | | | | | E | | | F |
		11	11	12	10	11	12	7	8	9	10	11	8	9	10	6
—	3	+330 +270	+200 +140	+240 +140	+100 +60	+120 +60	+160 +60	+30 +20	+34 +20	+45 +20	+60 +20	+80 +20	+28 +14	+39 +14	+54 +14	+12 +6
3	6	+345 +270	+215 +140	+260 +140	+118 +70	+145 +70	+190 +70	+42 +30	+48 +30	+60 +30	+78 +30	+105 +30	+38 +20	+50 +20	+68 +20	+18 +10
6	10	+370 +280	+240 +150	+300 +150	+138 +80	+170 +80	+230 +80	+55 +40	+62 +40	+76 +40	+98 +40	+130 +40	+47 +25	+61 +25	+83 +25	+22 +13
10	14	+400 +290	+260 +150	+330 +150	+165 +95	+205 +95	+275 +95	+68 +50	+77 +50	+93 +50	+120 +50	+160 +50	+59 +32	+75 +32	+102 +32	+27 +16
14	18	+400 +290	+260 +150	+330 +150	+165 +95	+205 +95	+275 +95	+68 +50	+77 +50	+93 +50	+120 +50	+160 +50	+59 +32	+75 +32	+102 +32	+27 +16
18	24	+430 +300	+290 +160	+370 +160	+194 +110	+240 +110	+320 +110	+86 +65	+98 +65	+117 +65	+149 +65	+195 +65	+73 +40	+92 +40	+124 +40	+33 +20
24	30	+430 +300	+290 +160	+370 +160	+194 +110	+240 +110	+320 +110	+86 +65	+98 +65	+117 +65	+149 +65	+195 +65	+73 +40	+92 +40	+124 +40	+33 +20
30	40	+470 +310	+330 +170	+420 +170	+220 +120	+280 +120	+370 +120	+105 +80	+119 +80	+142 +80	+180 +80	+240 +80	+89 +50	+112 +50	+150 +50	+41 +25
40	50	+480 +320	+340 +180	+430 +180	+230 +130	+290 +130	+380 +130	+105 +80	+119 +80	+142 +80	+180 +80	+240 +80	+89 +50	+112 +50	+150 +50	+41 +25
50	65	+530 +340	+380 +190	+490 +190	+260 +140	+330 +140	+440 +140	+130 +100	+146 +100	+174 +100	+220 +100	+290 +100	+106 +60	+134 +60	+180 +60	+49 +30
65	80	+550 +360	+390 +200	+500 +200	+270 +150	+340 +150	+450 +150	+130 +100	+146 +100	+174 +100	+220 +100	+290 +100	+106 +60	+134 +60	+180 +60	+49 +30
80	100	+600 +380	+440 +220	+570 +220	+310 +170	+390 +170	+520 +170	+155 +120	+174 +120	+207 +120	+260 +120	+340 +120	+126 +72	+159 +72	+212 +72	+58 +36
100	120	+630 +410	+460 +240	+590 +240	+320 +180	+400 +180	+530 +180	+155 +120	+174 +120	+207 +120	+260 +120	+340 +120	+126 +72	+159 +72	+212 +72	+58 +36
120	140	+710 +460	+510 +260	+660 +260	+360 +200	+450 +200	+600 +200	+185 +145	+208 +145	+245 +145	+305 +145	+395 +145	+148 +85	+185 +85	+245 +85	+68 +43
140	160	+770 +520	+530 +280	+680 +280	+370 +210	+460 +210	+610 +210	+185 +145	+208 +145	+245 +145	+305 +145	+395 +145	+148 +85	+185 +85	+245 +85	+68 +43
160	180	+830 +580	+560 +310	+710 +310	+390 +230	+480 +230	+630 +230	+185 +145	+208 +145	+245 +145	+305 +145	+395 +145	+148 +85	+185 +85	+245 +85	+68 +43
180	200	+950 +660	+630 +340	+800 +340	+425 +240	+530 +240	+700 +240	+216 +170	+242 +170	+285 +170	+355 +170	+460 +170	+172 +100	+215 +100	+285 +100	+79 +50
200	225	+1030 +740	+670 +380	+840 +380	+445 +260	+550 +260	+720 +260	+216 +170	+242 +170	+285 +170	+355 +170	+460 +170	+172 +100	+215 +100	+285 +100	+79 +50
225	250	+1110 +820	+710 +420	+880 +420	+465 +280	+570 +280	+740 +280	+216 +170	+242 +170	+285 +170	+355 +170	+460 +170	+172 +100	+215 +100	+285 +100	+79 +50
250	280	+1240 +920	+800 +480	+1000 +480	+510 +300	+620 +300	+820 +300	+242 +190	+271 +190	+320 +190	+400 +190	+510 +190	+191 +110	+240 +110	+320 +110	+88 +56
280	315	+1370 +1050	+860 +540	+1060 +540	+540 +330	+650 +330	+850 +330	+242 +190	+271 +190	+320 +190	+400 +190	+510 +190	+191 +110	+240 +110	+320 +110	+88 +56

（续）

公称尺寸 /mm		公差带												
		A	B			C			D				E	F
大于	至	11	11	12	10	11	12	7	8	9	10	11	8	9	10	6
315	355	+1560 +1200	+960 +600	+1170 +600	+590 +360	+720 +360	+930 +360	+267 +210	+299 +210	+350 +210	+440 +210	+570 +210	+214 +125	+265 +125	+355 +125	+98 +62
355	400	+1710 +1350	+1040 +680	+1250 +680	+630 +400	+760 +400	+970 +400									
400	450	+1900 +1500	1160 +760	+1390 +760	+690 +440	+840 +440	+1070 +440	+293 +230	+327 +230	+385 +230	+480 +230	+630 +230	+232 +135	+290 +135	+385 +135	+108 +68
450	500	+2050 +1650	+1240 +840	+1470 +840	+730 +480	+880 +480	+1110 +480									

公称尺寸 /mm		公差带												
		F			G			H								
大于	至	7	8	9	5	6	7	5	6	7	8	9	10	11	12	13
—	3	+16 +6	+20 +6	+31 +6	+6 +2	+8 +2	+12 +2	+4 0	+6 0	+10 0	+14 0	+25 0	+40 0	+60 0	+100 0	140 0
3	6	+22 +10	+28 +10	+40 +10	+9 +4	+12 +4	+16 +4	+5 0	+8 0	+12 0	+18 0	+30 0	+48 0	+75 0	+120 0	+180 0
6	10	+28 +13	+35 +13	+49 +13	+11 +5	+14 +5	+20 +5	+6 0	+9 0	+15 0	+22 0	+36 0	+58 0	+90 0	+150 0	+220 0
10	14	+34 +16	+43 +16	+59 +16	+14 +6	+17 +6	+24 +6	+8 0	+11 0	+18 0	+27 0	+43 0	+70 0	+110 0	+180 0	+270 0
14	18															
18	24	+41 +20	+53 +20	+72 +20	+16 +7	+20 +7	+28 +7	+9 0	+13 0	+21 0	+33 0	+52 0	+84 0	+130 0	+210 0	+330 0
24	30															
30	40	+50 +25	+64 +25	+87 +25	+20 +9	+25 +9	+34 +9	+11 0	+16 0	+25 0	+39 0	+62 0	+100 0	+160 0	+250 0	+390 0
40	50															
50	65	+60 +30	+76 +30	+104 +30	+23 +10	+29 +10	+40 +10	+13 0	+19 0	+30 0	+46 0	+74 0	+120 0	+190 0	+300 0	+460 0
65	80															
80	100	+71 +36	+90 +36	+123 +36	+27 +12	+34 +12	+47 +12	+15 0	+22 0	+35 0	+54 0	+87 0	+140 0	+220 0	+350 0	+540 0
100	120															
120	140	+83 +43	+106 +43	+143 +43	+32 +14	+39 +14	+54 +14	+18 0	+25 0	+40 0	+63 0	+100 0	+160 0	+250 0	+400 0	+630 0
140	160															
160	180															
180	200	+96 +50	+122 +50	+165 +50	+35 +15	+44 +15	+61 +15	+20 0	+29 0	+46 0	+72 0	+115 0	+185 0	+290 0	+460 0	+720 0
220	225															
225	250															
250	280	+108 +56	+137 +56	+186 +56	+40 +17	+49 +17	+69 +17	+23 0	+32 0	+52 0	+81 0	+130 0	+210 0	+320 0	+520 0	+810 0
280	315															
315	355	+119 +62	+151 +62	+202 +62	+43 +18	+54 +18	+75 +18	+25 0	+36 0	+57 0	+89 0	+140 0	+230 0	+360 0	+570 0	+890 0
355	400															
400	450	+131 +68	+165 +68	+223 +68	+47 +20	+60 +20	+83 +20	+27 0	+40 0	+63 0	+97 0	+155 0	+250 0	+400 0	+630 0	+970 0
450	500															

（续）

公称尺寸／mm 大于	至	J6	J7	J8	JS5	JS6	JS7	JS8	JS9	JS10	K6	K7	K8	M6	M7	M8
—	3	+2 / −4	+4 / −6	+6 / −8	±2	±3	±5	±7	±12	±20	0 / −6	0 / −10	0 / −14	−2 / −8	−2 / −12	−2 / −16
3	6	+5 / −4	+8 / −7	+12 / −10	±2.5	±4	±6	±9	±15	±24	+2 / −6	+3 / −9	+5 / −13	−1 / −9	0 / −12	+2 / −16
6	10	+5 / −4	+8 / −7	+12 / −10	±3	±4.5	±7	±11	±18	±29	+2 / −7	+5 / −10	+6 / −16	−3 / −12	0 / −15	+1 / −21
10	14	+6 / −5	+10 / −8	+15 / −12	±4	±5.5	±9	±13	±21	±35	+2 / −9	+6 / −12	+8 / −19	−4 / −15	0 / −18	+2 / −25
14	18	+6 / −5	+10 / −8	+15 / −12	±4	±5.5	±9	±13	±21	±35	+2 / −9	+6 / −12	+8 / −19	−4 / −15	0 / −18	+2 / −25
18	24	+8 / −5	+12 / −9	+20 / −13	±4.5	±6.5	±10	±16	±26	±42	+2 / −11	+6 / −15	+10 / −23	−4 / −17	0 / −21	+4 / −29
24	30	+8 / −5	+12 / −9	+20 / −13	±4.5	±6.5	±10	±16	±26	±42	+2 / −11	+6 / −15	+10 / −23	−4 / −17	0 / −21	+4 / −29
30	40	+10 / −6	+14 / −11	+24 / −15	±5.5	±8	±12	±19	±31	±50	+3 / −13	+7 / −18	+12 / −27	−4 / −20	0 / −25	+5 / −34
40	50	+10 / −6	+14 / −11	+24 / −15	±5.5	±8	±12	±19	±31	±50	+3 / −13	+7 / −18	+12 / −27	−4 / −20	0 / −25	+5 / −34
50	65	+13 / −6	+18 / −12	+28 / −18	±6.5	±9.5	±15	±23	±37	±60	+4 / −15	+9 / −21	+14 / −32	−5 / −24	0 / −30	+5 / −41
65	80	+13 / −6	+18 / −12	+28 / −18	±6.5	±9.5	±15	±23	±37	±60	+4 / −15	+9 / −21	+14 / −32	−5 / −24	0 / −30	+5 / −41
80	100	+16 / −6	+22 / −13	+34 / −20	±7.5	±11	±17	±27	±43	±70	+4 / −18	+10 / −25	+16 / −38	−6 / −28	0 / −35	+6 / −48
100	120	+16 / −6	+22 / −13	+34 / −20	±7.5	±11	±17	±27	±43	±70	+4 / −18	+10 / −25	+16 / −38	−6 / −28	0 / −35	+6 / −48
120	140	+18 / −7	+26 / −14	+41 / −22	±9	±12.5	±20	±31	±50	±80	+4 / −21	+12 / −28	+20 / −43	−8 / −33	0 / −40	+8 / −55
140	160	+18 / −7	+26 / −14	+41 / −22	±9	±12.5	±20	±31	±50	±80	+4 / −21	+12 / −28	+20 / −43	−8 / −33	0 / −40	+8 / −55
160	180	+18 / −7	+26 / −14	+41 / −22	±9	±12.5	±20	±31	±50	±80	+4 / −21	+12 / −28	+20 / −43	−8 / −33	0 / −40	+8 / −55
180	200	+25 / −7	+30 / −16	+47 / −25	±10	±14.5	±23	±36	±57	±92	+5 / −24	+13 / −33	+22 / −50	−8 / −37	0 / −46	+9 / −63
220	225	+25 / −7	+30 / −16	+47 / −25	±10	±14.5	±23	±36	±57	±92	+5 / −24	+13 / −33	+22 / −50	−8 / −37	0 / −46	+9 / −63
225	250	+25 / −7	+30 / −16	+47 / −25	±10	±14.5	±23	±36	±57	±92	+5 / −24	+13 / −33	+22 / −50	−8 / −37	0 / −46	+9 / −63
250	280	+25 / −7	+36 / −16	+55 / −26	±11.5	±16	±26	±40	±65	±105	+5 / −27	+16 / −36	+25 / −56	−9 / −41	0 / −52	+9 / −72
280	315	+25 / −7	+36 / −16	+55 / −26	±11.5	±16	±26	±40	±65	±105	+5 / −27	+16 / −36	+25 / −56	−9 / −41	0 / −52	+9 / −72
315	355	+29 / −7	+39 / −18	+60 / −29	±12.5	±18	±28	±44	±70	±11.5	+7 / −29	+17 / −40	+28 / −61	−10 / −46	0 / −57	+11 / −78
355	400	+29 / −7	+39 / −18	+60 / −29	±12.5	±18	±28	±44	±70	±11.5	+7 / −29	+17 / −40	+28 / −61	−10 / −46	0 / −57	+11 / −78
400	450	+33 / −7	+43 / −20	+66 / −31	±13.5	±20	±31	±48	±77	±125	+8 / −32	+18 / −45	+29 / −68	−10 / −50	0 / −63	+11 / −86
450	500	+33 / −7	+43 / −20	+66 / −31	±13.5	±20	±31	±48	±77	±125	+8 / −32	+18 / −45	+29 / −68	−10 / −50	0 / −63	+11 / −86

公　差　带

公称尺寸／mm 大于	至	N6	N7	N8	P6	P7	P8	P9	R6	R7	R8	S6	S7	T6	T7	U7
—	3	−4 / −10	−4 / −14	−4 / −18	−6 / −12	−6 / −16	−6 / −20	−6 / −31	−10 / −16	−10 / −20	−10 / −24	−14 / −20	−14 / −24	—	—	−18 / −28
3	6	−5 / −13	−4 / −16	−2 / −20	−9 / −17	−8 / −20	−12 / −30	−12 / −42	−12 / −20	−11 / −23	−15 / −33	−16 / −24	−15 / −27	—	—	−19 / −31
6	10	−7 / −16	−4 / −19	−3 / −25	−12 / −21	−9 / −24	−15 / −37	−15 / −51	−16 / −25	−13 / −28	−19 / −41	−20 / −29	−17 / −32	—	—	−22 / −37

(续)

公差带 (tolerance zones) — 公称尺寸/mm

公称尺寸 大于	至	N6	N7	N8	P6	P7	P8	P9	R6	R7	R8	S6	S7	T6	T7	U7
10	14	−9 / −20	−5 / −23	−3 / −30	−15 / −26	−11 / −29	−18 / −45	−18 / −61	−20 / −31	−16 / −34	−23 / −50	−25 / −36	−21 / −39	—	—	−26 / −44
14	18															
18	24	−11 / −24	−7 / −28	−3 / −36	−18 / −31	−14 / −35	−22 / −55	−24 / −74	−24 / −37	−20 / −41	−28 / −61	−31 / −44	−27 / −48	—	—	−33 / −54
24	30													−37 / −50	−33 / −54	−40 / −61
30	40	−12 / −28	−8 / −33	−3 / −42	−21 / −37	−17 / −42	−26 / −65	−26 / −88			−34 / −73	−38 / −54	−34 / −59	−43 / −59	−39 / −64	−51 / −76
40	50													−49 / −65	−45 / −70	−61 / −86
50	65	−14 / −33	−9 / −39	−4 / −50	−26 / −45	−21 / −51	−32 / −78	−32 / −106	−35 / −54	−30 / −60	−41 / −87	−47 / −66	−42 / −72	−60 / −79	−55 / −85	−76 / −106
65	80								−37 / −56	−32 / −62	−43 / −89	−53 / −72	−48 / −78	−69 / −88	−64 / −94	−91 / −121
80	100	−16 / −38	−10 / −45	−4 / −58	−30 / −52	−24 / −59	−37 / −91	−37 / −124	−44 / −66	−38 / −73	−51 / −105	−64 / −86	−58 / −93	−84 / −106	−78 / −113	−111 / −146
100	120								−47 / −69	−41 / −76	−54 / −108	−72 / −94	−66 / −101	−97 / −119	−91 / −126	−131 / −166
120	140	−20 / −45	−12 / −52	−4 / −67	−36 / −61	−28 / −68	−43 / −106	−43 / −143	−56 / −81	−48 / −88	−63 / −126	−85 / −110	−77 / −117	−115 / −140	−107 / −147	−155 / −195
140	160								−58 / −83	−50 / −90	−65 / −128	−93 / −118	−85 / −125	−127 / −152	−119 / −159	−175 / −215
160	180								−61 / −86	−53 / −93	−68 / −131	−101 / −126	−93 / −133	−139 / −164	−131 / −171	−195 / −235
180	200	−22 / −51	−14 / −60	−5 / −77	−41 / −70	−33 / −79	−50 / −122	−50 / −165	−68 / −97	−60 / −106	−77 / −149	−113 / −142	−105 / −151	−157 / −186	−149 / −195	−219 / −265
200	225								−71 / −100	−63 / −109	−80 / −152	−121 / −150	−113 / −159	−171 / −200	−163 / −209	−241 / −287
225	250								−75 / −104	−67 / −113	−84 / −156	−131 / −160	−123 / −169	−187 / −216	−179 / −225	−267 / −313
250	280	−25 / −57	−14 / −66	−5 / −86	−47 / −79	−36 / −88	−56 / −137	56 / −186	−85 / −117	−74 / −126	−94 / −175	−149 / −181	−138 / −190	−209 / −241	−198 / −250	−295 / −347
280	315								−89 / −121	−78 / −130	−98 / −179	−161 / −193	−150 / −202	−231 / −263	−220 / −272	−330 / −382
315	355	−26 / −62	−16 / −73	−5 / −94	−51 / −87	−41 / −98	−62 / −151	−62 / −202	−97 / −133	−87 / −144	−108 / −197	−179 / −215	−169 / −226	−257 / −293	−247 / −304	−369 / −426
355	400								−103 / −139	−93 / −150	−114 / −203	−197 / −233	−187 / −244	−283 / −319	−273 / −330	−414 / −471
400	450	−27 / −67	−17 / −80	−6 / −103	−55 / −95	−45 / −108	−68 / −165	−68 / −223	−113 / −153	−103 / −166	−126 / −223	−219 / −259	−209 / −272	−317 / −357	−307 / −370	−467 / −530
450	500								−119 / −159	−109 / −172	−132 / −229	−239 / −279	−229 / −292	−347 / −387	−337 / −400	−517 / −580

表 C-3　基轴制优先、常用配合（摘录 GB/T 1801—2009）

基准轴	孔																					
	A	B	C	D	E	F	G	H	JS	K	M	N	P	R	S	T	U	V	X	Y	Z
	间隙配合								过渡配合			过盈配合									
h5						$\frac{F6}{h5}$	$\frac{G6}{h5}$	$\frac{H6}{h5}$	$\frac{JS6}{h5}$	$\frac{K6}{h5}$	$\frac{M6}{h5}$	$\frac{N6}{h5}$	$\frac{P6}{h5}$	$\frac{R6}{h5}$	$\frac{S6}{h5}$	$\frac{T6}{h5}$					
h6						$\frac{F7}{h6}$	$\frac{G7}{h6}$*	$\frac{H7}{h6}$*	$\frac{JS7}{h6}$	$\frac{K7}{h6}$	$\frac{M7}{h6}$	$\frac{N7}{h6}$*	$\frac{P7}{h6}$*	$\frac{R7}{h6}$	$\frac{S7}{h6}$*	$\frac{T7}{h6}$	$\frac{U7}{h6}$*				
h7					$\frac{E8}{h7}$	$\frac{F8}{h7}$*		$\frac{H8}{h7}$*	$\frac{JS8}{h7}$	$\frac{K8}{h7}$	$\frac{M8}{h7}$	$\frac{N8}{h7}$									
h8				$\frac{D8}{h8}$	$\frac{E8}{h8}$	$\frac{F8}{h8}$		$\frac{H8}{h8}$													
h9				$\frac{D9}{h9}$*	$\frac{E9}{h9}$	$\frac{F9}{h9}$		$\frac{H9}{h9}$													
h10				$\frac{D10}{h10}$				$\frac{H10}{h10}$													
h11	$\frac{A11}{h11}$	$\frac{B11}{h11}$	$\frac{C11}{h11}$*	$\frac{D11}{h11}$				$\frac{H11}{h11}$*													
h12		$\frac{B12}{h12}$						$\frac{H12}{h12}$													

注：标注"＊"的配合为优先配合。

表 C-4　基孔制优先、常用配合（摘录 GB/T 1801—2009）

基准孔	轴																					
	a	b	c	d	e	f	g	h	js	k	m	n	p	r	s	t	u	v	x	y	z
	间隙配合								过渡配合			过盈配合									
H6						$\frac{H6}{f5}$	$\frac{H6}{g5}$	$\frac{H6}{h5}$	$\frac{H6}{js5}$	$\frac{H6}{k5}$	$\frac{H6}{m5}$	$\frac{H6}{n5}$	$\frac{H6}{p5}$	$\frac{H6}{r5}$	$\frac{H6}{s5}$	$\frac{H6}{t5}$					
H7						$\frac{H7}{f6}$	$\frac{H7}{g6}$*	$\frac{H7}{h6}$*	$\frac{H7}{js6}$	$\frac{H7}{k6}$*	$\frac{H7}{m6}$	$\frac{H7}{n6}$*	$\frac{H7}{p6}$*	$\frac{H7}{r6}$	$\frac{H7}{s6}$*	$\frac{H7}{t6}$	$\frac{H7}{u6}$*	$\frac{H7}{v6}$	$\frac{H7}{x6}$	$\frac{H7}{y6}$	$\frac{H7}{z6}$
H8					$\frac{H8}{e7}$	$\frac{H8}{f7}$*	$\frac{H8}{g7}$	$\frac{H8}{h7}$*	$\frac{H8}{js7}$	$\frac{H8}{k7}$	$\frac{H8}{m7}$	$\frac{H8}{n7}$	$\frac{H8}{p7}$	$\frac{H8}{r7}$	$\frac{H8}{s7}$	$\frac{H8}{t7}$	$\frac{H8}{u7}$				
				$\frac{H8}{d8}$	$\frac{H8}{e8}$	$\frac{H8}{f8}$		$\frac{H8}{h8}$													
H9			$\frac{H9}{c9}$	$\frac{H9}{d9}$	$\frac{H9}{e9}$	$\frac{H9}{f9}$		$\frac{H9}{h9}$													
H10			$\frac{H10}{c10}$	$\frac{H10}{d10}$				$\frac{H10}{h10}$													
H11	$\frac{H11}{a11}$	$\frac{H11}{b11}$	$\frac{H11}{c11}$	$\frac{H11}{d11}$				$\frac{H11}{h11}$*													
H12		$\frac{H12}{b12}$						$\frac{H12}{h12}$													

注：1. $\frac{H6}{n5}$、$\frac{H7}{p6}$ 在公称尺寸小于或等于 3mm 和 $\frac{H8}{r7}$ 在公称尺寸小于或等于 100mm 时，为过渡配合。

　　2. 标注"＊"的配合为优先配合。

附录 D　常用金属材料与热处理

表 D-1　常用铸铁牌号

名称	牌　号	牌号表示方法说明	硬度 HBW	特性及用途举例
灰铸铁	HT100	"HT"是灰铸铁的代号，它后面的数字表示抗拉强度（"HT"是"灰、铁"两字汉语拼音的第一个字母）	143～229	属低强度铸铁。用于盖、手把、手轮等不重要零件
	HT150		143～241	属中等强度铸铁。用于一般铸件，如机床座、端盖、带轮、工作台等
	HT200 HT250		163～255	属高强度铸铁。用于较重要铸件，如气缸、齿轮、凸轮、机座、床身、飞轮、带轮、齿轮箱、阀壳、联轴器、衬套、轴承座等
	HT300 HT350 HT400		170～255 170～269 197～269	属高强度、高耐磨铸铁。用于重要铸件，如齿轮、凸轮、床身、高压液压筒、液压泵和滑阀的壳体、车床卡盘等
球墨铸铁	QT450-10 QT500-7 QT600-3	"QT"是球墨铸铁的代号，它后面的数字分别表示强度和伸长率的大小（"QT"是"球、铁"两字汉语拼音的第一个字母）	170～207 187～255 197～269	具有较高的强度和塑性。广泛用于机械制造业中受磨损和受冲击的零件，如曲轴、凸轮轴、齿轮、气缸套、活塞环、摩擦片、中低压阀门、千斤顶底座、轴承座等
可锻铸铁	KTH300-06 KTH330-08 KTZ450-05	"KTH""KTZ"分别是黑心和珠光体可锻铸铁的代号，它们后面的数字分别表示强度和伸长率的大小（"KT"是"可、铁"两字汉语拼音的第一个字母）	120～163 120～163 152～219	用于承受冲击、振动等零件，如汽车零件、机床附件（如扳手等）、各种管接头、低压阀门、农机具等。珠光体可锻铸铁在某些场合可代替低碳钢、中碳钢及低合金钢，如用于制造齿轮、曲轴、连杆等

表 D-2　常用钢材牌号

名称	牌　号	牌号表示方法说明	特性及用途举例
碳素结构钢	Q215A	牌号由屈服强度的字母（Q）、屈服强度数值、质量等级符号（A、B、C、D）和脱氧方法符号（F—沸腾钢，Z—镇静钢，TZ—特殊镇静钢）四部分按顺序组成。在牌号组成表示方法中"Z"与"TZ"符号可以省略	塑性大，抗拉强度低，易焊接。用于炉撑、铆钉、垫圈、开口销等
	Q235A		有较高的强度和硬度，伸长率也相当大，可以焊接，用途很广。一般机械上的主要材料，用于低速轻载齿轮、键、拉杆、钩子、螺栓套圈等
	Q255A		伸长率小，抗拉强度高，耐磨性好，焊接性不够好。用于制造不重要的轴、键、弹簧等
优质碳素结构钢（普通含锰钢）	15	牌号数字表示钢中平均含碳量。如"45"表示平均含碳量为 0.45%	塑性、韧性、焊接性和冲压性能均极好，但强度低。用于螺钉、螺母、法兰盘、渗碳零件等
	20		用于不经受很大应力而要求很大韧性的各种零件，如杠杆、轴套、拉杆等。还可用于表面硬度高而心部强度要求不大的渗碳与碳氮共渗零件
	35		不经热处理可用于中等载荷的零件。如拉杆、轴套筒、钩子等，经调质处理后适用于强度及韧性要求较高的零件如传动轴等

（续）

名称		牌　号	牌号表示方法说明	特性及用途举例
优质碳素结构钢	普通含锰钢	45	牌号数字表示钢中平均含碳量。如"45"表示平均含碳量为0.45%	用于强度要求较高的零件。通常在调质或正火后使用，用于制造齿轮、机床主轴、花键轴、联轴器等。由于它的淬透性差，因此截面大的零件很少采用
		60		这是一种强度和弹性相当高的钢。用于制造连杆、轧辊、弹簧、轴等
		75		用于板弹簧、螺旋弹簧以及受磨损的零件
	较高含锰钢	15Mn		它的性能与15钢相似，但淬透性及强度和塑性比15钢都高。用于制造中心部分的力学性能要求较高，且需渗碳的零件。焊接性好
		45Mn		用于受磨损的零件，如转轴、心轴、齿轮、叉等。焊接性差。还可做受较大载荷的离合器盘、花键轴、凸轮轴、曲轴等
		65Mn		强度高，淬透性较大，脱碳倾向小，但有过热敏感性，易生淬火裂纹，并有回火脆性。适用于较大尺寸的各种扁、圆弹簧，以及其他经受摩擦的农机具零件
合金钢	锰钢	15Mn2	① 合金钢牌号用化学元素符号表示 ② 含碳量写在牌号之前，但高合金钢（如高速工具钢、不锈钢等）的含碳量不标出 ③ 合金工具钢含碳量≥1%时不标出；<1%时，以千分之几来标出 ④ 化学元素的含量<1.5%时不标出；含量>1.5%时才标出，如Cr17，17是铬的含量（约为17%）	用于钢板、钢管，一般只经正火
		20Mn2		对于截面较小的零件，相当于20Cr钢，可作渗碳小齿轮、小轴、活塞销、柴油机套筒、气门推杆、钢套等
		30Mn2		用于调质钢，如冷镦的螺栓及截面较大的调质零件
		45Mn2		用于截面较小的零件，相当于40Cr钢，直径在50mm以下时，可代替40Cr作重要螺栓及零件
	硅锰	27SiMn		用于调质钢
		35SiMn		除要求低温（-20℃），冲击韧度很高时，可全面代替40Cr钢作调质零件，也可部分代替40CrNi钢，此钢耐磨、耐疲劳性均佳，适用于作轴、齿轮及在430℃以下工作的重要紧固件
	铬钢	15Cr		用于船舶主机上的螺栓、活塞销、凸轮、凸轮轴、汽轮机套环，机车上用的小零件，以及用于心部韧性高的渗碳零件
		20Cr		用于柴油机活塞销、凸轮、轴、小拖拉机传动齿轮，以及较重要的渗碳件。20MnVB、20Mn2B可代替它使用
	铬锰钛钢	18CrMnTi		工艺性能特优，用于汽车、拖拉机等上的重要齿轮和一般强度、韧性均高的减速器齿轮，供渗碳处理
		35CrMnTi		用于尺寸较大的调质钢件
	铬钼铝钢	38CrMoAlA		用于渗氮零件，如主轴、高压阀杆、阀门、橡胶及塑料挤压机等
	铬轴承钢	GCr6	铬轴承钢，牌号前有"滚"字的汉语拼音首字母"G"，并且不标出含碳量。含铬量以千分之几表示	一般用来制造滚动轴承中的直径小于10mm的滚球或滚子
		GCr15		一般用来制造滚动轴承中尺寸较大的滚球、滚子、内圈和外圈

（续）

名称	牌　号	牌号表示方法说明	特性及用途举例
铸钢	ZG200—400	铸钢件，前面一律加汉语拼音字母"ZG"	用于各种形状的零件，如机座、变速箱壳等
	ZG270—500		用于各种形状的零件，如飞轮、机架、水压机工作缸、横梁等。焊接性尚可
	ZG310—570		用于各种形状的零件，如联轴器气缸齿轮，及重负荷的机架等

注：表中各元素含量均指质量分数。

表 D-3　常用有色金属牌号

名　　称		材料牌号	说　　明	用途举例
青铜	压力加工用青铜	QSn4-3	Q 表示青铜，后面加第一个主添加元素符号及除基元素铜以外的成分数字组来表示	扁弹簧、圆弹簧、管配件和化工器械
		QSn6.5-0.1		耐磨零件、弹簧及其他零件
	铸造锡青铜	ZCuSn5Pb5Zn5	Z 表示铸造，Cu 表示基体元素铜的元素符号，其余字母表示主要合金元素符号，字母后数字表示元素的平均质量分数（%）	用于承受摩擦的零件，如轴套、轴承填料和承受 10 个大气压以下的蒸汽和水的配件
		ZCuSn10Pb1		用于承受剧烈摩擦的零件，如丝杠、轻型轧钢机轴承、蜗轮等
		ZCuPb15Sn8		用于制造轴承的轴瓦及轴套，以及在特别重载荷条件下工作的零件
	铸造无锡青铜	ZCuAl10Fe3		强度高，减摩性、耐蚀性、受压、铸造性均良好。用于在蒸汽和海水条件下工作的零件，以及受摩擦和腐蚀的零件，如蜗轮衬套、轧钢机压下螺母等
		ZCuAl10Fe3Mn2		制造耐磨、硬度高、强度好的零件，如蜗轮、螺母、轴套及防锈零件
黄铜	压力加工用黄铜	H59	H 表示黄铜，后面数字表示基元素铜的平均质量分数（%）	热压及热轧零件
		H62		散热器、垫圈、弹簧、各种网、螺钉及其他零件
	铸造黄铜	ZCuZn35Mn2Pb2	Z 表示铸造，Cu 表示基体元素铜的元素符号，其余字母表示主要合金元素符号，字母后数字表示元素的平均质量分数（%）	用于制造轴瓦、轴套及其他耐磨零件
		ZCuZn25Al6Fe3Mn3		用于制造丝杆螺母、受重载荷的螺旋杆、压下螺丝的螺母及在重载荷下工作的大型蜗轮轮缘等
铝	硬铝合金	2A0		时效状态下塑性良好，可加工性良好；在退火状态下降低。耐蚀性中等。系铆接铝合金结构用的主要铆钉材料
		2B11		退火和新淬火状态下塑性中等。焊接性好。可加工性在时效状态下良好；退火状态下降低。耐蚀性中等。用于各种中等强度的零件和构件、冲压的连接部件、空气螺旋桨叶及铆钉等
	锻铝合金	6A02		热态和退火状态下塑性高；时效状态下中等。焊接性良好。可加工性在软态下不良；在时效状态下良好。耐蚀性高。用于要求在冷状态和热状态时具有高可塑性，且承受中等载荷的零件和构件
	铸造铝合金	ZAlMg10		用于受重大冲击负荷、高耐蚀的零件
		ZAlSi12		用于气缸活塞以及高温工作的复杂形状零件
		ZAlZn11Si7		适用于压力铸造用的高强度铝合金

（续）

名　称		材料牌号	说　明	用途举例
轴承合金	锡基轴承合金	ZSnSb11Cu6	Z 表示铸造，第一个元素为基体金属，其余为主要元素，其后数字为该元素的质量分数（%）	韧性强，适用于内燃机、汽车等轴承及轴衬
		ZSnSb12Pb10Cu4		适用于一般中速、中压的各种机器轴承及轴衬
	铅基轴承合金	ZPbSb16Sn16Cu2		用于浇注汽轮机、机车、压缩机的轴承
		ZPbSb15Sn5		用于浇注汽油发动机、压缩机、球磨机等的轴承

表 D-4　热处理名词解释

名词	标注举例	说　明	目　的	适用范围
退火	Th	加热到临界温度以上，保温一定时间，然后缓慢冷却（例如在炉中冷却）	1. 消除在前一工序（锻造、冷拉等）中所产生的内应力 2. 降低硬度，改善加工性能 3. 增加塑性和韧性 4. 使材料的成分或组织均匀，为以后的热处理准备条件	完全退火适用于碳的质量分数在 0.8% 以下的铸锻焊件；为消除内应力的退火主要用于铸件和焊件
正火	Z	加热到临界温度以上，保温一定时间，再在空气中冷却	1. 细化晶粒 2. 与退火后相比，强度略有增高，并能改善低碳钢的可加工性	用于低、中碳钢。对低碳钢常用以代替退火
淬火	C62（淬火后回火至60~65HRC） Y35（油冷淬火后回火至30~40HRC）	加热到临界温度以上，保温一定时间，再在冷却剂（水、油或盐水）中急速地冷却	1. 提高硬度及强度 2. 提高耐磨性	用于中、高碳钢。淬火后钢件必须回火
回火	回火	经淬火后再加热到临界温度以下的某一温度，在该温度停留一定时间，然后在水、油或空气中冷却	1. 消除淬火时产生的内应力 2. 增加韧性，降低硬度	高碳钢制的工具、量具、刃具用低温（150~250℃）回火。弹簧用中温（270~450℃）回火
调质	T235（调质至220~250HBW）	在 450~650℃ 进行高温回火称"调质"	可以完全消除内应力，并获得较高的综合力学性能	用于重要的轴、齿轮，以及丝杠等零件
表面淬火	H54（火焰加热淬火后，回火至52~58HRC） G52（高频淬火后，回火至50~55HRC）	用火焰或高频电流将零件表面迅速加热至临界温度以上，急速冷却	使零件表面获得高硬度，而心部保持一定的韧性，使零件既耐磨又能承受冲击	用于重要的齿轮以及曲轴、活塞销等
渗碳淬火	S0.5-C59（渗碳层深0.5mm，淬火硬度56~62HRC）	在渗碳剂中加热到900~950℃，停留一定时间，将碳渗入钢表面，深度为 0.5~2mm，再淬火后回火	增加零件表面硬度和耐磨性，提高材料的疲劳强度	适用于碳的质量分数为 0.08~0.25% 的低碳钢及低碳合金钢
渗氮	D0.3-900（渗氮层深度0.3mm，硬度大于850HV）	使工作表面渗入氮元素	增加表面硬度、耐磨性、疲劳强度和耐蚀性	适用于含铝、铬、钼、锰等的合金钢，例如要求耐磨的主轴、量规、样板等
碳氮共渗	Q59（碳氮共渗淬火后，回火至56~62HRC）	使工作表面同时渗入碳和氮元素	增加表面硬度、耐磨性、疲劳强度和耐蚀性	适用于碳素钢及合金结构钢，也适用于高速钢的切削工具

（续）

名词	标注举例	说　明	目　的	适 用 范 围
时效处理	时效处理	1. 天然时效：在空气中长期存放半年到一年以上 2. 人工时效：加热到 500～600℃，保温 10～20h 或更长时间	使铸件消除其内应力而稳定其形状和尺寸	用于机床床身等大型铸件
冰冷处理	冰冷处理	将淬火钢继续冷却至室温以下的处理方法	进一步提高硬度、耐磨性，并使其尺寸趋于稳定	用于滚动轴承的钢球、量规等
发蓝、发黑	发蓝或发黑	氧化处理。用加热办法使工件表面形成一层氧化铁所组成的保护性薄膜	防腐蚀、美观	用于一般常见的紧固件
硬度	HBW（布氏硬度）	材料抵抗硬的物体压入零件表面的能力称"硬度"。根据测定方法的不同，可分为布氏硬度、洛氏硬度、维氏硬度等	硬度测定是为了检验材料经热处理后的力学性能——硬度	用于经退火、正火、调质的零件及铸件的硬度检查
	HRC（洛氏硬度）			用于经淬火、回火及表面化学热处理的零件的硬度检查
	HV（维氏硬度）			特别适用于薄层硬化零件的硬度检查

附录 E　零件的倒角与倒圆（摘录 GB/T 6403.4—2008）

1. 倒角、倒圆的型式

倒圆、倒角的型式如图 E-1 所示，其尺寸系列值见表 E-1。

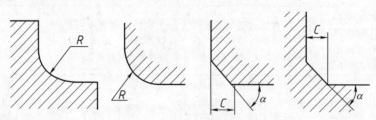

图 E-1　倒角、倒圆的型式

　　注：α 一般采用 45°，也可采用 30° 或 60°。倒圆半径、倒角的尺寸标注符合 GB/T 4458.4—2003《机械制图　尺寸标注》的要求。

表 E-1　倒圆、倒角尺寸系列值

R，C													
	0.1	0.2	0.3	0.4	0.5	0.6	0.8	1.0	1.2	1.6	2.0	2.5	3.0
	4.0	5.0	6.0	8.0	10	12	16	20	25	32	40	50	—

2. 内外角分别为倒圆、倒角（倒角为 45°）的装配型式

内外角分别为倒圆、倒角（倒角为 45°）的装配型式如图 E-2 所示，R_1、C_1 的偏差为正，R、C 的偏差为负。

3. R_1、C_1、R、C 的确定

内角倒圆，外角倒角时，$C_1 > R$，如图 E-2a 所示。

内角倒圆，外角倒圆时，$R_1 > R$，如图 E-2b 所示。

内角倒角，外角倒圆时，$C < 0.58 R_1$，如图 E-2c 所示。

内角倒角，外角倒角时，$C_1 > C$，如图 E-2d 所示。

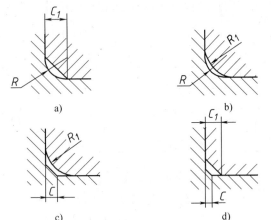

图 E-2　内外角分别为倒圆、倒角的装配型式

附录 F　砂轮越程槽（摘录 GB/T 6403.5—2008）

1. 回转面及端面砂轮越程槽的型式

回转面及端面砂轮越程槽的型式如图 F-1 所示。

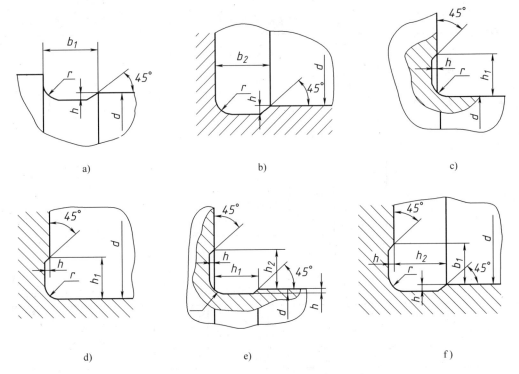

图 F-1　回转面及端面砂轮越程槽的型式

a）磨外圆　b）磨内圆　c）磨外端面　d）磨内端面　e）磨外圆及端面　f）磨内圆及端面

2. 回转面及端面砂轮越程槽的尺寸

回转面及端面砂轮越程槽的尺寸见表 F-1。

表 F-1 回转面及端面砂轮越程槽的尺寸 （单位：mm）

b_1	0.6	1.0	1.6	2.0	3.0	4.0	5.0	8.0	10
b_2	2.0	3.0		4.0		5.0		8.0	10
h	0.1	0.2		0.3		0.4	0.6	0.8	1.2
r	0.2	0.5		0.8		1.0	1.6	2.0	3.0
d	~10			10 ~50		50 ~100		100	

3. 平面砂轮越程槽

平面砂轮越程槽的型式如图 F-2 所示，尺寸见表 F-2。

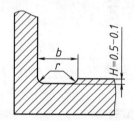

图 F-2 平面砂轮越程槽的型式

表 F-2 平面砂轮越程槽的尺寸 （单位：mm）

b	2	3	4	5
r	0.5	1.0	1.2	1.6

4. V 形砂轮越程槽

V 形砂轮越程槽的型式如图 F-3 所示，尺寸见表 F-3。

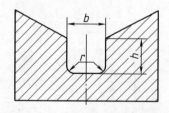

图 F-3 V 形砂轮越程槽的型式

表 F-3 V 形砂轮越程槽的尺寸 （单位：mm）

b	2	3	4	5
h	1.6	2.0	2.5	3.0
r	0.5	1.0	1.2	1.6

5. 燕尾导轨砂轮越程槽

燕尾导轨砂轮越程槽的型式如图 F-4 所示，尺寸见表 F-4。

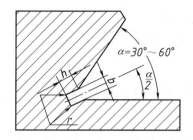

图 F-4　燕尾导轨砂轮越程槽的型式

表 F-4　燕尾导轨砂轮越程槽的的尺寸 （单位：mm）

H	≤5	6	8	10	12	16	20	25	32	40	50	63	80
b	1	2			3			4			5		6
h													
r	0.5	0.5		1.0			1.6			1.6			2.0

6. 矩形导轨砂轮越程槽

矩形导轨砂轮越程槽的型式如图 F-5 所示，尺寸见表 F-5。

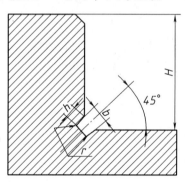

图 F-5　矩形导轨砂轮越程槽的型式

表 F-5　矩形导轨砂轮越程槽的尺寸 （单位：mm）

H	8	10	12	16	20	25	32	40	50	63	80	100
b	2				3				5		8	
h	1.6				2.0				3.0		5.0	
r	0.5				1.0				1.6		2.0	

参 考 文 献

[1] 刘克明. 中国工程图学史研究的新进展 [J]. 工程图学学报：2008，29（2）：164-167.

[2] 刘克明. 中国古代绘画对宋代工程图学发展的促进作用——宋代工程图学成就探源 [J]. 科学技术与辩证法：1990（6）：41-46.

[3] 杨叔子，刘克明. 中国古代工程图学的成就及其现代意义 [J]. 世界科技研究与发展，1996（4）：10-15.

[4] 郭克希，王建国. 机械制图 [M]. 北京：机械工业出版社，2012.

[5] 孙建东，刘平，王泽河. 机械制图 [M]. 北京：北京航空航天大学出版社，2008.

[6] 成海涛，熊建强，涂筱艳. 机械制图 [M]. 北京：北京理工大学出版社，2011.

[7] 杨惠英，王玉坤. 机械制图 [M]. 北京：清华大学出版社，2008.

[8] 钱可强. 机械制图 [M]. 北京：机械工业出版社，2010.

[9] 朱冬梅，胥北澜，何建英. 画法几何及机械制图 [M]. 北京：高等教育出版社，2008.

[10] 张淑娟，全腊珍，杨启勇. 工程制图 [M]. 北京：中国农业大学出版社，2010.

[11] 李爱平，黄燕. 机械制图 [M]. 北京：中国水利水电出版社，2008.

[12] 张绍群，孙晓娟. 机械制图 [M]. 北京：北京大学出版社，2007.

[13] 何铭新，钱可强. 机械制图 [M]. 北京：高等教育出版社，2010.

[14] 石品德. 机械制图 [M]. 北京：北京工业大学出版社，2007.

[15] 刘家平. 机械制图 [M]. 武汉：武汉理工大学出版社，2008.

[16] 胡国军. 机械制图 [M]. 杭州：浙江大学出版社，2010.

[17] 毛昕，黄英，肖平阳. 机械制图 [M]. 北京：高等教育出版社，2010.

[18] 王兰美，机械制图 [M]. 北京：高等教育出版社，2010.

[19] 焦永和，林宏. 画法几何及工程制图 [M]. 北京：北京理工大学出版社，2006.

[20] 王兰美. 画法几何及工程制图 [M]. 北京：机械工业出版社，2006.